高等学校计算机专业系列教材

Java 程序设计教程

（第二版）

赵　莉　孙喟喟

潘　煜　徐　飞　编著

U0277908

西安电子科技大学出版社

内 容 简 介

本书根据 Java 语言程序面向对象的本质特征以及面向对象程序设计课程的基本教学要求，在详细阐述面向对象程序设计基本理论和方法的基础上，全面介绍了 Java 语言的特点及其面向对象的基本特性和基本技术。全书共 12 章，主要包括 Java 语言基础知识、面向对象基本理论知识与编程技术、数组与字符串、常用系统类的使用、图形用户界面设计、网络编程、异常处理及多线程与并发编程、输入/输出和文件操作、数据库编程等内容。

书中通过大量的实例进行讲解，力求通过实例使读者更形象地理解面向对象思想，快速掌握 Java 编程技术。在写作上，注重循序渐进、由浅入深的原则，实用性强，覆盖面广，条理清晰，难度适中。每章的最后都附有相应的习题，便于读者巩固所学知识。

本书适合作为高等院校计算机专业或相关专业的 Java 程序设计或面向对象程序设计课程的教材，也非常适合相关专业的技术人员参考和阅读。

图书在版编目（CIP）数据

Java 程序设计教程 / 赵莉等编著. —2 版. —西安：西安电子科技大学出版社，2019.1
（2023.11 重印）
ISBN 978-7-5606-5162-0

Ⅰ. ①J… Ⅱ. ①赵… Ⅲ. ①JAVA 语言—程序设计—高等学校—教材 Ⅳ. ① TP312.8

中国版本图书馆 CIP 数据核字(2018)第 272565 号

策 划 臧延新
责任编辑 雷鸿俊
出版发行 西安电子科技大学出版社(西安市太白南路 2 号)
电 话 (029)88202421 88201467 邮 编 710071
网 址 www.xduph.com 电子邮箱 xdupfxb001@163.com
经 销 新华书店
印刷单位 陕西天意印务有限责任公司
版 次 2019 年 1 月第 2 版 2023 年 11 月第 7 次印刷
开 本 787 毫米×1092 毫米 1/16 印 张 18.5
字 数 438 千字
印 数 5501～7500 册
定 价 43.00 元

ISBN 978-7-5606-5162-0 / TP

XDUP 5464002-7

如有印装问题可调换

前　　言

面向对象程序设计已经成为软件编程技术中一项非常关键的技术，其面向对象的特征更易于理解和使用，更符合现代大规模软件开发的需求，有利于软件复用。Java 语言是当前应用较为广泛的面向对象的程序设计语言之一。首先，它简单、面向对象且不依赖于机器的结构，具有可移植性、鲁棒性和安全性，提供了并发的机制，并且具有很高的性能；其次，它最大限度地利用了网络，Java 的小应用程序(Applet)可在网络上传输而且运行不受 CPU 和环境的限制。另外，Java 还提供了丰富的类库，使程序设计者可以很方便地建立自己的系统。Java 语言非常适合普通高等院校面向对象程序设计课程使用。

本书第一版自 2009 年出版以来，一直作为计算机专业 Java 语言系列课程的教材，在使用过程中受到了学生的好评。我们根据本书第一版在使用过程中出现的一些问题，对其进行了修订。在此次修订中，一是根据 JDK 最新版本修订了所有示例程序及全书案例，二是增加了"常用类"、"Applet 程序"、"Java 集合框架"、"UDP 数据报"、"存储优化"等章节，并对部分章节内容进行了整合。

本书循序渐进，由浅入深，注重理论知识讲解和实践应用相结合，力图使读者在理解面向对象思想的基础上，快速掌握 Java 编程技术。本书语言组织符合学生思维习惯，对于重点问题通过大量的实例图文并茂地加以阐述，力求做到通俗易懂、言简意赅。书中的每个实例均上机调试通过，便于读者通过上机操作进一步理解 Java 的原理、功能、作用。本书内容全面，在章节编排上做了精心设计和安排。首先对 Java 的基本语法进行介绍，在此基础上，将面向对象的基本概念、理论以 Java 具体示例的形式进一步阐述，使得基础理论的介绍清晰明了，读者学习时也能事半功倍；其次，对 Java 高级程序设计进行了介绍，包含了异常处理、图形用户界面、多线程、网络编程、数据库应用等方面。书中的主要内容均结合具体示例加以阐述，每章均有课后习题，可引导读者掌握本章内容并检查学习情况。

本书各章具体内容介绍如下：

第 1 章全面介绍 Java 语言的基本情况，介绍 JDK 的安装与设置，并对可扩展的免费开放源代码的集成开发环境 Eclipse 平台的安装使用进行了简单介绍。

第 2 章对 Java 语法进行详细介绍，这是学习 Java 必须掌握的基本内容。

第 3 章介绍 Java 面向对象编程，深入浅出地介绍面向对象编程的核心——对象、类、子类、继承、多态等基本概念。

第 4 章对常用对象的数组与字符串进行详细介绍。

第 5 章主要介绍 Java 面向对象的实现机制，包括接口、内部类和包，并对多继承及 Java 的集合框架进行详细说明。

第 6 章介绍 Java API，详细讲述常用系统类，帮助读者掌握更多的 Java 类库和方法。

第 7 章首先介绍 Java 的异常处理机制以及如何实现这种机制，然后介绍怎样利用 Java 提供的异常类处理异常，以及如何定义新的异常类。

第 8 章介绍图形用户界面的容器与组件的使用，重点讲述 Java 图形用户界面的程序设计方法，包括基本的 Java GUI 程序设计技术，对 Java GUI 程序设计的基本原理、AWT 构件类和布局管理器进行详细讲述，并对基本的图形、图像处理功能以及简单动画的生成进行讲述。

第 9 章主要介绍 Java 语言的流输入/输出处理机制和文件的处理机制。

第 10 章介绍多线程技术，它是 Java 的主要特色之一。

第 11 章介绍基于 Java.net 包进行网络通信程序设计，主要介绍 URL 网络编程中常用的 URL 类、URLConnection 类以及 UDP 数据报，重点介绍如何用 Socket 通信编写客户端/服务器程序。

第 12 章介绍四种类型的 JDBC 驱动程序以及按照 JDBC 编程步骤实现 JDBC 在数据库访问中的应用，通过一个具体实例讲解 JDBC 在数据库连接中的实际应用。

本书适合作为高等院校计算机专业或相关专业的 Java 程序设计或面向对象程序设计课程的教材，也非常适合专业技术人员参考和阅读。

本书在修订过程中，汲取了很多读者的意见和建议，同时参考了大量文献、相关著作以及网络上的最新资料，在此向广大读者及相关作者表示衷心的感谢！由于时间仓促和作者的水平有限，书中疏漏在所难免，敬请批评指正。

作　者

2018 年 10 月

目　　录

第 1 章 绪 论

Java 语言是由 Sun 公司于 1995 年 5 月 23 日正式推出的面向对象的程序设计语言，集安全性、简单性、易用性和跨平台性于一体，Java 语言不仅可以解决传统的程序设计问题，更主要的是它与互联网密切相关，特别适合于网络环境下的编程使用。

本章主要介绍 Java 语言的历史、特点、开发工具和执行环境。

1.1 Java 语言的发展简史

Java 是 Sun 公司的产品。Sun 公司一直以经营工作站而闻名，但是，相当长的时期中，PC 越来越强的功能对 Sun 工作站构成了很大压力，于是 Sun 公司企图通过开拓电子消费类产品市场来减轻这种压力。为此，1991 年 Sun Microsystems 公司的 James Gosling 等开发者开发了一个名为"Green"的项目。这个项目的主要目的是开发一个分布式系统架构并使其能在交互式电视、烤面包箱等消费性电子产品的运行平台上执行。由于这些设备没有很强的处理能力和大容量的内存，所以这个语言必须非常小并且能够生成非常紧凑的代码。另外，由于不同厂商可能选择不同的 CPU，所以这个语言不能够限定在单一的体系结构下。当时不管是 C 和 C++ 这样的主流语言，还是其他绝大多数语言都只能对特定目标进行编译。面对多种多样的 CPU 芯片，为每种类型的 CPU 芯片编译 C++ 程序就需要一个以该 CPU 为目标的 C++ 编译器。另外，C++ 中的指针操作功能很强大，一旦操作不慎就会引起问题，使程序出现错误。因此，"Green"项目的开发者将 C++ 语言进行简化，去掉指针操作、运算符重载、多重继承等复杂机制，开发出一种新的、解释执行的语言，在每个芯片上装一个该语言的虚拟机即可运行。一开始，Green 小组成员根据公司楼外的一棵橡树而将这种语言起名为"Oak"，这样 Oak 就成了与平台无关的语言，这就是 Java 语言的前身。后来发现 Oak 已是另一个公司的注册商标，这种语言才改名为 Java(Java 本是位于印度尼西亚的一个盛产咖啡的岛屿的名字)。

到了 1994 年，随着 Internet 的迅猛发展，万维网的应用日益广泛，Gosling 决定用 Java 开发一个实时性较高、可靠安全且有交互功能的新 Web 浏览器，它不依赖于任何硬件平台和软件平台。新的浏览器称为 HotJava，于 1995 年 5 月 23 日发表后立即在业界引起了巨大的轰动，Java 的地位也随之得到肯定，这一天被 IT 界视为 Java 的生日。一些著名的计算机公司纷纷购买了 Java 语言的使用权，如 Microsoft、IBM、Netscape、Novell、Apple、DEC、SGI 等，因此，Java 语言被美国的著名杂志《PC Magazine》评为 1995 年十大优秀科技产品(计算机类仅此一项入选)，随之出现了大量用 Java 编写的软件产品，受到工业界的重视与好评，认为"Java 是 20 世纪 80 年代以来计算机界的一件大事"。

微软总裁比尔·盖茨在悄悄地观察了一段 时间后，不无感慨地说："Java 是长时间以来最卓越的程序设计语言"，并确定微软整个软件开发的战略从 PC 单机时代向着以网络为中心的计算时代转移，而购买 Java 则是他重大战略决策的实施部署。由此可见，Java 的诞生对整个计算机产业产生了深远的影响，对传统的计算模型提出了新的挑战。现今，Java 语言已广泛应用于企业、个人终端、移动通信等众多领域。

1.2　Java 语言的特点

Java 是一种广泛使用的网络编程语言。Java 语言最主要的特点就是"Write once，run anywhere"，这句话一直是 Java 程序设计者的精神指南，也是 Java 语言深得程序员喜爱的原因之一。下面简要介绍 Java 语言的一些特点，读者可在学习的过程中逐步体会。

1. 简单性

Java 语言作为一种面向对象的语言，通过提供最基本的方法来完成指定的任务。用户只需要理解一些基本的概念，就可以用它编写出适合于各种情况的应用程序。Java 摒弃了 C++中容易引发程序错误的机制，如指针和内存管理，略去了运算符重载、多重继承等模糊而且很少用到的概念，并且通过实现自动垃圾回收机制，大大简化了程序开发人员的内存管理工作。另外，Java 也适合于在小型机上运行，它的基本解释器及类的支持只有 40 KB 左右，加上标准类库和线程的支持也只有 215 KB 左右。

2. 面向对象

Java 语言是一种面向对象的程序设计语言。面向对象是当前软件开发的先进技术和重要方法。面向对象的方法是基于信息隐藏和数据抽象类型的概念，利用类和对象的机制将数据和方法封装在一起，通过统一的接口与外界交互；通过类的继承机制实现代码重用。Java 语言只支持单继承，但它却支持多接口。Java 语言还支持方法重载和动态调用。总之，Java 语言支持面向对象方法中的三个基本特性：封装性、继承性和多态性。面向对象方法反映了客观世界中现实的实体在程序中的独立性和继承性，这种方法有利于提高程序的可维护性和可重用性，还有利于提高软件的开发效率和程序的可管理性。虽然，C++ 语言是面向对象的，但是它为了兼容 C 语言，也保留了一些面向过程的成分；而 Java 语言去掉了 C++ 语言中的非面向对象的成分，因此，它是一个完全面向对象的程序设计语言。

3. 体系结构中立、可移植

与其他语言相比，用 Java 语言编写的程序可移植性比较高。Java 语言为了保证可移植性采用了下述机制。

(1) Java 语言规定同一种数据类型在各种不同的实现中，必须占据相同的内存空间。例如，short 类型为 16 位，int 型为 32 位，long 类型为 64 位，它们与硬件平台无关。而 C++ 语言不同，数据类型的长度与硬件环境或操作系统有关，例如，int 型数据在 Windows 3.1 中占 16 位，而在 Windows 2000 中占 32 位。由于 Java 语言在数据类型的空间大小方面采用了统一标准，因此保证了其程序的平台独立性。

(2) Java 程序的最终实现需要经过编译和解释两个步骤。Java 语言的编译器生成的可执行代码称为字节码，该字节码可以在提供 Java 虚拟机(Java Virtual Machine，JVM)的任何一个系统上解释运行，它与任何硬件平台无关。由于 Sun 公司规定的 JVM 规范没有涉及任何硬件平台，因此只要根据 JVM 规范创建的平台便可以实现 Java 程序。JVM 是 Java 与平台无关的关键，在 JVM 上有一个 Java 解释器用来解释 Java 编译器编译后的字节码。Java 开发人员在编写完软件后，可通过 Java 编译器将 Java 源程序编译为 JVM 的字节码。任何一台计算机只要安装了 JVM，就可以运行这个程序，而不管这种字节码是在什么平台上生成的(如图 1-1 所示)。正因为如此，Java 程序才具有"一次编写，到处运行"的特点。Java 语言采用的这种先编译后解释的方法是以牺牲执行速度来换取与平台无关的，从而提高了可移植性。

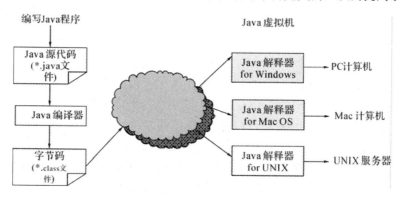

图 1-1　Java 程序的编译和解释

4. 鲁棒性

鲁棒性反映了程序的可靠性。Java 的几个内置的特性使程序的可靠性得到改进：

(1) Java 是强类型语言。编译器和类载入器保证所有方法调用的正确性。

(2) Java 没有指针，不会出现引用内存指针搞乱内存或数组越界访问的情况。

(3) Java 进行自动内存回收，编程人员无法意外释放内存，不需要判断应该在何处释放内存。

(4) Java 在编译和运行时，都要对可能出现的问题进行检查，以消除错误的产生。另外，在编译的时候它还可揭示出可能出现但尚未被处理的异常，以防止系统的崩溃。

5. 安全性

作为 Web 编程语言，Java 具有强大的安全结构和安全策略。代码在编译和实际运行过程中都会接受一层层的安全检查，这样可以防止恶意程序或病毒的入侵。Java 安全性最重要的保证来自字节码检验器。在一个运行平台上运行的字节码是由编译器编译得到的，这类字节码通常符合安全性规定，但是，也有一些较大型的软件从其他地方引入代码。另外，来自网络的病毒也可能会生成字节码，这两类代码都不是编译器产生的，所以，并不能保证是否有安全性。为此，Java 运行系统中设置了一个字节码检验器，在字节码进行解释执行前，字节码检验器通过一个规则验证程序，对每个代码段作安全检测，这样，通过在字节码装载过程中使用检验器，确保了指令中参数类型的正确性、对象域访问的合理性以及操作数的边界检查(例如数组边界的自动检查)。

另外，内存布局由 JVM 决定，并依赖于 Java 运行时系统和 JVM 所在的宿主机平台的特性实现内存管理自动化。一方面，Java 不允许程序员强制性地使用内存指针来访问内存，也就是说，在 Java 中，对程序员来说，内存分配是透明的，程序员没有对内存分配的决定权，这种将内存分配权交给底层具体运行系统的机制减少了许多内存出错的可能；另一方面，在 Java 中，编译器也没有对内存布局的决定权，编译后的字节码中保留了表示内存的符号引用信息，但不使用具体的数字来指定内存的位置，也就是说，Java 把内存分配权交给运行平台，因此，最终的内存布局是由具体运行系统所在软硬件平台决定的，而不是像 C 和 C++ 语言那样由编译器决定内存的布局；此外，类装载器还为安全性提供了一定的措施，类装载器在装载字节码时，将本地的类组成一个统一的空间，而将外来的类组成另一个空间，这样，可以使后者不能以任何方式对前者进行操作，即为本地类建立了一种比较安全的屏障。此外，Java 还利用原始沙箱模型，严格控制代码的访问权限。

6. 高性能

Java 语言采用了一些软件开发中的先进技术，从而表现出了它的高性能。

(1) 在设计 Java 语言时，考虑到该语言在不同的平台都具有生命力，采用了一种中性结构方式，主要表现在字节码的中介方式，它的生成与平台无关。

(2) 高级语言通常分为两种：一种是面向机器的编译型语言，这种语言执行效率高，但可移植性差；另一种是解释性语言，这种语言编程效率高，但执行速度慢。Java 语言程序是先编译后解释，介于二者之间。为了提高解释执行的速度，当前的 Java 解释器普遍采用了即时编译技术，该技术把字节码转换成对应于特定 CPU 的机器码并缓存，当再次运行该段字节码时，可直接采用已经缓存的机器码执行，避免了每次执行时都要解释执行，从而大大提高了程序的执行效率。

(3) 操作系统两个重要的概念是进程和线程。进程(process)的特点是在执行过程中拥有自己独立的内存空间和系统资源，不同进程的内存数据和状态是彼此孤立的。线程(thread)在执行过程中共享一块内存空间和一组系统资源，线程之间可以直接进行数据交换。因此，线程比进程的开销要小。多个线程并行执行，类似于多个 CPU 在同时运行。例如，有两个线程同时工作，一个线程在执行某种复杂的运算，而另一个线程可与用户实现交互。可见，多线程可提高程序的运行效率。Java 语言真正支持多线程。它通过同步关键字(synchronized)来保证多个线程不会同时访问一个被说明为同步的方法，从而使得某些关键操作不被打断。

7. 动态性

Java 的动态性是其面向对象程序设计的延伸。这种特性使得 Java 程序能够适应不断变化的执行环境。类库的使用是最明显的一个例子。用 C++ 编写的应用程序经常会用到各种类库，不仅仅是基础类库，很多时候还需要一些从第三方厂商处购买的类库。销售应用程序时，类库有时是单独出售的。这样就会导致一个问题：类库一旦升级，用这些类库编写的应用程序就必须重新编译，并且重新发送到用户手中，否则就无法利用升级后类库的新增功能。

Java 的"滞后联编"避免了这个问题。"滞后联编"机制使得 Java 完全利用了面向对象编程模式的优点。Java 程序的基本组成单元为类，这些类是在运行过程中动态装载的。因此，Java 可以在分布式环境中动态地维护应用程序及其支持类库之间的一致性。这样，对于 Java 而言，在类库中可以自由地加入新的方法和实例变量而不会影响到原来使用该类的程序的运行。其支持的类库升级之后，相应的应用程序不必重新编译，也一样可以利用升级后类库的新增功能。

除此之外，Java 的动态性还体现在其对动态数据类型和动态协议的支持上。利用一种特殊的 Applet，即内容句柄，编程人员可以很方便地使 HotJava 支持新的数据类型。类似地，通过编写协议句柄，可以使 HotJava 支持新的、自定义的传输协议。

1.3　Java 语言的开发环境

要进行 Java 的开发，必须首先建立起 Java 的运行环境。有了 Java 运行环境，就可以利用任何文本编辑工具编写 Java 源程序，再使用 Java 编译程序对源程序进行编译，之后就可以用解释程序来运行了。

1998 年 12 月，Sun 发布了 Java 2 平台和 JDK 1.2，这是 Java 发展史上的一个里程碑。1999 年 6 月，Sun 公司重新组织了 Java 平台的集成方法，并将 Java 企业级应用平台作为发展方向。如今，Java 家族已经有三个主要成员：

(1) J2SE(Java 2 Standard Edition)，用于工作站、PC 机的 Java 标准平台。

(2) J2EE(Java 2 Enterprise Edition)，可扩展的企业级 Java 应用平台。

(3) J2ME(Java 2 Micro Edition)，嵌入式电子设备的 Java 应用平台。

利用 Java 可以开发 Java 小程序(Java Applet)、Java 应用程序(Java Application)、服务器端小程序(Servlet)和 JSP 程序(Java Server Page)。Applet 是嵌入在 HTML 文件中的 Java 程序，相当于嵌入在页面之中的脚本。Applet 的大小和复杂性是没有限制的，但由于 Internet 网速的限制，通常 Applet 会很小。对于 Java 开发工具(JDK)而言，应用程序可以理解为从命令行运行的程序。Java 应用程序在最简单的环境中，它的唯一外部输入就是在启动应用程序时所使用的命令行参数。Servlet 和 JSP 都主要工作在服务器端，为 HTTP 服务提供动态的处理。所不同的是 Servlet 是 Java 程序，而 JSP 是 HTML 文件里嵌入了 Java 代码。

1.3.1　JDK 的安装与设置

1. JDK 简介

JDK(Java Development Kit)即 Java 软件开发工具包，与 J2SDK(Java2 Software Development Kit)的含义通常是一样的，是 Java 的开发环境。由于人们对早期的版本简称为 JDK，到现在人们往往还将 J2SDK 简称为 JDK。一般初学 Java 时都选用 JDK 作为开发环境，而其他的集成开发环境都是在 JDK 的基础上建立的，也就是说，如果没有 JDK，其他集成开发环境是无法工作的。J2SDK 是免费的，可以到相关网站下载。不同的版本适合不同的操作系统，读者可以根据自己所用的操作系统下载相应的 J2SDK 版本。本书以 Windows 7 操作系统为例进行运行环境的搭建，所使用的是 JDK 8.0。

2. JDK 的安装

首先需要下载 JDK 开发工具，可以从 http://www.oracle.com/technetwork/java /index.html 下载最新的 JDK 开发工具。目前最新的版本是 JDK 9.0，本书以 JDK 8.0 版本为例。下载完成后运行 jdk-8u144-windows-i586.exe 就可以进行开发工具的安装，安装过程非常简单。需要指明的是，从 JDK 1.5 版本以后，安装过程分成了开发工具和运行环境两部分的安装，并且默认的安装路径由原来的 C:\<jdk-home>改为 C:\Program Files\Java。其中开发工具的默认安装路径是 C:\Program Files\Java\jdk1.8.0_144，运行环境的默认安装路径是 C:\Program Files\Java\jre1.8.0_144。

请读者注意 Program 与 Files 之间的空格，在 DOS 窗口中使用 JDK 时这个空格会带来问题，为了给初学者今后学习 Java 打下基础，需要将安装路径改变成便于操作的文件夹，读者当然也可以根据自己的爱好，选择其他的安装路径，以简化操作时输入为原则。本书将安装路径改为 D:\Java8.0。

3. JDK 运行环境的设置

JDK 安装结束后，为了方便 Java 程序的编译和运行，需要对其运行环境进行设置，即 Path 和 classpath 的设置。Path 的设置主要是为了能够在命令行下找到 Java 编译与运行所用的程序；而 classpath 的设置主要是为了让 Java 虚拟机能够找到所需的类库。不同的操作系统设置方法略有差异，下面以 Windows 7 为例分别讲解 path 和 classpath 的设置方法。

1) Path 的设置

首先用鼠标右击【计算机】，在弹出的快捷菜单中选择【属性】，在弹出的系统窗口中单击【高级系统设置】，出现如图 1-2 所示标签，单击【环境变量】按钮，显示出如图 1-3 所示的【环境变量】对话框。在系统变量中找到 Path 变量，单击【编辑】按钮，在如图 1-4 所示的对话框中对变量值进行编辑或修改，建议在原来的变量值前面加上 "D:\Java8.0\bin;"，不要把原来的变量值删除掉，然后单击【确定】按钮。如果没有 Path 变量，可单击【新建】按钮添加 Path 变量，用以上的编辑方法进行编辑。

图 1-2　系统属性中【高级】标签

图 1-3　【环境变量】对话框

图 1-4　【编辑系统变量】对话框

2) classpath 的设置

如前所述，classpath 的设置主要是为了能让 Java 虚拟机能够找到所需的类库，而 Java 虚拟机寻找类库的顺序是：启动类库—扩展类库—用户自定义类库，启动类库和扩展类库都会在 Java 虚拟机运行时自动加载,而用户自定义类库是不会自动加载的,需要设置路径，所以，我们需要设置的正是用户自定义类库。

设置用户自定义类库的方法比较简单，直接在系统变量中找到 classpath 变量(参考设置 Path 变量的方法)，将你所使用的类库的路径加入到 classpath 变量的值中即可。例如，你的类库路径为"D:\Java8.0\lib"，则 classpath 变量的输入值就是该路径,即"D:\Java8.0\lib"。

4. JDK 包含的常用工具

JDK 包含的工具均在<Java-Home>\jdk1.8.0_144\bin 中(<Java-Home>代表 JDK 所安装的目录)，其中较常用的工具如下：

(1) javac：Java 编译器，用于将 Java 源代码转换成字节码。

(2) java：Java 解释器，直接从 Java 的类文件中执行 Java 应用程序字节码。

(3) appletviewer：小程序浏览器，一种执行 HTML 文件上的 Java 小程序的 Java 浏览器。

(4) javadoc：根据 Java 源码及说明语句生成 HTML 文档。

(5) jdb：Java 调试器，可以逐行执行程序，设置断点和检查变量。

(6) javah：产生可以调用 Java 过程的 C 过程，或建立能被 Java 程序调用的 C 过程的头文件。

(7) javap:Java 反汇编器，显示编译类文件中的可访问功能和数据,同时显示字节代码含义。

1.3.2　运行 Java 程序

Java 程序分为三类，即 Application(应用程序)、Applet(Java 小程序)和 Servlet(服务器端小程序)。应用程序可在计算机中单独运行，而 Java 小程序只能嵌在 HTML 网页中运行，Servlet 是运行在服务器端的小程序，它可以处理客户传来的请求(request)，然后传给客户端(response)。下面以 Application 程序和 Java Applet 开发为例介绍 Java 程序的开发过程和运行，开发过程如图 1-5 所示。

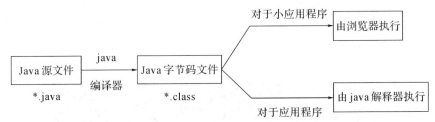

图 1-5　Java 程序的开发过程

(1) 编写 Java 源程序：使用一个文本编辑器，可以选择操作系统提供的记事本，也可选择 EditPlus 编辑软件。将编辑好的源文件保存起来，源文件扩展名必须是 .java。

(2) 编译 Java 源程序：使用 Java 编译器(javac.exe)对源文件进行编译，得到源文件的字节码文件。字节码文件的扩展名是 .class。

(3) 运行 Java 程序：按照 Java 程序分类的不同有不同的执行方式。对于 Java 应用程序，必须通过 Java 解释器(java.exe)来解释执行其字节码文件；而对于 Java 小应用程序，需要通过支持 Java 标准的浏览器来解释执行，如 IE 浏览器。

1. Java 应用程序

【示例 1-1】 Hello.java 简单应用程序举例。

```
public class Hello{        //文件名为 Hello.java
    public static void main(String args[]){              //定义 main()方法
        System.out.println("欢迎学习 Java 语言");
    }
}
```

下面，通过示例 1-1 来了解 Java Application 的基本结构。

(1) 可将要注释语句的内容写在"//"之后或"/*"和"*/"之间，注释可以帮助理解程序的内容，但不参加程序编译。

(2) 一个 Application 源程序是由若干个类组成的。在源程序的第 1 行声明一个类，其中 class 是声明类的关键字，Hello 为类的名称。第一个大括号与最后一个大括号及其间的内容是类的主体。

(3) public static void main(String args[])是类主体中的一个方法，之后的两个大括号及其间的内容是方法的主体。一个 Java 应用程序中必须有且仅有一个 main()方法，而且必须用 public、static 进行修饰，返回值类型为 void。有 main()方法的类称为应用程序的主类。

(4) System.out.println("欢迎学习 Java 语言")用于将文本"欢迎学习 Java 语言"打印到控制台上，即在显示器上输出。

(5) 将源文件保存并命名为"Hello.java"，即和类名完全相同。注意：不可写成"hello.java"。因为 Java 是严格区分大小写的。对于源文件的命名规则要求，如果源文件中有多个类，那么只能有一个类是 public 类，并且源文件的名字必须与这个类的名字完全相同；若源文件没有 public 类，那么其文件名可以和任何一个类的名字相同。总之，其扩展名一定为 .java。

使用 Java 编译器(javac.exe)对源文件进行编译。单击【开始】→【运行】命令，在文本框中输入"cmd"命令后单击【确定】按钮进入 DOS 窗口。在 DOS 窗口中首先将路径转入到源文件"Hello.java"所在的路径下。输入"javac Hello.java"命令，并按回车键确认，出现如图 1-6 所示的界面。

图 1-6 编译 Hello.java 文件

如果没有任何信息出现，且光标跳转到下一行，表明源程序编译成功，此时已生成一

个名为 "Hello.class" 的字节码文件。如果 Java 源文件中包含多个类，那么通过 Java 编译器编译后将生成多个扩展名为 .class 的字节码文件，每个文件中只存放一个类的字节码。最后，使用 Java 解释器(java.exe)运行生成的字节码程序。在当前路径下，输入 "java Hello" 命令，程序运行结果如图 1-7 所示。

图 1-7   运行程序并显示运行结果

需要注意的是，如果 Java 应用程序中包含多个类，那么 Java 命令后的类名必须是包含了 main()方法的那个类的名字，因为 main()方法是程序执行的入口。

2. Java 小程序

Java Applet 没有自己的程序入口，不能独立运行。它是一种嵌入到 HTML 文件中执行的 Java 程序。它可以在浏览器中运行，也可以使用 J2SDK 提供的 appletviwer 命令运行。

【示例 1-2】   HelloApplet.java 简单的 Applet 程序。

```java
import java.applet.*;
import java.awt.*;
public class HelloApplet extends Applet{
    public void paint (Graphics g){
        g.drawString("欢迎学习 Java 语言", 1, 20);
    }
}
```

示例 1-2 中展示了 Java Applet 的基本结构。

(1) import java.applet.* 和 import java.awt.* 是任何 Applet 程序必须包含的代码，其功能是加载 Java 类库中的类，如 Applet 类是 java.applet 包中的类。

(2) 一个 Applet 也可以由若干个类组成。Applet 不需要 main()方法，但必须有一个类扩展 Applet 类，即该类是 Applet 类的子类，一般把该类叫做这个 Applet 的主类。Java Applet 的主类必须是 public 的。

(3) 程序中只有一个方法：public void paint(Graphics g)，其中参数 g 为 Graphics 类，表示当前作画的上下文。在该方法中，g 调用方法 drawString()，在坐标(1, 20)处输出字符串 "欢迎学习 Java 语言"，其中坐标以像素为单位。

(4) 将源文件保存并命名为 "HelloApplet.java"。

对于 Applet 程序，同样需要使用 Java 编译器(javac.exe)将其进行编译，生成相应的字节码文件。同样，如果源文件有多个类，将生成多个扩展名为.class 的字节码文件和源文件放在同一个文件夹里。

由于 Applet 是由浏览器来运行的，它没有 main()方法作为 Java 解释器的入口，因此，必须编写一个 HTML 文件将该 Applet 的字节码文件嵌入其中，然后用支持 Java 的浏览器或 appletviewer 来运行。

编写的 HTML 文件如下所示：

```
<html>
<head><title>Applet Example</title></head>
<body>
<applet code = HelloApplet.class width = 100 height = 100>
</applet>
</body>
</html>
```

HTML 标记包含在< >内，并且总是成对出现，前面加斜杠表示标记的结束，如<html>和</html>。<applet>和</applet>用来通知浏览器运行一个 Java Applet，其中属性 code 用来指定需要运行的 Applet 字节码文件的名称，width 和 height 用来指定 Applet 所占用浏览器页面的宽度和高度，单位是像素，三者是必需的。

把上述的 HTML 文件命名为"HelloApplet.html"，并和"HelloApplet.class"保存在同一目录下。否则，需要在 Applet 中增加 codebase 属性，用来指定 Applet 的字节码文件所在的目录。在当前命令行输入"appletviewer HelloApplet.html"命令，如图 1-8 所示。程序运行结果如图 1-9 所示。在 IE 浏览器中打开上述网页也可以得到相同的结果。

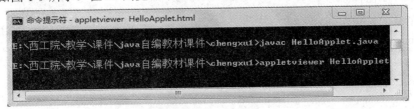

图 1-8　运行 Applet

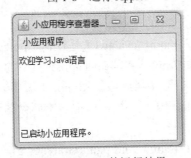

图 1-9　Applet 的运行结果

1.3.3　Eclipse 介绍

Eclipse 是一种可扩展的免费开放源代码 IDE(集成开发环境)。Eclipse 是使用 Java 语言开发的，但它并不只为 Java 语言开发提供服务。就其本身而言，它只是一个框架和一组服务，用于通过插件组建、构建开发环境。2001 年 11 月，IBM 公司捐出价值 4000 万美元的源代码组建了 Eclipse 联盟，并由该联盟负责这种工具的后续开发。IDE 经常将其应用范围限定在"开发、构建和调试"的周期中。为了帮助 IDE 克服目前的局限性，业界厂商合作创建了 Eclipse 平台。Eclipse 允许在同一 IDE 中集成来自不同供应商的工具，并实现了工具之间的互操作性，从而显著改变了项目工作流程，使开发者可以专注在实际的嵌入式目标上。

　　Eclipse 的最大特点是它能接受由 Java 开发者自己编写的开放源代码插件，这类似于微软公司的 Visual Studio 和 Sun 公司的 NetBeans 平台。同时可以通过开发新的插件扩展现有插件的功能，比如在现有的 Java 开发环境中加入 Tomcat 服务器插件。Eclipse 为工具开发商提供了更好的灵活性，使他们能更好地控制自己的软件技术。这是一款非常受欢迎的 Java 开发工具，国内的用户也越来越多，实际上用它开发 Java 的人员数量是最多的。用户可以从 http://www.eclipse.org 上免费下载其最新版本。需要注意的是，Eclipse 本身是用 Java 语言编写的，但下载的压缩包中并不包含 Java 运行环境，需要单独安装 J2SE，并且要在操作系统的环境变量中指明 J2SE 中 bin 的路径。

　　安装 Eclipse 的步骤非常简单：只需将下载的压缩包按原路径直接解压即可。如果有了更新的版本，要先删除旧版本后重新安装，不能直接解压到原来的路径覆盖旧版本。在解压缩之后可以到相应的安装路径运行 Eclipse.exe。

本 章 小 结

　　本章从 Java 语言的起源讲起，回顾了 Java 语言的发展历史，介绍了 Java 语言的特点以及执行机制。随后着重讲解了 JDK 环境从获取到安装配置的全过程，JDK 工具包中的主要工具，以及如何运行 Java 程序，最后介绍了 Eclipse 集成开发环境。

　　通过本章的学习，读者应该对 Java 语言的特点有一个更全面的了解，并且能熟练使用相关开发工具。

习 　 题

1. 简述 Java 语言的特点。
2. Java 语言的可移植性为什么比较高？
3. Java 应用程序和 Java 小程序的主要区别是什么？
4. Java Application 程序在结构上有哪些特点？
5. 开发和运行 Java Application 程序需要经过哪些主要步骤和过程？
6. 安装 JDK 之后如何设置 JDK 系统的 Path、classpath？它们的作用是什么？
7. 编写一个 Java 应用程序，在屏幕上输出"Welcome to Java"。
8. 编写一个 Java 小程序，在屏幕上输出"Welcome to Java"。

第 2 章　Java 语言基础

Java 是一种跨平台的面向对象语言，利用该语言可以生成独立于特定平台的应用程序。Java 具有众多特点，如面向对象、可移植、与硬件无关等。本章将介绍 Java 语言最基本的内容，先从 Java 编程基础开始，介绍 Java 语言的基本语法，包括标识符和关键字、基本数据类型、变量和常量、运算符、表达式、流程控制语句等，并通过实例强化对 Java 语法的认识。

2.1　标识符与关键字

Java 编程语言中，标识符(identifier)是赋予变量、对象、类和方法的名称。Java 语言中，标识符使用字符集，可以自己定义，但需要遵循如下的规定：

(1) 标识符可以由字母、数字、下划线 "_" 和 "$" 组成；

(2) 标识符必须以字母、下划线 "_" 或 "$" 开头，其后可跟其他字符；

(3) 标识符是大小写区分对待。例如，pClass 和 pclass 代表不同的标识符；

(4) 在自定义标识符时，应该使其能反映表示的变量、对象或类的意义。

例如，identifier、userName、User_Name、_sys_val 及$change 为合法的标识符；而 2mail room# 和 class 为非法的标识符。

程序语言设计中，有一些标识符是语言专用的，不允许重新定义其含义，这种标识符称为关键字(keyword)。语言的关键字都使用小写字母表示，如定义类的关键字 class，表示数据类型的关键字 char、int、double 等。

下面列出了 Java 语言中的关键字：

abstract，break，byte，boolean，catch，case，class，char，continue，default，double，do，else，extends，false，final，float，for，finally，if，import，implements，int，interface，instanceof，long，length，native，new，null，package，private，protected，public，return，switch，synchronized，short，static，super，try，true，this，throw，throws，threadsafe，transient，void，while。

2.2　注释和分隔符

2.2.1　注释

注释用来对程序中的代码做出解释。注释的内容在程序编译时不会产生目标代码，因此，注释部分对程序不会产生任何影响。在程序设计中，合理地添加注释可以增加程序的可读性，同时有利于程序的修改、调试和交互。注释可以在程序任何有分隔符的地方出现。

Java 语言有以下三种注释方式：

(1) //：单行注释，表示从"//"开始到行尾之间都是注释。

(2) /* ....*/：块注释，在"/*"和"*/"之间都是注释，并且块注释不能嵌套。

(3) /**....*/：文档注释，所有在"/** "和"*/"之间的内容可以利用 javadoc 命令自动形成注释文档。

2.2.2　分隔符

Java 语言中分隔符有空格、逗号、分号及行结束符号，并且规定任何两个相邻标识符、数字、关键字或两个语句之间必须至少有一个分隔符，以便于编译程序能识别。为了便于阅读，程序也需要像自然语言一样，合理地使用分隔符，并且这些分隔符不能相互代替。

1. 空白符

Java 空白符包括空格、制表行及空行等。

空格用来隔开类头、方法头定义中的各个关键字、类名、方法名等。声明变量时，类型和变量名之间用空格分隔，在这些地方，空格是必需的。

Java 程序各个基本成分之间的多个空白符与一个空白符的作用相同，编译器将忽略掉多余的空白。为了增加程序的可读性，一般在程序中加入适当的空格和空行，并使用缩进格式使不同层次的语句缩进，同一层次的语句对齐。

2. 花括号

类体、方法体、多余语句构成的复合语句块等都放在一对花括号"{}"中，构成一个代码段。

3. 分号

每条语句都以分号结尾。尽管一行可以写多条语句，但通常只把一条语句写在一行上，同一层次的语句对齐。但是如果一条语句中的字符太多，则可以写在多行上，分行的原则是：

(1) 在逗号之后换行；

(2) 在运算符之后换行；

(3) 每次换行后都键入 8 个空格并对齐。

4. 逗号

逗号用于分隔方法的多个参数，或用于对多个同类型的变量声明起分隔作用等。

5. 冒号

冒号用于标号后面，如 switch 语句中的 case 子句。

2.3　基本数据类型

Java 中的数据类型分为基本数据类型和引用数据类型，如图 2-1 所示。Java 不支持 C、

C++ 中的指针类型、结构体类型和共用体类型。

图 2-1　Java 数据类型

各种数据类型的取值范围见表 2-1。

表 2-1　Java 的基本数据类型

数据类型	大小(字节)	取值范围(十进制)	默认值
byte	1	$-2^7 \sim (2^7-1)$	0
char	2	\u000～\uffff	\u0000
short	2	$-2^{15} \sim (2^{15}-1)$	0
int	4	$-2^{31} \sim (2^{31}-1)$	0
long	8	$-2^{63} \sim (2^{63}-1)$	0
float	4	3.4E－38～3.4E38	0.0F
double	8	1.7E－308～1.7E308	0.0D
Boolean	1	true/false	false

　　每种数据类型所占有的内存大小不同，因而可以存储的数值范围也就不同。例如整数 (Int)的内存空间是4个字节，所以它可以存储的整数范围为 –2 147 483 648～2 147 483 647。如果存储值超出这个范围，则称之为"溢出"，这会造成程序不可预期的结果。

　　下面的示例演示了不同数据类型的数值范围。

【示例 2-1】　DataRange.java。

```java
public class DataRange {
    public static void main(String[] ags)
    {
        System.out.println("short \t 数值范围：" + Short.MAX_VALUE+":" + Short.MIN_VALUE);
        System.out.println("Integer\t 数值范围：" + Integer.MAX_VALUE+":" + Integer.MIN_VALUE);
        System.out.println("Long \t 数值范围：" + Long.MAX_VALUE+":" + Long.MIN_VALUE);
```

```
        System.out.println("Byte \t 数值范围：" + Byte.MAX_VALUE+":" + Byte.MIN_VALUE);
        System.out.println("Float \t 数值范围：" + Float.MAX_VALUE+":" + Float.MIN_VALUE);
        System.out.println("Double \t 数值范围：" + Double.MAX_VALUE+":" + Double.MIN_VALUE);
    }
}
```

程序运行结果：

    Short 数值范围：32 767 ~-32 768

    Int 数值范围：2 147 483 647 ~-2 147 483 648

    Long 数值范围：9 223 372 036 854 775 807 ~-9 223 372 036 854 775808

    Byte 数值范围：127 ~-128

    Float 数值范围：3.402 823e+38 ~ 1.401 298e-45

    Double 数值范围：1.797 693e+308 ~ 4.900 000e-324

　　其中 Byte、Integer、Long、Float、Double 都是 java.lang 包下的类名称；MAX_VALUE 与 MIN_VALUE 则是各类中所定义的静态常数成员，分别表示该数据类型可存储的数值最大与最小范围；"%e "表示用科学记数法显示。

2.4　变量与常量

2.4.1　变量

　　变量是 Java 程序中的基本存储单元，它的定义包括变量名、变量类型和作用域几个部分。例如：

    int age;   // 定义一个整数变量
    double scope;   // 定义一个双精度浮点数变量

变量名是一个合法的标识符，应具有一定的含义，以增加程序的可读性。

　　一般约定变量名是以小写字母开头，而类名是以一个大写字母开头的。如果变量名包含了多个单词，而每个单词要组合在一起，则在每个单词的第一个字母大写，如 IsVisible。

　　一旦定义一个变量，Java 编译器就会根据其数据类型为其分配内存空间。变量在声明后，使用赋值运算符"="来为其指定初值。

　　例如：

    int ageOfStudent = 0;
    double scoreOfStudent = 0.0;
    char levelOfStudent = 'A';

变量的数据类型必须与赋给它的数值的数据类型相匹配。

下面的示例演示了变量的声明和使用。

【示例 2-2】　VariableDemo.java。

```
public class VariableDemo {
    public static void main(String[] args) {
```

```
        int ageOfStudent = 5;
        double scoreOfStudent = 80.0;
        char levelOfStudent = 'B';
        System.out.println("年级\t 得分\t 等级");
        System.out.println(ageOfStudent+"\t " + scoreOfStudent+"\t" + levelOfStudent+"\t");
    }
}
```

程序运行结果：

年级	得分	等级
5	80.0	B

2.4.2　常量

Java 中的常量是在程序执行过程中值不变的量，如整型常量 123，实型常量 1.23、字符常量 "A"、布尔常量 true 和 false 以及字符串常量 "Thisisaconstantstring" 等，Java 用关键字 "final" 来定义常量。

例如：

```
        final doublePI = 3.1415926;
```

如果要改变已定义常量的值，就会导致一个编译错误。

2.4.3　整型数据

1. 整型常量

与 C、C++ 相同，Java 的整型常量有三种形式：

(1) 十进制整数，如 123、–456、0。

(2) 八进制整数，以 0 开头，如 0123 表示十进制数 83，–011 表示十进制数 –9。

(3) 十六进制整数，以 0x 或 0X 开头，如 0x123 表示十进制数 291，–0X12 表示十进制数 –18。

整型常量在机器中占 32 位，具有 int 型的值，对于 long 型值，则要在数字后加 L 或 l，如 123L 表示一个长整数，它在机器中占 64 位。

2. 整型变量

整型变量的类型有 byte、short、int、long 四种。int 类型是最常使用的一种整数类型，它所表示的数据范围 64 位处理器。但对于大型计算，常会遇到很大的整数，超出 int 类型所表示的范围，这时要使用 long 类型。

2.4.4　浮点型数据

1. 浮点型常量

Java 的浮点型常量有两种表示形式：

(1) 十进制数形式，由数字和小数点组成，且必须有小数点，如 0 .123，.123，123.,

123.0。

(2) 科学计数法形式，如 123e3 或 123E3，其中 e 或 E 之前必须有数，且 e 或 E 后面的指数必须为整数。实常数在机器中占 64 位，具有 double 型的值。对于 float 型的值，要在数字后加 f 或 F，如 12.3F，它在机器中占 32 位，且表示精度较低。

2. 浮点型变量

浮点型变量的类型有 float 和 double 两种，下面列出这两种类型所占内存的位数和其表示范围。数据类型所占位数的范围如下：

float：323.4e-038～3.4e+038；

double：641.7e-308～1.7e+308。

双精度类型 double 比单精度类型 float 具有更高的精度和更大的表示范围，在实际中常常使用。

2.4.5 字符型数据

1. 字符型常量

字符型常量是用单引号括起来的一个字符，如 'a'、'A'。Java 语法提供转义字符，以反斜杠开头，将其后的字符转变为另外的含义，表 2-2 列出了 Java 中的转义字符。

表 2-2 转 义 字 符

转义字符	含　义
\ddd	1 到 3 位八进制数据所表示的字符(ddd)
\uxxxx	1 到 4 位十六进制数所表示的字符(xxxx)
\'	单引号字符
\\	反斜杠字符
\r	回车
\n	换行
\f	走纸换页
\t	横向跳格
\b	退格

2. 字符型变量

字符型变量的类型为 char，它在机器中占 16 位，其范围为 0～65 535。字符型变量的定义如下：

```
char c = 'a' ;        //指定变量 c 为 char 型，且赋初值为 'a'
```

Java 中的字符型数据不能用作整数，因为 Java 不提供无符号整数类型。但是同样可以把它当作整数数据来操作。

例如：

```
int three = 3;
char one = '1';
```

```
char four = (char)(three+one);          //four='4'
```

上例中，在计算加法时，字符型变量 one 被转化为整数，进行相加，最后把结果又转化为字符型。

3. 字符串常量

Java 的字符串常量是用双引号(" ")括起来的一串字符，如 "Thisisastring.\n"。但不同的是，Java 中的字符串常量是作为 String 类的一个对象来处理的，而不是一个数据。有关 String 类，将在第 4 章介绍。

2.4.6　布尔型数据

布尔型数据只有两个值，true 和 false，且它们不对应于任何整数值。在流控制中常用到它。布尔型变量的定义如下：

```
boolean b = true;          //定义 b 为布尔型变量，且赋初值为 true
```

2.4.7　各类数值型数据间的混合运算

1. 自动类型转换

整型、实型、字符型数据可以混合运算。运算中，不同类型的数据先转化为同一类型，然后进行运算，转换从低级到高级。

转换规则如下：

(1) (byte 或 short)op int→int；

(2) (byte 或 short 或 int)op long→long；

(3) (byte 或 short 或 int 或 long)op float→float；

(4) (byte 或 short 或 int 或 long 或 float)op double→double；

(5) char op int→int。

其中，箭头左边表示参与运算的数据类型，op 为运算符(如加、减、乘、除等)，右边表示转换成的进行运算的数据类型。

【示例 2-3】　Promotion.java。

```java
public class Promotion {
    public static void main(String[] args) {
        byte b = 10;
        char c = 'a';
        int i = 90;
        long l = 555L;
        float f = 3.5f;
        double d = 1.234;
        float f1 = f*b;              //float*byte->float
        int i1 = c+i;                //char+int->int
        long l1 = l+i1;              //long+int->ling
```

```
        double d1 = f1/i1-d;          //float/int->float，float-double->double}
    }
}
```

2. 强制类型转换

高级数据要转换成低级数据，需用到强制类型转换，如：

```
int i;
byte b = (byte)i;              //把 int 型变量 i 强制转换为 byte 型
```

这种使用可能会导致数据的溢出或精度的下降。

2.5　运算符与表达式

运算符指明了对各种类型的操作数所进行的运算。Java 有四大类运算符：算术运算、位运算、关系运算和逻辑运算。Java 还定义了一些附加的运算符用于处理特殊情况。本节将介绍 Java 的运算符含义和运算规则。

2.5.1　算术运算符

算术运算符用在数学表达式中，其用法和功能与代数学(或其他计算机语言)中一样，Java 定义的算术运算符如表 2-3 所示。

表 2-3　Java 算术运算符

算术运算符	含　　义
+	加法
−	减法(一元减号)
*	乘法
/	除法
%	模运算
++	递增运算
+=	加法赋值
-=	减法赋值
*=	乘法赋值
/=	除法赋值
%=	模运算赋值
--	递减运算

注意，算术运算符的运算数必须是数字类型。算术运算符不能用在布尔类型上。

1. 基本算术运算符

基本算术运算符包括加、减、乘、除，可以对所有的数字类型操作。减运算也用作表示单个操作数的负号。对整数进行除法(/)运算时，所有的余数都要被舍去。下面这个示例示范了算术运算符，也说明了浮点型除法和整型除法之间的差别。

【示例2-4】 BasicMath.java。

```java
public class BasicMath {
    public static void main(String[] args) {
        System.out.println("Integer Arithmetic");
        int a = 1 + 1;
        int b = a * 3;
        int c = b / 4;
        int d = c - a;
        int e = -d;
        System.out.println("a = " + a);
        System.out.println("b = " + b);
        System.out.println("c = " + c);
        System.out.println("d = " + d);
        System.out.println("e = " + e);
        System.out.println("\nFloating Point Arithmetic");
        double da = 1 + 1;
        double db = da * 3;
        double dc = db / 4;
        double dd = dc - a;
        double de = -dd;
        System.out.println("da = " + da);
        System.out.println("db = " + db);
        System.out.println("dc = " + dc);
        System.out.println("dd = " + dd);
        System.out.println("de = " + de);
    }
}
```

程序运行结果：

```
Integer Arithmetic
a = 2
b = 6
c = 1
d = -1
e = 1

Floating Point Arithmetic
da = 2.0
```

```
        db = 6.0
        dc = 1.5
        dd = -0.5
        de = 0.5
```

2. 模运算符

模运算符%，其运算结果是整数除法的余数。它能像整数类型一样被用于浮点类型(在 C/C++ 中模运算符%仅仅能用于整数类型)。下面的示例说明了模运算符%的用法。

【示例 2-5】　Modulus.java。

```java
public class Modulus {
    public static void main(String[] args) {
        int x = 42;
        double y = 42.25;
        System.out.println("x mod 10 = " + x % 10);
        System.out.println("y mod 10 = " + y % 10);
    }
}
```

程序运行结果：

```
x mod 10 = 2
y mod 10 = 2.25
```

3. 算术赋值运算符

Java 提供特殊的算术赋值运算符，该运算符可用来将算术运算符与赋值结合起来。例如：

```
a = a +4;
```

在 Java 中，可将该语句重写如下：

```
a += 4;
```

该语句使用 "+=" 进行赋值操作。上面两行语句完成的功能是一样的：使变量 a 的值增加 4。这种简写形式对于 Java 的二元(即需要两个操作数的)运算符都适用。其语句格式为

```
var= var op expression;
```

可以被重写为

```
var op= expression;
```

这种赋值运算符有两个好处。第一，它们比标准的等式要紧凑；第二，它们有助于提高 Java 的运行效率。

下面的示例演示了算术赋值运算符的使用。

【示例 2-6】　OpEquals.java。

```java
public class OpEquals {
    public static void main(String[] args) {
        int a = 1;
        int b = 2;
        int c = 3;
```

```
        a += 5;
        b *= 4;
        c += a * b;
        c %= 6;
        System.out.println("a = " + a);
        System.out.println("b = " + b);
        System.out.println("c = " + c);
    }
}
```

程序运行结果：

```
    a = 6
    b = 8
    c = 3
```

4. 递增和递减运算符

递增运算符对其运算数加 1，递减运算符对其运算数减 1。因此：x = x + 1；运用递增运算符可以重写为 x++。

在前面的例子中，递增或递减运算符采用前缀(prefix)或后缀(postfix)格式都是相同的。但是，当递增或递减运算符作为一个较大的表达式的一部分，就会有所不同。如果递增或递减运算符放在其运算数前面，Java 就会在获得该运算数的值之前执行相应的操作，并将其用于表达式的其他部分。如果运算符放在其运算数后面，Java 就会先获得该操作数的值再执行递增或递减运算。

例如：

```
    x = 42 ;
    y =++x ;
```

在这个例子中，y 将被赋值为 43，因为在将 x 的值赋给 y 以前，要先执行递增运算。这样，语句行 y =++x; 和下面两句是等价的：

```
    x = x + 1;
    y = x;
```

但是，当写成这样时：

```
    x = 42;
    y = x++;
```

在执行递增运算以前，已将 x 的值赋给了 y，因此 y 的值还是 42。当然，在这两个例子中，x 都被赋值为 43。在本例中，程序行 y = x++; 与下面两个语句等价：

```
    y = x;
    x = x + 1;
```

下面的示例说明了递增运算符的使用：

【示例 2-7】 IncDec.java。

```
    // Demonstrate ++.
```

```java
public class IncDec {
    public static void main(String[] args) {
        int a = 1;
        int b = 2;
        int c;
        int d;
        c = ++b;
        d = a++;
        c++;
        System.out.println("a = " + a);
        System.out.println("b = " + b);
        System.out.println("c = " + c);
        System.out.println("d = " + d);
    }
}
```

程序运行结果：

    a = 2
    b = 3
    c = 4
    d = 1

2.5.2　关系运算符

数学上有比较的运算，像大于、等于、小于等运算，Java 中也提供了这些运算符，这些运算符称为"比较运算符"(Comparison Operator)。它们有大于(>)、大于等于(>=)、小于(<)、小于等于(<=)、等于(==)和不等于(!=)。

关系运算符(Relational Operators)决定值和值之间的关系。例如决定相等、不相等以及排列次序。关系运算符及其含义如表 2-4 所示。

表 2-4　关系运算符及其含义

关系运算符	含　义
==	等于
!=	不等于
>	大于
<	小于
>=	大于等于
<=	小于等于

关系运算符产生的结果是布尔值。关系运算符常常用在 if 控制语句和各种循环语句的表达式中。下面的示例演示了比较运算的使用。

【示例 2-8】 ComparisonOperator.java。

```java
public class ComparisonOperator {
    public static void main(String[] args) {
        System.out.println("10 > 5  结果  " + (10 > 5));
        System.out.println("10 >= 5  结果  " + (10 >= 5));
        System.out.println("10 < 5  结果  " + (10 < 5));
        System.out.println("10 <= 5  结果  " + (10 <= 5));
        System.out.println("10 == 5  结果  " + (10 == 5));
        System.out.println("10 != 5  结果  " + (10 != 5));
    }
}
```

程序运行结果：

```
10 > 5  结果  true
10 >= 5  结果  true
10 < 5  结果  false
10 <= 5  结果  false
10 == 5  结果  false
10 != 5  结果  true
```

2.5.3　逻辑运算符

在逻辑上有所谓的与(And)、或(Or)与非(Inverse)，Java 也提供了基本逻辑运算所需的逻辑运算符。布尔逻辑运算符的运算数只能是布尔型，而且逻辑运算的结果也是布尔类型。布尔逻辑运算符及其含义如表 2-5 所示。

表 2-5　布尔逻辑运算符及其含义

布尔逻辑运算符	含　　义
&	逻辑与
|	逻辑或
^	异或
||	短路或
&&	短路与
!	逻辑非
&=	逻辑与赋值(赋值的简写形式)
|=	逻辑或赋值(赋值的简写形式)
^=	异或赋值(赋值的简写形式)
==	相等
!=	不相等
?:	三元运算符(IF-THEN-ELSE)

"||"和"&&"是短路(short circuit)操作符，"&"、"|"是非短路操作符，它们的区别是：对于短路操作符，如果能根据操作符左边的布尔表达式推算出整个表达式的布尔值，将不执行操作符右边的布尔表达；对于非短路操作符，始终会执行操作符两边的布尔表达式。

例如，下面的程序语句说明了短路逻辑运算符的优点，用它来防止被 0 除的错误：

    if (denom != 0 && num / denom > 10)

既然用了短路 AND 运算符，就不会有当 denom 为 0 时产生的意外运行时错误。如果该行代码使用标准 AND 运算符(&)，它将对两个运算数都求值，当出现被 0 除的情况时，就会产生运行错误。

2.5.4　位运算符

在数字设计上有 AND、OR、NOT、XOR 与补码等运算，在 Java 中提供这些运算的就是位运算符。它们对应的分别是&(AND)、|(OR)、^(XOR)与~(补码)。

Java 定义的位运算(Bitwise Operators)直接对整数类型的位进行操作，这些整数类型包括 long、int、short、char 和 byte。位运算符及其结果如表 2-6 所示。

表 2-6　位运算符及其结果

位运算符	结　　　果
~	按位非(NOT)(一元运算)
&	按位与(AND)
		按位或(OR)
^	按位异或(XOR)
>>	右移
>>>	右移，左边空出的位以 0 填充
<<	左移
&=	按位与赋值
|=	按位或赋值
^=	按位异或赋值
>>=	右移赋值
>>>=	右移赋值，左边空出的位以 0 填充
<<=	左移赋值

既然位运算符在整数范围内对位操作，那么所有的整数类型以二进制数字位的变化及其宽度来表示。例如，byte 型值 42 的二进制代码是 00101010，其中每个位置在此代表 2 的次方，在最右边的位以 2^0 开始。向左下一个位置将是 2^1 或 2，依次向左是 2^2 或 4，然后是 8、16、32 等等，依此类推。因此，42 在其位置 1、3、5 的值为 1(从右边以 0 开始数)；这样 42 是 $2^1 + 2^3 + 2^5$ 的和，即 2 + 8 + 32。

所有的整数类型(除了 char 类型之外)都是有符号的整数。这意味着它们既能表示正数，又能表示负数。Java 使用补码表示负数，也就是通过将与其对应的正数的二进制代码取反(即将 1 变成 0，将 0 变成 1)，然后对其结果加 1。例如，−42 就是通过将 42 的二进制代码的各个位取反，即对 00101010 取反得到 11010101，然后再加 1，得到 11010110，即 −42。要对一个负数解码，首先对其所有的位取反，然后加 1。例如 −42，或 11010110 取反后为 00101001，或 41，然后加 1，这样就得到了 42。

1. 按位非(NOT)

按位非也叫做补，一元运算符 NOT "～" 是对其运算数的每一位取反。例如，数字 42，它的二进制代码为 00101010，经过按位非运算成为 11010101。

2. 按位与(AND)

按位与运算符 "&"，如果两个运算数都是 1，则结果为 1。其他情况下，结果均为零。例如：00101010 42 &00001111 15，结果为 00001010 10。

3. 按位或(OR)

按位或运算符 "|"，任何一个运算数为 1，则结果为 1。如下例所示：00101010 42 | 00001111 15，结果为 00101111 47。

4. 按位异或(XOR)

按位异或运算符 "^"，只有在两个比较的位不同时，其结果是 1；否则，结果是零。下面的例子显示了 "^" 运算符的效果。这个例子也表明了 XOR 运算符的一个有用的属性：00101010 42 ^ 00001111 15，结果为 00100101 37。

5. 左移运算符

左移运算符 << 使指定值的所有位都左移规定的次数。它的通用格式如下所示：

```
value << num
```

num 指定要移位值 value 移动的位数。每左移一个位，高阶位都被移出(并且丢弃)，并用 0 填充右边。这意味着当左移的运算数是 int 类型时，每移动 1 位它的第 31 位就要被移出并且丢弃；当左移的运算数是 long 类型时，每移动 1 位它的第 63 位就要被移出并且丢弃。

在对 byte 和 short 类型的值进行移位运算时将自动把这些类型扩大为 int 型，而且，表达式的值也是 int 型。对 byte 和 short 类型的值进行移位运算的结果是 int 型，而且如果左移不超过 31 位，则原来对应各位的值也不会丢弃。但是，如果对一个负的 byte 或者 short 类型的值进行移位运算，它被扩大为 int 型后，它的符号也被扩展。这样，整数值结果的高位就会被 1 填充。因此，为了得到正确的结果，就要舍弃得到结果的高位。这样做的最简单办法是将结果转换为 byte 型。下面的示例演示了左移运算符的用法。

【示例 2-9】 ByteShift.java。

```java
public class ByteShift {
    public static void main(String[] args) {
        byte a = 64, b;
        int i;
        i = a << 2;
        b = (byte) (a << 2);
```

```
            System.out.println("Original value of a: " + a);
            System.out.println("i and b: " + i + " " + b);
        }
    }
```

程序运行结果：

```
Original value of a: 64

i and b: 256 0
```

因变量 a 在赋值表达式中，故被扩大为 int 型，64(0100 0000)被左移两次生成值 256 (10000 0000)被赋给变量 i。然而，经过左移后，变量 b 中唯一的 1 被移出，低位全部成了 0，因此 b 的值也变成了 0。

6. 右移运算符

右移运算符>>使指定值的所有位都右移规定的次数。它的通用格式如下：

```
value >> num
```

num 指定要移位值 value 移动的位数。右移运算符>>使指定值的所有位都右移 num 位。下面的程序片段将值 32 右移 2 次，将结果 8 赋给变量 a：

```
int a = 32;

a = a >> 2;          // a now contains 8
```

当值中的某些位被"移出"时，这些位的值将丢弃。例如，下面的程序片段将 35 右移 2 次，它的 2 个低位被移出丢弃，也将结果 8 赋给变量 a：

```
int a = 35;

a = a >> 2;          // a still contains 8
```

用二进制表示该过程可以更清楚地看到程序的运行过程：

```
00100011 35

>> 2

00001000 8
```

将值每右移一次，就相当于将该值除以 2 并且舍弃了余数。可以利用这个特点将一个整数进行快速的除以 2 的除法。右移时，被移走的最高位(最左边的位)由原来最高位的数字补充。例如，如果要移走的值为负数，每一次右移都在左边补 1；如果要移走的值为正数，每一次右移都在左边补 0，这叫做符号位扩展(保留符号位)(sign extension)，在进行右移操作时用来保持负数的符号。

例如，-8 >> 1 是 -4，用二进制表示如下：

```
11111000 -8 >>1 11111100 -4
```

2.6　程序基本结构

Java 程序设计语言流程控制与 C/C++基本相同，共有三种基本逻辑结构：顺序结构、选择结构和循环结构。在顺序结构中，程序依次执行各条语句；在选择结构中，程序根据条件，选择程序分支执行语句；在循环结构中，程序循环执行某段程序体，直到循环结束。

顺序结构最为简单，不需要专门的控制语句。其他两种控制结构均有相应的控制语句。Java
语言提供了几种流程控制语句，如表 2-7 所示。

表 2-7　流程控制语句

语句类型	关键字
选择	if…else，　switch…case
循环	while，do-while，for
转向控制	break，continue

2.6.1　选择语句

Java 支持两种选择语句：if 语句和 switch 语句。

1. if 语句

if 语句是 Java 中的条件分支语句。它能将程序的执行路径分为两条。if 语句的完整格
式如下：

```
if(条件式)
    语句一;
else
    语句二;
```

其中，if 和 else 的对象都是单个语句(statement)，也可以是程序块。条件 condition 可
以是任何返回布尔值的表达式。else 子句是可选的。

if 语句的执行过程如下：如果条件为真，就执行 if 的对象(statement1)；否则，执行 else
的对象(statement2)。任何时候两条语句都不可能同时执行。if 语句的流程图如图 2-2 所示。

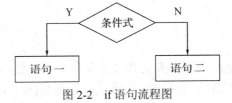

图 2-2　if 语句流程图

如下面的示例：

```
int a，b;
// ...
if(a < b)
    a = 0;          //如果 a 小于 b，那么 a 被赋值为 0
else
    b = 0;          //否则，b 被赋值为 0
```

如果在 if 后有两个以上的语句，称之为复合语句，此时必须使用花括号定义程序块并
将复合语句包括起来。例如：

```
if(条件式) {
    语句一;
```

```
        语句二;
    }
    else {
        语句三;
        语句四;
    }
```

【示例 2-10】　OddDecider.java。

```java
import java.util.Scanner;
public class OddDecider {
    public static void main(String[] args) {
        //java 输入工具类，从键盘读入用户输入
        Scanner scanner = new Scanner(System.in);
        System.out.print("请输入数字: ");
        int input = scanner.nextInt();
        int remain = input % 2;        //求除 2 的余数
        if(remain == 1)                //如果余数为 1
            System.out.println(input + "为奇数");
        else
            System.out.println(input + "为偶数");
    }
}
```

程序运行结果:

```
请输入数字: 9
9 为奇数
```

2. 嵌套 if 语句

嵌套 if 语句是指该 if 语句为另一个 if 或者 else 语句的对象。一个 else 语句总是对应着和它在同一个块中的最近的 if 语句，而且该 if 语句没有与其他 else 语句相关联。如下面的示例:

```
if(i == 10)
{
    if(j < 20)
        a = b;
    if(k > 100)
        c = d;
}
else
    a = d;
```

最后一个 else 语句没有与 if(j < 20)相对应，因为它们不在同一个块(尽管 if(j <20)语句

是没有与 else 配对最近的 if 语句)。最后一个 else 语句对应着 if(i==10)。内部的 else 语句
对应着 if(k>100)，因为它是同一个块中最近的 if 语句。

3. if-else-if 阶梯

基于嵌套 if 语句的通用编程结构被称为 if-else-if 阶梯。它的语法如下：

```
if(condition)
    statement1;
else if(condition)
    statement2;
else if(condition)
    statement3;
    N
else
    statementN;
```

条件表达式从上到下被求值。一旦找到为真的条件，就执行与它关联的语句，该阶梯
的其他部分就被忽略了。如果所有的条件都不为真，则执行最后的 else 语句。最后的 else
语句经常被作为默认的条件，即如果所有其他条件测试失败，就执行最后的 else 语句。如
果没有最后的 else 语句，而且所有其他的条件都失败，那程序就不做任何动作。

下面的示例演示了通过使用 if-else-if 阶梯来确定某个月是什么季节。

【示例 2-11】 IfElseDemo.java。

```java
public class IfElseDemo {
    public static void main(String[] args) {
        int month = 4;          // April
        String season;
        if(month == 12 || month == 1 || month == 2)
            season = "Winter";
        else if(month == 3 || month == 4 || month == 5)
            season = "Spring";
        else if(month == 6 || month == 7 || month == 8)
            season = "Summer";
        else if(month == 9 || month == 10 || month == 11)
            season = "Autumn";
        else
            season = "Bogus Month";
        System.out.println("April is in the " + season + ".");
    }
}
```

程序运行结果：

```
April is in the Spring.
```

从程序执行过程能看到，不管给 month 什么值，该阶梯中有而且只有一个语句执行。

4. switch 语句

switch 语句是 Java 的多路分支语句。它提供了一种基于一个表达式的值来使程序执行不同部分的简单方法。switch 语句的通用形式如下：

```
switch (expression) {
    case value1:          // 分支 1
        statement1;
        break;
    case value2:          // 分支 2
        statement2;
        break;
        ⋮
    case valueN:          // 分支 n
        statementn;
        break;
    default:              //默认分支
    // default statement sequence
}
```

switch 语句的执行过程如下：表达式的值与每个 case 语句中的常量作比较，如果发现了一个与之相匹配的，则执行该 case 语句后的代码。如果没有一个 case 常量与表达式的值相匹配，则执行 default 语句。当然，default 语句是可选的。如果没有相匹配的 case 语句，也没有 default 语句，则什么也不执行。

表达式 expression 必须为 byte、short、int 或 char 类型。每个 case 语句后的值 value 必须是与表达式类型兼容的特定的一个常量(它必须是一个常量，而不是变量)。重复的 case 值是不允许的。

在 case 语句序列中的 break 语句将引起程序流从整个 switch 语句退出。当遇到一个 break 语句时，程序将从整个 switch 语句后的第一行代码开始继续执行。这有一种"跳出" switch 语句的效果。

【示例 2-12】　SampleSwitch.java。

```java
public class SampleSwitch {
    public static void main(String[] args) {
        for(int i=0; i<6; i++)
        switch(i) {
            case 0:
                System.out.println("i is zero.");
                break;
            case 1:
                System.out.println("i is one.");
```

```
            break;
        case 2:
            System.out.println("i is two.");
            break;
        case 3:
            System.out.println("i is three.");
            break;
        default:
            System.out.println("i is greater than 3.");
        }
    }
}
```

程序运行结果：

```
i is zero.
i is one.
i is two.
i is three.
i is greater than 3.
i is greater than 3.
```

从示例 2-12 中可以看出，每一次循环，与 i 值相配的 case 常量后的相关语句就被执行，其他语句则被忽略。当 i 大于 3 时，没有可以匹配的 case 语句，因此执行 default 语句。break 语句是可选的。如省略了 break 语句，程序将继续执行下一个 case 语句。有时在多个 case 语句之间没有 break 语句，例如下面的程序：

【示例 2-13】 MissingBreak.java。

```
public class MissingBreak {
    public static void main(String[] args) {
        for(int i=0; i<12; i++)
        switch(i) {
            case 0:
            case 1:
            case 2:
            case 3:
            case 4:
                System.out.println("i is less than 5");
                break;
            case 5:
            case 6:
            case 7:
            case 8:
```

```
            case 9:
                System.out.println("i is less than 10");
                break;
            default:
                System.out.println("i is 10 or more");
        }
    }
}
```

程序运行结果：

```
i is less than 5
i is less than 5
i is less than 5
i is less than 5
i is less than 5
i is less than 10
i is less than 10
i is less than 10
i is less than 10
i is less than 10
i is 10 or more
i is 10 or more
```

2.6.2　循环语句

循环结构是指重复执行某段程序直到一个结束条件出现。Java 的循环语句有三种：for、while 和 do-while。

1. while 语句

while 语句是 Java 最基本的循环语句。当它的控制表达式是真时，while 语句重复执行一个语句或语句块。它的通用格式如下：

```
while(condition)
{
    语句块(循环体);
}
```

条件 condition 可以是任何布尔表达式。只要条件表达式为真，循环体就被执行。当条件 condition 为假时，程序控制就传递到循环后面紧跟的语句行。如果只有单个语句需要重复，大括号是不必要的。

【示例 2-14】　WhileDemo.java。

```
public class WhileDemo {
    public static void main(String[] args) {
```

```
        int n = 10;
        while(n > 0) {
            System.out.println("tick " + n);
            n--;
        }
    }
}
```

程序运行结果：(它将输出"tick"10 次)

```
tick 10
tick 9
tick 8
tick 7
tick 6
tick 5
tick 4
tick 3
tick 2
tick 1
```

2. do-while 循环

do-while 循环的一般格式如下：

```
do {
    语句块(循环体);
} while (condition);
```

do-while 循环总是先执行循环体，然后再计算条件表达式。因此它的循环体至少被执行一次。

下面是一个重写的"tick"程序示例，用来演示 do-while 循环。它的输出与先前程序的输出相同。

【示例 2-15】　DoWhileDemo.java。

```
public class DoWhile {
    public static void main(String[] args) {
        int n = 10;
        do {
            System.out.println("tick " + n);
            n--;
        } while(n > 0);
    }
}
```

do-while 循环在编制菜单选择时尤为有用，因为通常都想让菜单循环体至少执行一次。下面的示例是演示了一个简单的帮助系统。

【示例 2-16】　MenuDemo.java。

```java
import java.util.Scanner;
public class Menu {
    public static void main(String[] args) {
        int   choice;
        Scanner scanner = new Scanner(System.in);
        do {
            System.out.println("Help on:");
            System.out.println(" 1. if");
            System.out.println(" 2. switch");
            System.out.println(" 3. while");
            System.out.println(" 4. do-while");
            System.out.println(" 5. for\n");
            System.out.println("Choose one:");
            choice = scanner.nextInt();            //获取选中的菜单项
        } while( choice < '1' || choice > '5');
        System.out.println("\n");
        switch(choice) {
            case 1:
                System.out.println("The if:\n");
                System.out.println("if(condition) statement;");
                System.out.println("else statement;");
                break;
            case 2:
                System.out.println("The switch:\n");
                System.out.println("switch(expression) {");
                System.out.println(" case constant:");
                System.out.println(" statement sequence");
                System.out.println(" break;");
                System.out.println(" // ...");
                System.out.println("}");
                break;
            case 3:
                System.out.println("The while:\n");
                System.out.println("while(condition) statement;");
                break;
            case 4:
                System.out.println("The do-while:\n");
```

```
                System.out.println("do {");
                System.out.println(" statement;");
                System.out.println("} while (condition);");
                break;
            case 5:
                System.out.println("The for:\n");
                System.out.print("for(init; condition; iteration)");
                System.out.println(" statement;");
                break;
        }
    }
}
```

程序运行结果：

Help on:

1. if

2. switch

3. while

4. do-while

5. for

Choose one:

4

The do-while:

do {

　　statement;

} while (condition);

在程序中，do-while 循环用来验证用户是否输入了有效的选择，如果没有，则要求用户重新输入，因为菜单至少要显示一次，do-while 循环是完成此任务的合适语句。

3. for 循环

for 循环是一个功能强大且形式灵活的结构。下面是 for 循环的通用格式：

```
for(初始语句; 逻辑表达式; 迭代语句) {
    语句块;
}
```

如只有一条语句需要重复，大括号就没有必要。

for 循环的执行过程如下。

第一步，当循环启动时，先执行初始化部分。通常，这是设置循环控制变量值的一个表达式，作为控制循环的计数器。重要的是要注意初始化表达式仅被执行一次。

第二步，计算逻辑表达式的值。通常将循环控制变量与目标值相比较，如果这个表达式为真，则执行循环体；如果为假，则循环终止。

　　第三步，执行循环体的反复部分。接下来重复循环，首先计算条件表达式的值，然后执行循环体，接着反复执行表达式。这个过程不断重复直到控制表达式变为假。

【示例 2-17】　ForTick..java。

```
public class ForTick {
    public static void main(String[] args) {
        int n;
        for(n=10; n>0; n--)
            System.out.println("tick " + n);
    }
}
```

程序运行结果：

```
tick 10
tick 9
tick 8
tick 7
tick 6
tick 5
tick 4
tick 3
tick 2
tick 1
```

　　由于循环控制变量不会在程序的其他地方使用，因此一般都在 for 循环中来声明它。例如，以下为测试素数的一个简单程序。注意由于其他地方不需要 i，所以循环控制变量 i 在 for 循环中声明。

【示例 2-18】　FindPrime.java。

```
public class FindPrime {
    public static void main(String[] args) {
        int num;
        boolean isPrime = true;
        num = 14;
        for(int i=2; i <= num/2; i++) {
            if((num % i) == 0) {
                isPrime = false;
                break;
            }
        }
        if(isPrime)
            System.out.println("Prime");
        else
```

```
            System.out.println("Not Prime");
        }
    }
```

程序运行结果：

Not Prime

4. 循环嵌套

循环嵌套是指一个循环在另一个循环之内。下面的示例演示了循环嵌套的用法。

【示例 2-19】 Nested.java。

```java
public class Nested {
    public static void main(String[] args) {
        int i, j;
        for(i=0; i<10; i++) {
            for(j=i; j<10; j++)
                System.out.print(".");
            System.out.println();
        }
    }
}
```

程序运行结果：

```
..........
.........
........
.......
......
.....
....
...
..
.
```

2.6.3 跳转语句

Java 支持三种跳转语句：break、continue 和 return。

1. break 语句

在 Java 中，break 语句一般用在 switch 语句中，用来终止一个语句序列或用在循环结构中，用来退出一个循环。

1) 使用 break 退出循环

可以使用 break 语句直接强行退出循环，忽略循环体中的任何其他语句和循环的条件测试。在循环中遇到 break 语句时，循环被终止，程序控制在循环后面的语句重新开始。下面的示例演示了 break 在循环体中的用法。

【示例 2-20】　BreakLoop.java。

```
public class BreakLoop {
    public static void main(String[] args) {
        for(int i=0; i<100; i++)
        {
            if(i == 10) break; // 如果 i 为 10，终止循环
                System.out.println("i: " + i);
        }
        System.out.println("Loop complete.");
    }
}
```

程序运行结果：

```
i: 0
i: 1
i: 2
i: 3
i: 4
i: 5
i: 6
i: 7
i: 8
i: 9
Loop complete.
```

示例 2-20 中 for 循环被设计为从 0 执行到 99，但是当 i 等于 10 时，break 语句终止了程序。将上一个程序用 while 循环改写，该程序的输出相同。

【示例 2-21】　BreakLoop2.java。

```
class BreakLoop2 {
    public static void main(String args[]) {
        int i = 0;
        while(i < 100) {
            if(i == 10) break;          //如果 i 为 10，终止循环
                System.out.println("i: " + i);
                i++;
        }
        System.out.println("Loop complete.");
    }
}
```

2) 带标签的 break

Java 定义了 break 语句的一种扩展情况。通过使用带标签的 break，可以终止一个或者几个代码块。这种形式的 break 语句带有标签，可以明确指定执行从何处重新开始。这种带标签的 break 语句的通用格式如下所示：

break label;

要指定一个代码块，在其开头加一个标签即可。标签可以是任何合法有效的 Java 标识符后跟一个冒号。

例如，下面的程序示例了 3 个嵌套块，每一个都有它自己的标签。break 语句使执行向前，跳过了定义为标签 second 的代码块结尾，跳过了 2 个 println()语句。

【示例 2-22】 BreakDemo.java。

```java
class BreakDemo {
    public static void main(String args[]) {
        boolean t = true;
        first: {
            second: {
                third: {
                    System.out.println("Before the break.");
                    if(t) break second;        // 终止第 2 个语句体
                        System.out.println("This won't execute");
                }
                System.out.println("This won't execute");
            }
            System.out.println("This is after second block.");
        }
    }
}
```

程序运行结果：

```
Before the break.
This is after second block.
```

2. continue 语句

1) 不带标号的 continue 语句

在 while 和 do-while 循环中，continue 语句使控制直接转移给控制循环的条件表达式，然后继续循环过程。在 for 循环中，循环的反复表达式被求值，然后执行条件表达式，循环继续执行。下面的示例使用 continue 语句，使每行打印 2 个数字。

【示例 2-23】 ContinueDemo.java。

```java
class ContinueDemo {
    public static void main(String args[]) {
        for(int i=0; i<10; i++) {
```

```
            System.out.print(i + " ");
            if (i%2 == 0)
                continue;
                System.out.println("");
        }
    }
}
```

程序运行结果：

```
0 1
2 3
4 5
6 7
8 9
```

2) 带标号的 continue 语句

带标号的 continue 语句多用在多层循环结构中，而标号名应该定义在程序中外层循环语句的前面，用来标志这个循环结构。下面的示例演示了带标号的 continue 语句的用法。

【示例 2-24】 ContinueExample.java。

```
public class ContinueExample {
    public static void main(String[] args){
        loop:for(int i=1; i<20; i++){
            for(int j=2; j<i; j++)
            {
                if ((i%j)==0)
                    continue loop;
            }
            System.out.println("i="+i);
        }
    }
}
```

程序运行结果：

```
i=1
i=2
i=3
i=5
i=7
i=11
i=13
i=17
i=19
```

3. return 语句

最后一个控制语句是 return。return 语句用来明确地从一个方法返回，使程序控制返回到调用它的方法处。

下面的示例中，由于是 Java 运行系统调用 main()，因此，return 语句使程序执行返回到 Java 运行系统。

【示例 2-25】 ReturnDemo.java。

```java
class ReturnDemo {
    public static void main(String args[]) {
        boolean t = true;
        System.out.println("Before the return.");
        if(t)
            return; // return to caller
        System.out.println("This won't execute.");
    }
}
```

程序运行结果：

```
Before the return.
```

最后的 println()语句没有被执行。一旦 return 语句被执行，程序控制传递到它的调用者。

本 章 小 结

本章主要介绍了 Java 的语言基础，主要包括基本数据类型的分类、取值范围及变量的生命周期等。作为 Java 编程人员，在操纵各种类型的数据时，多数情况下并不需要关心这些数据在内存中到底是如何存储的。但在实际应用中，对于不同类型的数据表示精度及类型转换时的精度丢失问题和字符间编码转换问题都需要对本章内容更好地了解。

掌握基本的程序设计结构，特别是在选择和循环结构中，Break 语句和 Continue 语句的用法的熟练掌握是为后面 Java 程序设计打下坚实的基础。

习 题

1. Java 有哪些基本数据类型。写出 int 型所能表达的最大、最小数据。

2. Java 有哪些算术运算符、关系运算符、逻辑运算符、位运算符和赋值运算符？试列举单目和三目运算符。

3. 写出下面表达式的运算结果，设 a=2, b=-4, c=true。

(1) --a % b++;

(2) (a >= 1 && a <= 10? a : b);

(3) c ^(a > b);

(4) (--a)<<a;

(5) (double)(a+b)/5+a/b。

4. 指出下面程序的错误。

```
swith(n)
{
    case 1 :
            System.out.println("First");
    case 2 :
            System.out.println("Second");
    case 3 :
            System.out.println("Third");
}
```

5. 编程题。

(1) 试利用 for 循环，计算 $1+2+3+4+5+\cdots+100$ 的总和。

(2) 利用 do-while 循环，计算 $1!+2!+3!+\cdots+100!$ 的总和。

(3) 使用循环嵌套，编写一个输出如下图形的程序：

```
*
*
*   *
*   *   *
*   *   *   *
```

第 3 章　Java 面向对象程序设计

面向对象的软件开发及其问题求解是当前计算机发展的重要方向之一，面向对象的程序设计(OOP)已经成为了当前软件开发的必然选择，通过掌握面向对象的技术，能开发出复杂、高级的系统，这些系统是完整、健全并且又是可扩充的。OOP 是建立在把对象作为基本实体看待的面向对象的模型上的，这种模型可以使对象之间交互操作。

面向对象程序设计在一个好的面向对象程序设计语言(OOPL)的支持下能得到更好的实现。Java 作为一种纯粹的面向对象的编程语言，提供了用来支持面向对象程序设计模型所需的一切条件。Java 有自己完善的对象模型，并提供了一个庞大的 Java 类库，而且有一套完整的面向对象解决方案和体系结构。

本章将介绍面向对象技术的基本知识，以及在 Java 中如何体现这些面向对象的概念和思想。

3.1　面向对象程序设计基础

3.1.1　结构化程序设计

20 世纪 60 年代提出了结构化程序设计(Structed Programming，SP)方法。所谓结构化程序设计，是一种自上而下、逐步细化的模块化程序设计方法。当解决一个复杂问题时，首先将总的求解任务划分为若干子任务，然后可以为每个子任务设计一个子程序。若子任务仍较复杂，可以将子任务继续分解。完成不同任务的程序在程序代码编制上相互独立，而在数据的处理上又相互联系。

对于解决一个简单问题的程序，Wirth N 提出一个公式：算法 + 数据结构 = 程序，即编制程序就是定义数据和设计算法。定义数据就是选择合适的数据结构，设计算法就是根据所选择的数据结构编写解决问题的过程。结构化程序设计中数据和过程是分离的，过程是对数据的操作。

结构化程序设计是一种面向过程的程序设计(Procedure Oriented Programming，POP)方法。即一个程序是由多个可独立编程的过程(在 Java 中为方法)模块组成的，过程之间通过函数参数和全局变量进行相互联系。

结构化程序设计按照工程的标准和严格的规范将系统分解为若干功能模块，系统是实现模块功能的函数或过程的集合。从历史上看，与以前的非结构化程序相比，结构化程序在调试、可读性和可维护性等方面都有很大的改进，当时确实很大地促进了软件的发展。但是，以过程为中心构造系统并编写程序，每一次设计新的系统，除了一些接口简单的标准函数，大部分代码都必须重新编写，不能实现代码的直接重用。

结构化程序设计将系统分解为若干功能模块，由于软、硬件技术的不断发展和用户需求的变化，按照功能划分设计的系统模块的功能要求容易发生变化，使得开发出来的模块的可维护性欠佳。并且，面向过程模式将数据与过程分离，若对某一数据结构做了修改，为了保证与数据的一致性，所有处理数据的过程都必须重新修订，这样就增加了编程的工作量，同时也加大了出错的概率。特别是随着问题规模的变大而使编写的程序代码长度急剧增大，大大降低了程序的可维护性。

3.1.2　面向对象程序设计方法及特征

结构化程序设计从本质上说是面向"过程"或"操作"的，而"过程"和"操作"又是不稳定和变化的，不能直接反映人们求解问题的思路，很可能产生问题空间与方法空间在结构上的不一致，这种模式存在固有缺陷。

为了克服面向过程模式在设计系统软件和大型应用软件时所存在的缺陷，面向对象模式应运而生。面向对象程序设计是软件工程理论中结构化程序设计、数据抽象、信息隐藏、知识表示及并行处理等各种理论的积累与发展。早在 20 世纪 80 年代，面向对象程序设计就已有了雏形。进入 20 世纪末，由于 Windows 系统的广泛使用，软件开发工具也都支持面向对象程序设计，使面向对象程序设计技术进入黄金时代。

现实世界是由各种各样的事物组成，包括真实的事物和抽象的事物。例如，人、动物、植物、工厂、汽车和计算机等都是真实的事物，而思想、控制系统、程序、直线、文档和数据库等都是抽象的事物。每一类事物都有自己特定的属性(如大小、形状、重量等)和行为(如生长、行走、转弯、运算等)，人们通过研究事物的属性和行为来认识事物。在计算机科学研究中，将这些现实世界中的事物称之为对象(object)。对象是包含现实世界中事物特征的抽象实体，它反映了系统为之保存信息和与之交互的方法。在程序设计领域，可以用如下公式表示对象：对象 = 数据 + 作用于这些数据上的操作。

为了描述属性和行为相同的一类对象，引入了类(class)的概念。类是具有相同数据结构(属性)和相同操作功能(行为)的对象的集合，规定了这些对象的公共属性和行为方法。对象是类的一个实例，例如，汽车是一个类，而行驶在公路上的一辆汽车则是一个对象。对象和类的关系相当于程序设计语言中变量和变量类型的关系。

面向对象程序设计是围绕现实世界的概念来组织模块，采用对象来描述问题空间的实体，用程序代码模拟现实世界中真实或抽象的对象，使程序设计过程更自然、更直观。结构化程序设计是以功能为中心来描述系统的，而面向对象程序设计是以数据为中心而不是以功能为中心来描述系统的，相对于功能而言，数据具有更强的稳定性。

面向对象程序设计还模拟了对象之间的通信。就像人们之间互通信息一样，对象之间也可以通过消息进行通信。这样，人们不必知道一个对象是怎样实现其行为的，只需通过对象提供的接口进行通信并使用对象所具有的的行为功能，就像人们可在不知道汽车发动机如何工作的情况下，仍然可以很好地驾驶汽车。

面向对象程序设计把一个复杂的问题分解成多个能够完成独立功能的对象(类)，然后把这些对象组合起来去完成这个复杂的问题。一个对象可由多个更小的对象组成，如汽车由发动机、传送系统和排气系统等组成。这些对象(类)可由不同的程序员来设计，并且设计好的对象可在不同程序中使用，这就像一个汽车制造商使用许多零部件去组装一辆汽车，而这些零部件可能不是自己生产的。采用面向对象模式就像在流水线上工作，最终只需将多个零部件(已设计好的对象)按照一定关系组合成一个完整的系统。

1. 对象

从一般意义上讲，对象是现实世界中一个实际存在的事物，它可以是有形的(比如一辆汽车)，也可以是无形的(比如一项计划)。对象是构成世界的一个独立单位，具有自己的静态特征和动态特征。静态特征即可以用某种数据来描述的特征，动态特征即对象所表现的行为或对象所具有的功能。

现实世界中的任何事物都可以称为对象。人们在开发一个系统时，通常只是在一定的范围(问题域)内考虑和认识与系统目标有关的事物，并用系统中的对象来抽象表示它们。所以面向对象方法在提到"对象"这个术语时，既可能泛指现实世界中的某些事物，也可能专指它们在系统中的抽象表示，即系统中的对象。在这里主要针对后一种情况讨论对象的概念，其定义是：

对象是系统中用来描述客观事物的一个实体，它是构成系统的一个基本单位。一个对象由一组属性和对这组属性进行操作的一组服务构成。

属性和服务，是构成对象的两个主要因素，其定义分别是：

属性是用来描述对象静态特征的一个数据项。

服务是用来描述对象动态特征(行为)的一个操作序列。

一个对象可以有多项属性和多项服务。一个对象的属性和服务被结合成一个整体，对象的属性值只能由这个对象的服务存取。

另外需要说明以下两点：第一点是，对象只描述客观事物本质的、与系统目标有关的特征，而不考虑那些非本质的、与系统目标无关的特征。这就是说，对象是对事物的抽象描述。第二点是，对象是属性和服务的结合体，二者是不可分的，而且对象的属性值只能由这个对象的服务来读取和修改，这就是后面要讲述的封装的概念。

根据以上两点，也可以给出如下对象的定义：

对象是问题域或实体域中某些事物的一个抽象，它反映该事物在系统中需要保持的信息和发挥的作用；它是一组属性和有权对这些属性进行操作的一组服务的封装体。

2. 类

把众多的事物归纳、划分成一些类是人类在认识客观世界时经常采用的思维方式。分类所依据的原则是抽象，即忽略事物的非本质特征，只注意那些与当前目标有关的本质特征，从而找出事物的共性，把具有共同性质的事物划分为一类，得出一个抽象的概念。例如：马、树木、石头等等都是一些抽象概念，它们是一些具有共同特征的事物的集合，被称作类。类的概念使我们能对属于该类的全部个体事物进行统一的描述。例如，"树具有树根、树干、树枝、树叶，能进行光合作用"，这个描述适合于所有的树，从而不必对每棵具体的树都进行一次这样的描述。

在面向对象方法中类的定义是：

类是具有相同属性和服务的一组对象的集合，它为属于该类的全部对象提供了统一的抽象描述，其内部包括属性和服务两个主要部分。

在面向对象的编程语言中，类是一个独立的程序单位，它应该有一个类名并包括属性说明和服务说明两个主要部分。类的作用是定义对象。例如，程序中给出了一个类的说明，然后以静态声明或动态创建等方式定义它的对象实例。

类与对象的关系如同一个模具与用这个模具铸出来的铸件之间的关系。类给出了属于该类的全部对象的抽象定义，而对象则是符合这种定义的一个实体。所以一个对象又称作类的一个实例(instance)，而有的文献又把类称作对象的模板(template)。

3. 封装

封装是面向对象程序设计的一个重要原则。它有两方面涵义：第一个涵义是，把对象的全部属性和全部服务结合在一起，形成一个不可分割的独立单位(即对象)。第二个涵义也称作"信息隐蔽"，即尽可能隐蔽对象的内部细节，对外形成一个边界(或者说形成一道屏障)，只保留有限的对外接口使之与外界发生联系。这主要是指对象的外部不能直接存取对象的属性，只能通过几个运行外部使用的服务与对象发生联系。用比较简练的语言给出封装的定义：封装就是把对象的属性和服务结合成一个独立系统单位，并尽可能隐蔽对象的内部细节。

封装的原则具有很重要的意义。对象的属性和服务紧密结合反映了这样的一个基本事实：事物的静态特征和动态特征是事物不可分割的两个侧面。系统把对象看成属性和服务的结合体，使对象能够集中而完整地描述并对应一个具体事物。封装的信息隐蔽作用反映了事物相对独立性。当我们站在对象以外的角度观察一个对象时，只需要注意它对外呈现什么行为(作什么)，而不必关心它的内部细节(怎么做)。规定了其职责之后，就不应该随意从外部去改动它的内部信息或干预它的工作。封装的原则在软件上的反映是：要求使对象以外的部分不能随意存取对象的内部数据(属性)，从而有效地避免了外部错误对它的"交叉感染"，使软件错误能够局部化，大大减少查错和排错的难度。另一方面当对象的内部需要修改时，由于它只通过少量的服务接口对外提供服务，因此大大减少了内部的修改对外部的影响，即减少了修改引起的"波动效应"。

封装是面向对象程序设计的一个原则，也是面向对象技术必须提供的一种机制。例如在面向对象的语言中，要求把属性和服务结合起来定义成一个程序单位，并通过编译系统保证对象的外部不能直接存取对象的属性或调用它的内部服务。这种机制就叫做封装机制。

与封装密切相关的一个术语是可见性。指对象的属性和服务允许对象外部存取和引用的程度。

封装也具有一定的副作用。如果强调严格的封装，则对象的任何属性都不允许外部直接存取，因此就要增加许多没有其他意义，只负责读或写的服务。这为编程工作增加了负担，也增加了运行开销，而且使程序显得臃肿。为了避免这一点，程序设计语言往往采用一种比较现实的灵活态度——运行对象有不同程度的可见性。在 Java 中通过权限修饰符来设定对象的可见性。

4. 继承

继承是面向对象设计方法中一个十分重要的概念，并且是面向对象程序设计技术可提高软件开发效率的重要原因之一，其定义是：

特殊类的对象拥有其一般类的全部属性与服务，称作特殊类对一般类的继承。

例如，轮船类和客轮类。客轮是轮船和客运工具的特殊类，轮船是客轮的抽象表现形式。其关系图如图 3-1 所示。在 Java 语言中，通常我们称一般类为父类(superclass，超类)，特殊类为子类(subclass)。

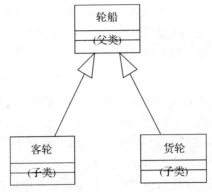

图 3-1　父类与子类关系图示

继承意味着"自动地拥有"，或"隐含的复制"，就是说特殊类中不必重新定义已在它的一般类中定义过的属性和服务，而它却自动地、隐含地拥有其一般类的所有属性与服务。面向对象方法的这种特性称作对象的继承性。从一般类和特殊类的定义可以看到，后者对前者的继承在逻辑上是必然的。继承的实现则是通过面向对象程序设计语言的继承机制来实现的。

一个特殊类既有自己新定义的属性和服务，又有从它的一般类中继承下来的属性和服务。继承来的属性和服务尽管是隐式的，但是无论在概念上还是在实际效果上都确确实实地是这个类的属性和服务。当这个特殊类又被它的更下层特殊类继承时，它继承来的和自己定义的属性和服务又都一起被更下层的类继承下去。也就是说，继承关系是传递的。

继承对软件复用是很有益的。当开发一个系统时，是特殊类继承一般类，这本身就是软件复用，然而其复用意义不仅如此。如果把用面向对象方法开发的类作为可复用的组件(类的一种表现形式)提交到组件库，那么在开发新系统时不仅可以直接复用这个类，还可以把它作为一般类，通过继承而实现复用，从而大大扩展了复用的范围。

5. 消息

对象通过其对外提供的服务在系统中发挥自己的作用。当系统中的其他对象(或其他系统成分)请求这个对象执行某个服务时，它就响应这个请求，完成指定的服务所应完成的职责。在面向对象程序设计中把对象发出的服务请求称作消息。通过消息进行对象之间的通信，也是面向对象方法的一个原则，它与封装原则有着密切的关系。封装使对象成为一些各司其职、互不干扰的独立单位；消息通信则为它们提供了唯一合法的动态联系途径，使它们的行为能够互相配合构成一个有机的运动整体。

面向对象程序设计中对消息的定义是：

消息就是向对象发出的服务请求，它应该含有下述信息：提供服务的对象标识、服务标识、输入信息和回答信息。

消息的接收者是提供服务的对象。

6. 多态性

多态是指类中具有相似功能的不同服务使用同一个名称来实现的现象。对象的多态性是指在一般类中定义的属性或服务被特殊类继承之后，可以具有不同的数据类型或表现出不同的行为。这使得同一个属性或服务名在一般类及其各个特殊类中具有不同的语义。例如，在一般类"几何图形"中定义了一个服务"绘图"，但并不确定执行时到底画一个什么图形。特殊类"椭圆"和"多边形"都继承了几何图形类的绘图服务，但其功能却不同：一个是画出一个椭圆，另一个是画出一个多边形。进而在多边形类的更下一层的一般类"矩形"中，绘图服务又可以采用一个比画一般的多边形更高效的算法来画一个矩形。这样，当系统的其余部分请求画出任何一种几何图形时，消息中给出的服务同样都是"绘图"(因而消息的书写方式可以统一)，而椭圆、多边形、矩形等类的对象接收到这个消息时却各自执行不同的绘图算法。多态性允许每个对象以适合自身的方式去响应共同的消息，增强了软件的灵活性和重用性。

类的属性和服务有很多种名称，在本书中对类的属性和服务命名进行统一，类的属性称为数据成员；类的服务称为成员方法。

3.2　类 和 对 象

类是对某类具有相同特征的对象的抽象描述，是面向对象程序设计中的一个非常重要的概念，是数据属性和其相关操作封装在一起的集合体，包括了对象的数据成员和成员方法(特征和行为)，是对象的模板和蓝图。

3.2.1　类的定义

Java 的源程序都是由一个或者多个类组成的，所以如何定义类是 Java 编程的基础。Java 程序中的类一般分为两种：

1. 系统定义的类

系统定义的类，即 Java 类库，是系统定义好的类。

编程时可以直接利用现成的 Java 类库，完成某些特定的功能，无需自己从头编写，这样不仅可以提高编程效率，也可以保证软件质量。使用 import 语句可以引入系统类或系统类所在的包。例如使用图形用户界面的程序，应该用语句：

```
import java.awt.*;

import java.awt.event.*;
```

引入 java.awt 和 java.awt.event 包。

其他包内容在这不作进一步的介绍，读者可自己参阅 Java API。另外，在 jdk 目录下有一个 src.zip 压缩包，它存放了 Java 所有系统包中类的源程序，有兴趣的读者可进行深入研究。

2. 用户自己定义的类

用户自己定义类的一般格式如下([]内表示可省略部分)：

```
[类修饰符] class 类名 [extends 父类名] [implements 接口列表] {
    数据成员
    成员方法

}
```

1) 类头说明

(1) 类修饰符：用来说明类的特殊性质，分为三种：访问控制符、抽象类说明符 abstract 及最终类说明符 final。

① 访问控制符：public 公共类、private 私有类，具体意义如下：

public：一个类被声明为 public，则该类可以被任何对象或类访问，同一个包或不同的包中的类都可以访问该类。一个程序文件中只能有一个类被声明为 public，若源文件中包含有 public 修饰的类，那么该源文件的文件名必须与 public 修饰的类名相同。

private：一个类被声明为 private，则表示该类只能被该类的方法访问和修改，而不能被其他任何类访问，包括该类的子类也不能访问，这是系统默认的类修饰符。

② 抽象类说明符 abstract：一个类被声明为 abstract，则表示该类是无具体对象的抽象类，即该类不能进行实例化。抽象类是一种特殊的类，不能用 new 关键字创建该类的对象，而只能由它派生子类，其抽象方法的具体实现由子类来完成，包含有 abstract 抽象方法的类必须被声明为 abstract 抽象类。

③ 最终类说明符 final：一个类被声明为 final，表示该类为最终类，即它不能再派生出新的子类，也不能作为父类被继承。

(2) class 是关键字(注意由于 Java 对字符的大小写敏感，所以不要将 class 写成 Class)，后面应跟随自定义类的类名，取名时应符合标识符的命名规范，并且能够反映出该类的主要功能，即见名知意。

(3) extends 关键字用来说明当前类的父类名称，继承是类与类之间的一种非常重要的关系，是现实世界中遗传关系的直接模拟，子类可以沿用父类(被继承类)的某些特征，子类也可以具有自己独立的属性和方法。在 Java 中，Object 类是所有类的根，Object 类定义在 java.lang 包中，是所有类的基类，即 Java 中的任何类都是 Object 类的派生类。java.lang 包可由编译器自动加入，无需手动导入(import)。

(4) implements 关键字用来说明当前类中实现了哪个接口定义的功能和方法，接口是 Java 语言用来实现多重继承的一种特殊机制，详细内容参看第 5 章。

2) 类体说明

Java 以类为核心，类的属性称为数据成员，对数据进行的操作称为成员方法。类的组成成分是数据成员和成员方法。数据成员用来描述对象的属性，它可以是任何变量类型，包括对象类型；成员方法用来刻画对象的行为或动作，每一个成员方法确定一个功能或操作。括号之内的部分就是类体。

3.2.2 类成员

类成员包括数据成员和函数成员(也就是成员方法)。数据成员用于表示类中的属性，也可被称为 Java 中的字段(field)。函数成员(成员方法)用于表示类中的操作。成员方法是一些封装在类中的过程或函数,用于执行类的操作,完成类的任务。构造方法是一种特殊的成员方法,用于对象的创建和初始化。有关构造方法的内容请参看 3.3.1 节。

【示例 3-1】　JavaExample.java。

```
import java.awt.*;                          //引用系统类库中的 awt 包
import java.applet.applet;                  //引用系统类库中 applet 包中的 Applet 类
public class JavaExample extends Applet     //继承 Applet 类,使其变成一个 Applet 程序
{
    String a = "Hello Java";                //数据成员 a,类型为 String
    public void paint(Graphics g)           //方法 paint()(对父类 paint()的重写)
    {
        g.drawString(a, 100, 100);          //Graphics 类对象 g 的 drawString 方法
    }
}
```

程序运行结果如图 3-2 所示。

图 3-2　示例 3-1 程序运行结果

3.2.3　类使用

定义类的最终目的是使用类,创建并操纵某类的对象是使用该类的最主要手段。例如可以在程序的主类中创建并使用其他类的对象。

创建对象通常包括声明对象和建立对象两个步骤。声明对象和声明基本类型变量形式一样,格式如下:

　　类名　对象名表;

例如:

　　String str1,str2;

此处的 str1 和 str2 通常称为字符串对象的引用,对象的引用也可称为对象变量、对象声明、句柄或指针等。

1. 引用与对象

在 Java 中“引用”是指向一个对象在内存中的位置,在本质上是一种带有很强的完整

性和安全性限制的指针。Java 对象变量实际上只是一个指向对象的指针。按照 Java 的术语，指针称为"引用"。

通常引用和对象是既相互关联又彼此独立，对于对象引用的理解可以这样形象地作一个类比：如果将电视机比作一个对象的话，那么可以把电视遥控器当作是电视对象的引用。只要握住这个"遥控板"，就相当于掌握了与"电视机"连接的通道。但一旦需要"换频道"或者"调整音量"时，实际操纵的是遥控板(引用)，再由遥控板自己操纵电视机(对象)。如果要在房间里四处走走，并想保持对电视机的控制，那么手上拿着的是遥控板，而非电视机。此外，即使没有电视机，遥控板亦可独立存在。也就是说，只是拥有一个引用，并不表示必须有一个对象同它连接。所以此处的 str1 和 str2 只是引用，而非对象本身。

2. 创建对象

当需要产生或创建一个对象时，就要在内存中为该对象分配相应的存储空间。Java 语言中用 new 关键字为对象分配存储空间来创建对象。在声明对象时，只确定了对象的名称和它所属的类，其值是 null，即并没有为对象分配存储空间，此时对象还不是类的实例，只有通过建立对象这一步，才能为对象分配存储空间使该对象成为类的实例。建立对象的格式如下：

　　　　对象名 ＝new 类的构造方法()

例如：

　　　　str1 = new String("Java1");

　　　　str2 = new String("Java2");

还可以将声明对象和建立对象放在一条语句中，如：

　　　　String str = new String("Java");

这条语句其实都完成了三个步骤：首先创建了 String 类对象的一个空引用 str，然后用 String 类的构造方法创建一个 String 对象，再将该对象的引用赋值给 str。

String 对象有个特例，可以直接使用类似语句：

　　　　String str1 = "Java";

此语句的意义是将 "Java" 对象的引用赋值给 str1，当再有语句 String str2="Java"; 时，str1 和 str2 会指向同一个引用，即三个引用值(str1、str2、"Java")相等。

如果换成类似上例的两条语句 str1=new String("Java"1); 和 str2=new String("Java"2); str1 和 str2 将会指向两个引用不相同的对象，即 str1 引用值和 str2 引用值不相等。

3. 对象存储

当 Java 程序运行时，用户应该了解对数据和对象的保存情况。特别要注意的是内存的分配。

(1) 寄存器。这是最快的保存区域，因为它位于和其他所有保存方式不同的地方：处理器内部。用户对此没有直接的控制权，也不可能在自己的程序里找到寄存器存在的任何踪迹。

(2) 栈(堆栈)。栈驻留于常规 RAM(随机访问存储器)区域。这是一种特别快、特别有效的数据保存方式，仅次于寄存器。Java 对象的引用(句柄)通常存放于此。创建程序时，Java 编译器必须准确地知道堆栈内保存的所有数据的"长度"以及"存在时间"。

(3) 堆。堆是一种常规用途的内存池(也在 RAM 区域),其中保存了 Java 对象。和堆栈不同,在"内存堆"或"堆"(Heap)创建一个对象时,只需用 new 命令编制相关的代码即可。执行这些代码时,会在堆里自动进行数据的保存。

(4) 静态存储。"静态"(Static)是指"位于固定位置"(尽管也在 RAM 里)。程序运行期间,静态存储的数据将随时等候调用。可用 static 关键字指出一个对象的特定元素是静态的。

(5) 常数存储。常数值通常直接置于程序代码内部。这样做是安全的,因为它们永远都不会改变。有的常数需要严格地保护,所以可考虑将它们置入只读存储器(ROM)。

(6) 非 RAM 存储。若数据完全独立于一个程序之外,则程序不运行时数据仍可存在,并在程序的控制范围之外。

对象内存分配图如图 3-3 所示。

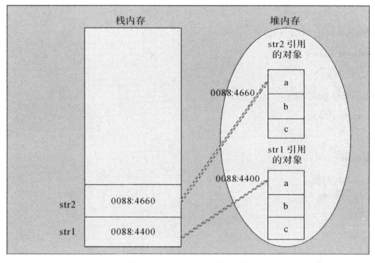

图 3-3　对象内存分配图

当声明一个引用类型变量时,系统只为该变量分配引用空间,并未创建一个具体的对象;当用 new 为对象分配堆空间后,将该对象的内存首地址赋值给引用变量。

4．基本类型

有一系列类需特别对待;可将它们想象成"基本"、"主要"或者"主"(Primitive)类型,进行程序设计时要频繁用到它们。之所以要特别对待,是由于用 new 创建对象(特别是小的、简单的变量)并不是非常有效,因为 new 将对象置于"堆"里。对于这些类型,Java 采纳了与 C 和 C++ 相同的方法。也就是说,不是用 new 创建变量,而是创建一个并非引用的变量。这个变量容纳了具体的值,并置于"堆栈"中,能够更高效地存取。

在 Java 中,boolean、byte、short、int、long、char、float、double 这八种是基本数据类型,其余的都是引用类型。

3.2.4　数据成员和成员方法的使用

当一个对象被创建后,这个对象就拥有了自己的数据成员和成员方法,可以通过引用对象的成员来使用对象。对象的数据成员的引用方式如下:

对象名.数据成员名;

对象的成员方法的引用方式如下:

对象名.成员方法名(参数表);

下面用一个具体示例程序来演示如何使用对象。

【示例 3-2】　Example.java。

```java
class car{
    //数据成员(也可称为成员属性)
    public String Name;
    public char Color;
    protected int Style;
    //成员方法
    public String getName(){
        return Name;
    }
    public char getColor(){
        return Color;
    }
    public int getStyle(){
        return Style;
    }
}


public class Example{
    public static void main(String args[]) {
        //创建 car 类的两个对象 car1 和 car2
        car car1 = new car();
        car car2 = new car();
        //对象的数据成员的使用
        car1.Name = "car1";
        car1.Color = 'R';
        car1.Style = 1;
        car2.Name = "car2";
        car2.Color = 'B';
        car2.Style = 2;
        //对象的成员方法的调用
        System.out.println("Color of car1:"+ car1.getColor());
        System.out.println("Style of car2:"+car2.getStyle());
    }
}
```

程序运行结果:

　　　Color of car1:R

　　　Style of car2:2

3.3　类 的 封 装 性

封装就是把每个对象的数据(属性)和操作(行为)包装在一个类中。一旦定义了对象的属性和行为, 就必须决定哪些属性和行为用于表示内部状态, 哪些属性和行为在外部是可见的。以下将从数据成员和成员方法两个角度剖析 Java 类的封装特性。

3.3.1　类的构造方法

在 Java 中, 任何变量在被使用前都必须先设置初值。Java 提供了为类的成员变量赋初值的特定方法。这种将成员变量的初始化封装起来的方法被称为构造方法(constructor)。构造方法是一种特殊的成员方法, 它的特殊性反映在如下几个方面:

(1) 构造方法名与类名相同。

(2) 构造方法总是和 new 运算符一起被调用。

(3) 构造方法不返回任何值, 也没有返回类型(包括 void 类型)。

(4) 每个类可以有零个或多个构造方法, 即构造方法可以重载。

(5) 构造方法在创建对象时自动执行, 一般不能显式地直接调用。

(6) 如果用户在一个自定义类中未定义该类的构造方法, 系统将为这个类定义一个缺省的空构造方法。

下面的示例是将示例 3-2 程序改写为定义构造方法的程序。

【示例 3-3】　Example.java。

```java
class Car{
    //数据成员
    public String Name;
    public char Color;
    protected int Style;
    public Car(String Name1, char Color1, int Style1) {
    //若在 car 前加上返回类型(包括 void)就会出错, 因为构造方法不能有返回类型
        Name = Name1;
        Color = Color1;
        Style = Style1;
    }
    //成员方法
    public String getName(){
        return Name;
    }
```

```java
    public char getColor(){
        return Color;
    }
    public int getStyle(){
        return Style;
    }
}


public class Example {
    public static void main(String args[]) {
        //创建 car 类的两个对象 car1 和 car2
        Car car1 = new Car("car1",'R',1);
        Car car2 = new Car("car2",'B',2);
        //对象的成员方法的调用
        System.out.println("Color of car1:"+ car1.getColor());
        System.out.println("Style of car2:"+car2.getStyle());
    }
}
```

程序运行结果和示例 3-2 相同：

Color of car1:R

Style of car2:2

3.3.2　this 和 super 引用

在 Java 中，this 和 super 是常来指代类自身对象和该类的父类对象的关键字，Java 系统默认每个类都缺省地具有 null、this 和 super 三个对象引用变量，所以在任意类中可以不加说明直接使用这三个对象。其中，null 代表空对象，一般用 null 来代表未创建的对象；this 是指当前对象的引用，super 则指对父类对象的引用。

当需要引用当前对象的数据成员或成员方法时，便可以利用 this 来实现这个目的，this 表示的就是当前对象本身，即当前对象的一个引用。可以通过"this.类中方法名(成员名)"来实现对类的方法或成员的访问。

super 表示的是当前对象的直接父类对象，是当前对象的直接父类的引用。如果子类定义的数据成员或成员方法和父类的相同，此时如果想调用父类的数据成员或成员方法，可以通过 super 来实现对父类的数据成员或成员方法的访问。使用 super 有下面三种情况：一是用来访问父类被隐藏的数据成员；二是调用父类中被子类覆盖的方法；三是调用父类的构造函数。可以通过"super.父类中方法名(成员名)"来实现对父类的方法或成员的访问。

一般在方法中如果某个形参名与当前对象的某个数据成员的名字相同，为了不混淆两者，通常情况下需要明确使用 this 关键字来指明类的数据成员，使用方法是"this.成员名"，而不带 this 的那个便是形参。另外，还可以用"this.方法名"来引用当前对象的某个方法，但这时 this 就不是必需的了，也可以直接用方法名来访问那个方法，编译器会知道要调用的是哪一个方法。下面两个示例分别演示了 this 和 super 的具体用法。

【示例 3-4】　ThisExample.java。

```java
public class ThisExample {
    private String name;
    private int age;
    ThisExample (String name,int age){
        this.setName(name); //用 this 引用当前对象。下同
        this.setAge(age);
        this.print();
    }
    public void setName(String name){
        this.name = name;//this 指明赋值号左边为引用当前对象的成员变量，以免混淆
    }
    public void setAge(int age){
        this.age = age;
    }
    public void print(){
        System.out.println("Name = "+name+" age = "+age);
        //在此行中并不需要用 this，因为没有会导致混淆的东西
    }
    public static void main(String[] args){
        ThisExample dt = new ThisExample ("Kevin",22);
    }
}
```

程序运行结果：

```
Name = Kevin age = 22
```

【示例 3-5】　SuperExample.java。

```java
class Person{
    public int c;
    private String name;
    private int age;
    protected void setName(String name){
        this.name = name;
    }
    protected void setAge(int age){
        this.age = age;
    }
    protected void print(){
```

```
        System.out.println("Name = "+name+" Age = "+age);
    }
}
public class SuperExample extends Person{
    public void print(){
        System.out.println("test:");
        super.print();        //直接调用父类的成员方法
    }
    public static void main(String[] args){
        SuperExample ds = new SuperExample ();
        ds.setName("kevin");
        ds.setAge(22);
        ds.print();           //调用覆盖后的方法
    }
}
```

在 SuperExample 中，重新定义的 print 方法覆盖了父类的 print 方法，然而在覆盖过程中，它首先用 super 调用了父类的此方法完成一部分功能，输出结果说明了这一点。

程序运行结果：

```
test:
Name = kevin Age = 22
```

在子类的构造函数中调用父类的构造函数是一种特殊使用形式，应在对象初始化的时候自动调用。在构造函数中，this 和 super 也有上面说的几种使用方式，并且还有特殊的地方，请看下面的示例：

【示例 3-6】 MoreExamples.java。

```
class Person{
    public static void prt(String s){
        System.out.println(s);
    }
    Person(){
        prt("A Person.");
    }
    Person(String name){
        prt("A person name is:"+name);
    }
}
public class MoreExamples extends Person{
    MoreExamples (){
        super(); //1  调用父类构造函数
        prt("A chinese.");//2  直接使用从父类继承过来的方法
```

```
        }
    MoreExamples (String name){
        super(name);//3  调用父类具有相同形参的构造函数
        prt("his name is:"+name);
    }
    MoreExamples (String name,int age){
        this(name);//4  调用当前具有相同形参的构造函数
        prt("his age is:"+age);
    }
    public static void main(String[] args){
        MoreExamples cn = new MoreExamples ();
        cn = new MoreExamples ("kevin");
        cn = new MoreExamples ("kevin",22);
    }
}
```

程序运行结果：

```
A Person.
A chinese.
A person name is:kevin
his name is:kevin
A person name is:kevin
his name is:kevin
his age is:22
```

在这段程序中，this 和 super 不再是像以前那样用“.”连接一个方法或成员，而是直接在其后跟上适当的参数，因此它的意义也就有了变化。super 后加参数是用来调用父类中具有相同形式的构造函数，如注释 1 和注释 3 处。this 后加参数则调用的是当前具有相同参数的构造函数，如注释 4 处。当然，在 MoreExamples 的各个重载构造函数中，this 和 super 在一般方法中的各种用法也仍可使用，比如注释 2 处，可以将它替换为“this.prt”(因为它继承了父类中的那个方法)或者是“super.prt”(因为它是父类中的方法且可被子类访问)，它照样可以正确运行。

3.3.3　类成员的访问权限修饰符

封装将数据和操作连接起来。同时，封装也提供了另外一个重要属性：访问控制。通过封装可以控制程序的某个部分所能访问类的成员，防止对象的滥用，从而保护对象中数据的完整性。对于所有的面向对象的语言，比如 C++，访问控制都是一个很重要的方面。

在 Java 中类的每个成员(数据成员和成员方法)都有一个称为可访问性的属性，用来保护类成员。Java 有四种类成员的保护方式，分别为缺省的、public(公有的)、protected(保护的)、private(私有的)。它们决定了一个类成员在哪些地方以及如何能被访问。

1. private

类中限定为 private 的成员，只能被这个类本身访问。

如果一个类的构造方法声明为 private，则其他类不能生成该类的一个实例。例如：

```
class Alpha{
    private int i_private;
    void accessmethod(){
        Alpha a = new Alpha();
        a.i_private = 10;      //合法
    }
}
```

而下面程序则不合法：

```
class Alpha{
    private int i_private;
}
class beta{
    void accessmethod(){
        Alpha a = new Alpha();
        a.i_private = 10;           //不合法
    }
}
```

2. protected

类中限定为 protected 的成员，可以被这个类本身、它的子类(包括同一个包中以及不同包中的子类)和同一个包中的所有其他的类访问。

用 package 打包在一起的类，就会在同一包中。没有使用 package 打包的，在同一目录下的类也会被视做同一个包。如果有一个类 A 如下：

```
class A {
protected int weight;
    protected int f( int a,int b){
        // 方法体
    }
}
```

假设 B 与 A 在同一个包中，或者 B 为 A 的子类，则下面的用法是合法的：

```
class B extends A{
    void g(){
        A a = new A();
        A.weight = 100;     //合法
        A.f(3,4);           //合法
```

```
        }
    }
```

3. public

类中限定为 public 的成员，可以被所有的类访问。例如：

```
class Alpha{
    public int i_public;
}
class beta{
    void accessmethod(){
        Alpha a = new Alpha();
        a.i_public = 10; //合法
    }
}
```

4. 缺省的

类中不加任何访问权限限定的成员属于缺省的访问状态，可以被这个类本身和同一个包中的类所访问。

需要说明的是，把重要的数据修饰为 private，然后写一个 public 的函数访问它，正好体现了面向对象编程的封装特性，是面向对象编程安全性的体现。需要注意的是子类继承父类，覆盖父类的成员和方法时，修饰符的访问权限不能小于父类。如：

```
class A{
    void f(){    //f()为缺省类型
        // 方法体
    }
}
class B extends A{
    void f()
    {   //若将此处 f()前加上 public 或 protected 修饰符仍然合法，因为它们
        //权限大于 default，但若加上的是 private 则是非法的方法体
    }
}
```

将数据成员和成员方法的修饰符总结如表 3-1 所示。

表 3-1　访问权限修饰符总结表

修饰词	同一个类	同一个包	子类	所有类
public	允许访问	允许访问	允许访问	允许访问
protected	允许访问	允许访问	允许访问	
缺省	允许访问	允许访问		
private	允许访问			

3.3.4 实例成员与类成员

在 Java 中，成员可以分为实例成员和类成员(又称静态成员)。在类中声明一个变量和方法时，可以指定它们是实例成员还是类成员。类成员用 static 保留字来修饰(有关 static 具体用法请参见 3.6 节内容)。

例如：

```
static int classPar;        //类成员，classPar 为静态变量
int instancePar;            //实例成员
```

为了研究它们之间的区别，见下面的示例：

【示例 3-7】　Examples.java。

```java
class subClass{
    static int classPar;        //类成员
    int instancePar;            //实例成员
    static void setclassPar(int i){
        classPar = i;
    }
    void setinstancePar(int i){
        instancePar = i;
    }
    static int getclassPar(){
        return classPar;
    }
    int getinstancePar(){
        return instancePar;
    }
}


public class Examples {
    public static void main(String args[]){
        subClass obj1, obj2;
        obj1 = new subClass();
        obj2 = new subClass();
        obj1.setclassPar(5);
        obj2.setclassPar(7);
        obj1.setinstancePar(3);
        obj2.setinstancePar(6);
        System.out.println("obj1.classPar:"+obj1.getclassPar());
        System.out.println("obj2.classPar:"+obj2.getclassPar());
        System.out.println("obj1.instancePar:"+obj1.getinstancePar());
```

```
        System.out.println("obj2.instancePar:"+obj2.getinstancePar());
    }
}
```

程序运行结果：

　　obj1.classPar:7

　　obj2.classPar:7

　　obj1.instancePar:3

　　obj2.instancePar:6

在程序中由于 classPar 被定义为静态变量，无论生成多少个实例(obj1,obj2，…)，最后所指向的内存地址是相同的，即最后一次赋值的结果 obj1.classPar = obj2.classPar = 7；而 instancePar 被定义为非静态变量，所生成实例指向各自的内存地址，之间没有任何关系。即 obj1.instancePar = 3；obj2.instancePar = 6。

此外，实例成员必须在对象被实例化后才能引用，而类成员可以直接被引用。如上例中，若在声明 obj1 和 obj2 对象后直接引用 obj1.instancePar 或 obj2.instancePar 是非法的，但引用 obj1.classPar 和 obj2.classPar 是合法的。因为类成员在声明后就已经分配了内存。

以上是成员变量的说明，在成员方法中也可用 static 来修饰使其变成静态方法(如主函数 main())，在声明后就开始分配内存，所以用法和类成员变量类似，无需对象实例化就可直接用类名引用，如上例在声明对象以后就可以使用 obj1.getclassPar()。

要注意的是，在静态方法中不能直接使用非静态数据成员和非静态成员方法，对于非静态的数据成员和非静态成员方法，需要通过类的实例化对象来调用。

3.4　类的继承性

类的继承性表现为子类继承父类相关的数据成员和成员方法。在 Java 中，若要使类 Sub 继承类 Base，只需在声明类 Sub 时加上关键字 extends 再接上 Base 的类名，如：

```
    class Sub extends Base{
        //类内结构代码
    }
```

以上代码表明 Sub 类继承了 Base 类。那么 Sub 类到底继承了 Base 类的哪些东西呢？这需要分为以下两种情况：

(1) 当 Sub 类和 Base 类位于同一个包中时 Sub 类继承 Base 类中 public、protected 和默认访问级别的成员变量和成员方法。

(2) 当 Sub 类和 Base 类位于不同的包中时 Sub 类继承 Base 类中 public 和 protected 访问级别的成员变量和成员方法。

具体规定参见 3.3.3 节中表 3-1。

在示例 3-1JavaExample.java 中，JavaExample 类成功地继承了 Applet，拥有了 Applet 的所有属性和功能，换句话说 JavaExample.java 类也已经变成了一个 Applet 类。然后还可以再重写 Applet 的 paint()方法，以此来改变 Applet 显示的内容。

　　Java 语言不支持多继承，即一个类只能直接继承一个类，所以定义类结构的 extends 之后只能接着一个父类名。例如以下代码会导致编译错误：

　　　　class Sub **extends** Base1,Base2,Base3{……}

　　尽管一个类只能有一个直接的父类，但是它可以有多个间接的父类，例如以下代码表明 Base1 类继承 Base2 类，Sub 类继承 Base1 类，Base2 类是 Sub 类的间接父类。

　　　　class Base1 extends Base2{…}

　　　　class Sub extends Base1{…}

　　所有的 Java 类都直接或间接地继承了 Java.lang.Object 类。Object 类是所有 Java 类的祖先，在这个类中定义了所有的 Java 对象都具有的相同行为。在 Java 类框图中，具有继承关系的类形成了一棵继承树。图 3-4 显示了一棵由生物 Creature、动物 Animal、植物 Vegetation 和狗 Dog 等组成的继承树。

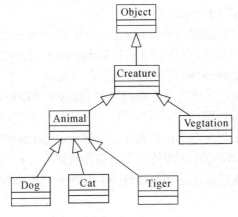

图 3-4　一颗继承树

　　在图 3-4 所示继承树中，Dog 类的直接父类为 Animal 类，它的间接父类包括 Creature 和 Object 类。Object、Creature、Animal 和 Dog 类形成了一个继承树分支，在这个分支上，位于下层的子类会继承上层所有直接或间接父类的属性和方法。如果两个类不在同一个继承树分支上，就不会存在继承关系。例如 Dog 类和 Vegetation 类，它们不在一个继承树分支上，因此不存在继承关系。

　　值得注意的是，在 Java 中创建的任何类都会隐藏地继承 Object 类，因为它们都属于"对象"类。在 Java 中所有的类都是"同根"的，即所有的类都以 Object 类为父类，所以以下两种类定义方式是等价的：

　　　　class NewClass {

　　　　　　//类内结构代码

　　　　}

　　等价于

　　　　class NewClass **extends** Object{

　　　　　　//类内结构代码

　　　　}

　　虽然在 Java 中不支持多重继承，但是却允许一个类实现多个接口，这在一定程度上弥补了 Java 不支持多继承的缺陷。接口是一种特殊的给其他类继承实现的类，在该类中只有方法的声明但没有方法的实现。Java 中创建一个类可以通过 implements 关键字后接一个或多个接口名，各个接口之间用逗号隔开。接口部分内容的详细介绍请参照第 5 章内容。

3.5 类的多态性

多态是指同名的不同方法根据发送消息的对象以及方法传送参数的不同，采取不同的行为方式的特性。即一个类可以有多个同名、不同方法体和方法参数的方法，程序运行时，Java 虚拟机会根据调用该方法时传递参数个数的不同或参数类型的不同来决定调用相应的方法。这就可以采用相同的方法获得不同的行为结果。假设有一个程序，需要三种不同类型的堆栈。一个堆栈用于整数值，一个用于浮点数值，一个用于字符。尽管堆栈中存储的数据类型不同，但实现每个堆栈的算法是一样的。如果用一种非面向对象的语言，就要创建三个不同的堆栈程序，每个程序一个名字。但是，如果使用 Java，由于其具有多态性，可以创建一个通用的堆栈程序集，它们共享相同的名称。

多态性的概念也经常被说成是"一个接口，多种方法"。这意味着可以为一组相关的动作设计一个通用的接口。多态性允许同一个接口被同一类的多个动作使用，这样就降低了程序的复杂性。选择应用于每一种情形的特定的动作，是编译器的任务，程序员无需手工进行选择。只需记住并且使用通用接口即可。

将一个方法调用同一个方法主体连接到一起就称为"绑定"(Binding)。若在程序执行前进行绑定(由编译器实现)，叫做"前期绑定"(early binding)。当程序运行时，根据对象的类型进行绑定叫做后期绑定(late binding)。后期绑定也叫做"动态绑定(dynamic binding)"或"运行时绑定(run-time binding)"。Java 中除了 static 和 final 方法(private 方法属于 final)之外，其他所有的方法都是后期绑定。

Java 中提供两种多态机制：覆盖和重载。

3.5.1 覆盖和重载

方法的覆盖(Overriding)和重载(Overloading)是 Java 多态性的不同表现。覆盖(也可叫做重写)(Overriding)是父类与子类之间多态性的一种表现，而重载(Overloading)是一个类中多态性的一种表现。

1. 方法的覆盖

如果在子类中定义某方法与其父类有相同的名称和参数，则该方法覆盖(重写)父类的方法(Overriding)。子类的对象使用这个方法时，将调用子类中的定义，对其而言，父类中的定义如同被"屏蔽"了。见下面的示例：

【示例 3-8】 Override.java。

```java
class A{
    public int getVal(){
        return(5);
```

```
        }
    }
    class B extends A{
        public int getVal(){
            return(10);
        }
    }
    public class Override {
        public s.tatic void main(String[] args) {
            B b = new B();
            int x = b.getVal();
            System.out.println(x);
        }
    }
```

程序运行结果：

　　10

对于 B 类的对象 b，其 getVal 方法已对 A 类的 getVal 方法进行了覆盖，所以当 b 调用 getVal 方法时，程序执行其子类方法体内的内容，返回的结果为"10"。

【示例 3-9】　OverrrideExample.java。

```
    class A{
        public void GetVal(){
            System.out.println("Parent");
        }
    }
    class B extends A{
        public void GetVal(){
            System.out.println("Child");
        }
    }
    public class OverrideExample {
        public static void main(String[] args) {
            B b = new B();
            A a= (A)b;//把 b 强 制转换成 A 的类型，上面两句等价于 A a = new B();
            a.GetVal();
        }
    }
```

程序运行结果：

　　Child

本程序中对象 a 是 B 类创建的一个对象，虽然被强制类型转换成 A 类，但其仍然是 B

类的实例对象，B 类重写了 A 类的 GetVal 方法，因此 b 调用其自身的方法。

覆盖方法的调用原则：

(1) 父类被覆盖的方法的声明必须要和子类的同名方法的声明完全匹配，才能达到覆盖的效果。

(2) 覆盖的方法的返回值必须和被覆盖的方法的返回值一致。

(3) 被覆盖的方法不能为 private，否则在其子类中只是新定义了一个方法，并没有对其进行覆盖，因为修饰符为 private 的方法，子类不能从父类继承，所以覆盖也不存在了。

(4) 当 Java 程序运行时，系统根据调用该方法的对象，来决定实际调用的是子类还是父类的方法。对于子类的一个对象，如果该子类重写了父类的方法，则运行时系统调用子类的方法；如果子类继承了父类的方法(未重写)，则运行时系统调用父类的方法。

(5) 重写后的方法不能比被重写的方法有更严格的访问权限(可以相同)。

(6) 重写后的方法不能比重写的方法产生更多的例外，即抛出更多的异常。

下段代码就体现了以上两点：

```
class A{
    void f() throws IOException{ //f()为 default 类型，抛出 IOException
        //方法体
    }
}
class B extends A{
    private void f() throws Exception{ //此处有两个错误，
        //一是 private 权限小于 default，二是 Exception 异常比 IOException 异常范围大，因为
        //Exception 包含 IOException 方法体
    }
}
```

2. 方法的重载

如果在一个类中定义了多个同名的方法，它们或有不同的参数个数，或有不同的参数类型，或有不同的参数次序，则称为方法的重载(Overloading)。即类的同一种功能有多种实现方式，到底采用哪种实现方式，取决于调用者给定的参数。

例如杂技师能训练动物，对于不同的动物有不同的训练方式。

```
public void train(Dog dog){
    //训练小狗站立、排队、做算术
    )
}
public void train(Monkey monkey){
    //训练小猴敬礼、翻筋斗、骑自行车
    )
}
```

当该类的对象调用 train 方法时，如果方法参数为 Dog 的对象时，则程序会调用训

练小狗的相关操作；如果方法的参数为 Monkey 对象时，则程序会调用训练小猴的相关操作。

对于类的方法(包括从父类中继承的方法)，如果有两个方法的方法名相同，但参数不一致，那么可以说，一个方法是另一个方法的重载方法。

方法重载是指多个方法享有相同的名字，但是这些方法的参数必须不同，或者是参数的个数不同，或者是参数类型不同。返回类型不能用来区分重载的方法。

方法重载要注意的几点：

(1) Java 的方法重载要求同名的方法必须有不同的参数表，仅有返回类型不同是不足以区分两个重载的方法。

(2) 参数类型的区分度一定要足够，即参数类型、个数、顺序至少有一项不相同。例如不能是同一简单类型的参数，如 int 与 long。

(3) 方法的修饰符可以不相同。

(4) 一个类的多个构造函数之间还可以相互调用，这可以通过关键字 this 来实现。需要注意的是，这个调用语句必须是整个构造函数的第一个可执行语句。

在一个类中不允许定义两个方法名相同，并且参数签名也完全相同的方法。因为假如存在这样的两个方法，Java 虚拟机在运行时就无法决定到底执行哪个方法。参数签名是指参数的类型、个数和顺序。

【示例 3-10】 OverloadExamples.java。

```java
public class OverloadExamples {
    //重载的方法
    int add(int a,int b){
        return(a+b);
    }
    //int add(long a,long b){}        非法重载，long 和方法中的 int 是同一简单类型的参数
    //重载的方法
    double add(double a,double b){
        return(a+b);
    }
    //重载的方法
    double add(double a,double b,double c){
        return(a+b+c);
    }
    public static void main(String args[]){
        int a;
        double b,c;
        OverloadExamples p = new OverloadExamples ();
        a = p.add(1, 2);         //因为 a 为 int 型，所以调用的是重载方法
        b = p.add(1, 2);         //因为 b 为 double 型，所以调用的是重载方法
        c = p.add(1, 2, 3);      //调用重载方法
```

```
        System.out.println("a = "+a);
        System.out.println("b = "+b);
        System.out.println("c = "+c);
    }
}
```

程序运行结果：

```
a = 3
b = 3.0
c = 6.0
```

3. 覆盖与重载的区别

覆盖与重载的区别如下：

(1) 方法的覆盖是子类和父类之间的关系，而重载是同一类内部多个方法间的关系；

(2) 方法的覆盖一般是两个方法间的覆盖，而重载时可能有多个重载方法；

(3) 覆盖的方法有相同的方法名和形参表，而重载的方法只能有相同的方法名，不能有相同的形参表；

(4) 覆盖时区分方法的是根据调用它的对象，而重载是根据形参来决定调用的是哪个方法；

(5) 用 final 修饰的方法是不能被子类覆盖的，只能被重载。

3.5.2　运行时多态

多态(polymorphism)提高了程序的可扩充性，调用多态行为的程序传送给对象的消息(即方法调用)与对象的类型无关，因此能响应已有消息的新类型可以直接加入系统，而不用修改基本系统。多态分为两种：一是编译时多态，二是运行时多态。编译时多态是通过函数重载或运算符的重载来实现的。而运行时多态是通过继承实现的，之所以称为运行时多态是因为在程序执行之前，根据函数和参数还无法确定应该调用哪一个函数，而必须在程序的执行过程中，根据具体的使用情况才能动态地确定。在运行时自动选择正确的方法进行调用称为动态绑定(dynamic binding)，下面主要讨论运行时多态。

运行时多态性是面向对象程序设计代码重用的一个最强大机制，Java 实现运行时多态性的基础是动态方法调用，它是一种在运行时而不是在编译期调用重载方法的机制。

由于子类继承了父类所有的属性(私有的除外)，所以子类对象可以作为父类对象使用。程序中凡是使用父类对象的地方，都可以用子类对象来代替。一个对象可以通过引用子类的实例来调用子类的方法，这种机制就叫运行时多态。

(1) 通过继承父类对象的引用变量来引用子类对象的方法来实现。

【示例 3-11】　Test.java。

```java
//定义父类 superA
class superA{
    int i = 100;
    void fun(){
```

```
            System.out.println("This is superA");
        }
    }
    //定义 superA 的子类 subB
    class subB extends superA{
        int m = 1;
        void fun(){
            System.out.println("This is subB");
        }
    }
    //定义 superA 的子类 subC
    class subC extends superA{
        int n = 1;
        void fun(){
            System.out.println("This is subC");
        }
    }
    class Test{
        public static void main(String[] args){
            superA a;
            subB    b = new subB();
            subC    c = new subC();
            a = b;
            a.fun();            //(1)
            a = c;
            a.fun();            //(2)
        }
    }
```

程序运行结果：

    This is subB

    This is subC

上述代码中 subB 和 subC 是父类 superA 的子类，在类 Test 中声明了 3 个引用变量 a、b、c，通过将子类对象引用赋值给父类对象引用变量来实现动态方法调用。也许有人会问："为什么(1)和(2)不输出：This is superA"。Java 的这种机制遵循一个原则：当父类对象引用变量引用子类对象时，被引用对象的类型而不是引用变量的类型决定了调用谁的成员方法，但是这个被调用的方法必须是在父类中定义过的，也就是说被子类覆盖的方法。

所以，不要被上例中(1)和(2)所迷惑，虽然写成 a.fun()，但是由于(1)中的 a 被 b 赋值，指向了子类 subB 的一个实例，因而(1)所调用的 fun()实际上是子类 subB 的成员方法 fun()，它覆盖了父类 superA 的成员方法 fun()；同样(2)调用的是子类 subC 的成员方法 fun()。

另外，如果子类所继承的父类是一个抽象类，虽然抽象类不能通过 new 操作符直接创建该类的对象，但是可以声明一个抽象类的引用，并把该引用指向该抽象类的子类对象，以实现运行时多态性。

如 superA 类为抽象类，subB 类为该抽象类 superA 的子类，并且 subB 类中已经实现了 superA 类中的抽象方法，我们可以通过下面方式创建对象：

　　　superA　b = **new** subB (); //这种创建 subB 类的对象的方式是允许的，通过对象 b 可以调用
　　　　　　　　　　　　　　　　//该对象的相应方法；

需要注意的是，抽象类的子类必须覆盖实现父类中的所有的抽象方法，否则子类必须被 abstract 修饰符修饰，当然也就不能被实例化了。

(2) 通过接口类型变量引用实现接口的类的对象来实现。

接口的灵活性就在于"规定一个类必须做什么，而不管你如何做"。对于定义了一个接口类型的引用变量来引用实现接口的类的实例来说，当这个引用调用方法时，它会根据实际引用的类的实例来判断具体调用哪个方法，这和上述的父类对象引用访问子类对象的机制相似。有关接口内容请参看第 5 章内容。

【示例 3-12】　Test.java。

```java
//定义接口 InterA
interface InterA{
    void fun();
}
//实现接口 InterA 的类 B
class B implements InterA{
    public void fun(){
        System.out.println("This is B");
    }
}
//实现接口 InterA 的类 C
class C implements InterA{
    public void fun(){
        System.out.println("This is C");
    }
}
class Test{
    public static void main(String[] args){
        InterA   a;
        a = new B();
        a.fun();
        a = new C();
        a.fun();
```

```
    }
  }
```

程序运行结果:

　　This is B

　　This is C

示例 3-12 中类 B 和类 C 是实现接口 InterA 的两个类，分别实现了接口的方法 fun()，通过将类 B 和类 C 的实例赋给接口引用 a 而实现了方法在运行时的动态绑定，充分利用了"一个接口，多个方法"，展示了 Java 的动态多态性。

需要注意的一点是：Java 在利用接口变量调用其实现类对象的方法时，该方法必须已经在接口中被声明，而且在接口的实现类中该实现方法的类型和参数必须与接口中所定义的精确匹配。

3.6　静态修饰符、静态数据成员和静态成员方法

在 Java 中类的数据成员和成员方法可分为静态和非静态两种，用 static 关键字修饰的数据成员和成员方法称为静态数据成员和静态成员方法；没有 static 修饰的数据成员和成员方法称为实例数据成员和实例成员方法。对于实例数据成员和成员方法而言，在访问和使用时需要具体所属类的对象来调用实现；而对于静态数据成员和方法则不用，只需要通过所属类就可以直接访问和使用了。

3.6.1　静态修饰符

static 称为静态修饰符，可以修饰类中的数据成员和成员方法，有些面向对象语言使用了类数据成员和类方法这两个术语。它们意味着数据和方法只是作为一个整体的类而存在，并不是为了某一个类的特定对象而存在。使用 static 关键字，可满足两方面的要求。

一种情况是只想用一个存储区域来保持一个特定的数据——无论创建多少个对象，甚至根本不创建对象。在 Java 程序中任何变量或者代码都是在编译时由系统自动分配内存来存储的，而静态就是指在编译后所分配的内存会一直存在，直到程序退出内存才会释放这个空间，也就是只要程序在运行，那么这块内存就会一直存在。被 static 修饰的数据成员称为静态属性，这类属性的一个最本质的特点是该属性是类的属性，而不属于任何一个类的具体对象。换句话说，对于该类的任何一个具体对象，静态属性保存在一个内存中的公共存储单元，任何一个类的对象访问它时，取到的都是相同的数值，同样任何一个类的对象访问它时，也都是在对同一个内存单元进行操作。

另一种情况是需要一个特殊的方法，该方法没有与这个类的任何对象相关联。也就是说，即使没有创建对象，也需要一个能调用的方法。一旦被设为 static，数据或方法就不会同那个类的任何对象实例联系到一起，所以尽管从未创建那个类的一个对象，仍能调用一个 static 方法，或访问一些 static 数据。

为了将数据成员或成员方法设为 static，只需要在定义时设置这个关键字即可。

如对于 i，可设置如下：

```
class StaticTest{
    static int i = 54;
}
```

```
StaticTest st1 = new StaticTest();
StaticTest st2 = new StaticTest();
```

尽管创建了两个 StaticTest 对象，但是对于类的静态属性 i 来说，两个对象的属性 i 占用了同一个存储空间，即 st1.i 与 st2.i 指向同一个储存空间。此时的 st1.i 和 st2.i 具有同样的值 54；当然，也可以用 StaticTest.i 来访问该数据，其值也为 54。

如果还有如下操作：

```
StaticTest.i ++;
```

此时无论是 st1.i 还是 st2.i 的值都变为了 55。

同样的逻辑应用于成员方法：

```
class StaticFunction{
    static void incr(){
        StaticTest.i++;
    }
}
```

在 StaticFunction 类中的 incr()方法使得静态数据 i 值自增，对该静态方法可以通过 StaticFunction 类直接调用：

```
StaticFunction.incr();
```

或通过 StaticFunction 类的对象直接调用：

```
StaticFunction sf   = new StaticFunction();
sf.incr();
```

3.6.2　静态数据成员

如果把一个类中的数据成员定义为 static，那么该类的所有对象都将共享这个声明为 static 的数据成员。这个数据成员就是静态数据成员，也可称为类成员。当用户对静态数据成员重新赋值时，该类的所有对象访问该静态数据成员时都会得到这个新值。如果没有被指定为 static，则该数据成员就是一个实例数据成员，每个对象都有独立的数据成员。任何一个对象修改自己的实例数据成员，都不会对其他对象的实例数据成员的值进行修改。

下面的示例设计了一个员工类，每个员工都有自己的 id 字段，但是对于类中的所有对象，只有一个共享的 nextId 数据成员，每当创建了 Employee 类的一个新对象时，作为类数据成员的 nextId 值自加 1 个数，作为下一个新员工创建时的可用 id。

【示例 3-13】　Employee.java。

```
class Employee
{
    private String name;
```

```java
private double salary;
private int id;
//静态数据成员 nextId 属于 Employee 类，而不属于类的某个对象
private static int nextId = 1;

public Employee(String n,double s){
    name = n;
    salary = s;
    id = 0;
    setId();
}
public String getName()
{
  return name;
}
public void setName(String name){
    this.name = name;
}
public double getSalary(){
    return salary;
}
public void setSalary(double salary){
    this.salary = salary;
}
public int getId(){
    return id;
}
public void setId()
{            // set id to next avilable id
    id = nextId;
    nextId++;
}
public static int getNextId()
{
    return nextId; //return static field
}

public static void main(String[] args){
    Employee e1 = new Employee ("Harry", 30000);
```

```
        System.out.println(e1.getName() + "\t" + e1.getSalary()+ "\t" + e1.id + "\t" + e1.nextId);
        Employee e2 = new Employee ("Tom",40000);
        System.out.println(e2.getName() + "\t" + e2.getSalary()+ "\t" + e2.id +"\t" + e2.nextId);
        Employee e3 = new Employee ("Kidd",50000);
        System.out.println(e3.getName() + "\t" + e3.getSalary()+ "\t" + e3.id +
                    "\t" + StaticExample.nextId);
    }
}
```

程序运行结果：

```
Harry   30000.0    1    2
Tom     40000.0    2    3
Kidd    50000.0    3    4
```

3.6.3　静态常量

常量(constant)也称常数，是一种恒定的或不可变的数值或数据项。在 Java 中"常量"是一种只读变量，当 JVM 初始化这种变量后，变量的值就不能改变了。Java 使用 final 关键字来定义常量。正如有两种字段——实例和类字段，常量也有两种——实例常量和类常量。

用关键字 static 修饰的常量为类常量；没有关键字修饰的常量为实例常量。为了提高效率，应当创建类常量，或者说是 final static 字段。

【示例 3-14】　Employee.java。

```
class Constants {
    final int FIRST = 1;
    final static int SECOND = 2;
    public static void main(String[] args){
        int iteration = SECOND;
        if (iteration == FIRST)//编译错误
            System.out.println("first iteration");
        else
            if (iteration == SECOND)
                System.out.println("second iteration");
    }
}
```

示例 3-14 中的 Constants 类定义了一对常量——FIRST 和 SECOND。FIRST 是实例常量，因为 JVM 给每个 Constants 对象分配了一份 FIRST 的拷贝。相反的，因为 JVM 在加载 Constants 类后只创建了一份 SECOND 拷贝，所以 SECOND 是类常量。

注意：当尝试在 main()中直接访问 FIRST 时，会导致一个编译错误。常量 FIRST 是实例常量，只有对象创建时该实例常量才存在，所以 FIRST 仅仅只能被这个对象所访问，而不是类。

3.6.4　静态成员方法

Static 修饰符修饰的属性是类的公共属性，与之相仿，用 static 修饰符修饰的方法是属于整个类的类方法，而不用 static 修饰符限定的方法是属于类的某个具体对象的。静态成员方法又叫做类方法，非静态方法叫做实例方法。实例方法的调用需要类对象来实现，如"对象名.方法名(参数)"，而静态方法则不用，通过类即可实现调用，如"类名.方法名(参数)"。声明一个方法为 static 至少有三重含义：

(1) 声明这个方法时，应该使用类名作为前缀，而不是某一个具体的对象名；

(2) 非 static 的方法是属于某个对象的方法，该方法存在于该对象自己的存储空间内；而 static 的方法是属于整个类的，它在内存中的代码段将随着类的定义而分配和装载，不被任何一个对象专有；

(3) 在静态方法中不能调用非静态的方法和引用非静态的成员变量。反之，则可以。

例如 Math 类中所有方法都是静态方法，如 Math.abs(x)计算 x 的绝对值。

【示例 3-15】　Constants.java。

```
class Simple{
    static void go(){
        System.out.println("Go...");
    }
}
public class Constants{
    public static void main(String[] args){
        Simple.go();
    }
}
```

程序运行结果：

Go...

在 Java 中对于静态方法和静态数据成员我们可以通过以下两种方式来访问：一是通过类名来访问；二是通过类的对象来访问。

但是在 Java 中提倡使用类名来调用静态方法而不是用类对象来调用，一般在以下两种情况下使用静态方法：

(1) 当一个方法不需要访问对象状态时，因为所有需要的参数都是以显示参数形式提供的(如 Math.abs)。

(2) 当一个方法只需要访问类中的静态方法时，使用静态方法来表示一个类而不是属于此类的任何对象的属性和方法。

3.7　抽象类和最终类

在前面提到过两个类修饰符，一个是抽象类的修饰符 abstract，另一个是最终类的修饰符 final。本章对抽象类和最终类的相关概念和使用方法进行说明。

3.7.1 抽象类

在面向对象的概念中，所有的对象都是通过类来描述的，但并不是所有的类都是用来描述具体对象的。抽象类往往用来表征问题领域分析和设计过程中得到的抽象概念，是对一系列看上去不同，但是本质上相同的具体概念的抽象。例如，如果要进行一个图形编辑软件的开发，就会发现问题领域存在着圆、三角形这样一些具体概念，它们是不同的，但是它们又都属于形状这样一个概念，然而形状的具体表现形式却无法表示。所以它就是一个抽象概念。正是因为抽象的概念在问题领域没有对应的具体概念，所以用以表征抽象概念的抽象类是不能够实例化的。

在 Java 中，当一个类被声明为 abstract 时，这个类就是抽象类，抽象类就是没有具体实例对象的类。抽象类与具体类如图 3-5 所示。只有方法声明而没有方法实现的方法称为抽象方法，含有抽象方法的类就称为抽象类。abstract 是抽象修饰符，可以用来修饰类和方法。上面提到的形状类就是一个抽象类。

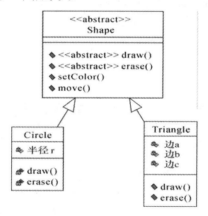

图 3-5 抽象类与具体类

下面定义了形状 Shape 抽象类：

```
abstract class Shape{
    abstract void draw();
    abstract void erase();
    void setColor(){
        //方法实现部分
    }
    void move(){}//move()方法被空实现，空实现也是一种实现
}
```

在该类中含有两个抽象方法 draw()和 erase()；setColor()是一个具体实现的方法；move()方法尽管在大括号“{”和“}”对之间没有内容，但是只要在方法声明后有这对大括号对，该方法即被实现；这种只有大括号对，没有具体实现代码的方法实现方式叫做空实现。

当然，抽象类也有一些需要注意的规则：

(1) 抽象类不能直接实例化，并且对抽象类使用 new 运算符是编译时错误。

(2) 抽象类的数据成员和成员方法都是其子类的公共数据成员和方法的集合。

(3) 抽象类中既存在抽象方法，也存在一般方法。

(4) 对于父类中的抽象方法是通过子类覆盖(Override)父类抽象方法的形式来实现继承的，子类必须实现父类的所有抽象方法，否则该子类必须仍然定义为抽象类。即如果定义一个具体子类继承于某个抽象父类，那么该子类必须实现抽象父类中的抽象方法。

(5) 抽象类不能被密封，即抽象类不能修饰为 private，也不能和 final 一起组合使用，因为抽象类本身就是不完整的，需要别的类去实现它不完整的部分。(注意 abstract 修饰方法时也不能和 static、native 以及 private 和 final 一起使用)

下面的示例为抽象类的应用(AbstractTest.java)。

【示例 3-16】 AbstractTest.java。

```
abstract class PrintMechine{              //定义抽象类 PrintMechine
    abstract public void print(int x);     //定义抽象方法 print()，无方法体
}
public class AbstractTest extends PrintMechine{
    int a;
    public AbstractTest (int a){
        this.a = a;
    }
    public void print(int a){          //覆盖掉父类的抽象方法，或者叫实现父类的抽象方法
        System.out.println(a*2);
    }
    public static void main(String[] args){
        PrintMechine p1 = new AbstractTest (3);    //运行时多态，若写成 PrintMechine 则会
                                                   //报错 p1 = new PrintMechine()
        p1.print(3);
    }
}
```

程序运行结果：

6

3.7.2　最终类

在 Java 语言中，由于继承机制，过多地使用继承会给程序带来一些麻烦，比如说无限制地继承，会使类变得越来越庞大和复杂，造成的弊病也就越多，所以有必要用另一种方法来终结继承，这就是最终类。如果一个类被声明为 final(最终类)，意味着它不能再派生出新的子类，不能作为父类被继承。如 final class 定义了一个最终类 FinalClass，则其他类不能以该类作为父类。

被定义成 final 的类，通常是一些有特殊作用的、用来完成标准功能的类。将一个类定义为 final 则可以将它的内容、属性和功能固定下来，与它的类名形成稳定的映射关系，从

而保证引用这个类时所实现的功能是准确无误的。

如果用 final 关键字来修饰成员变量，会使该变量成为常量。如果用来修饰成员方法，表示该方法无法在子类中被覆盖。

本 章 小 结

本章主要介绍了面向对象软件开发过程中主要用到的对象及其特点、类的定义与构成、方法的定义以及类的数据成员和成员方法的修饰符等基本知识，重点有以下几点：

(1) 掌握好面向对象的两种特性机制：继承和多态。

(2) 理解类定义的各部分含义。

(3) 学会如何使用对象。

(4) 理解构造方法的意义，通过实践练习熟练掌握构造方法的运用。

(5) 熟练使用重载方法。

(6) 理解访问权限修饰符的各自意义。

(7) 学会使用 this 和 super 引用。

(8) 理解什么是类成员和实例成员及其区别。

(9) 理解什么是抽象类和最终类。

本章是 Java 语言的基础，通过本章的学习读者应对 Java 面向对象软件开发的结构和 Java 语言的基本概念有一个比较全面的了解。

习　　题

1. 简述面向对象编程的特性和优势。

2. 类是由什么组成？类和对象的关系是什么？对象名和对象本身是什么关系？

3. 试说明 null、this 和 super 这三个变量的作用。

4. 简述静态方法、抽象方法和最终方法的作用。

5. 请检测下面这两段代码是否有错？如果有，请指明错误所在之处：

(1)

```
class a{
    private int x;
    public void f(){};
}
class b{
    protected void f(){
        a a1 = new a();
        a.x = 3;
    }
}
```

(2)

```
class a{
    private int x;
    public void f(){};
}
class b extends a{
    protected void f(){
        x = 3;
    }
}
```

6. 以下程序是否合法？如何不合法，该怎么修改？

(1)

```
class test
{
    public int x;
    public void f(int a)
    {
        System.out.println(a);
    }
    public static void main(String args[])
    {
        x = 6;
        f(x);
    }
}
```

(2)

```
abstract class a
{
    int x;
    void f(int a)
    {
        System.out.println(a);
    }
}
abstract class b extends a
{
}
class test
{
```

```
    a a1 = new b();
    a1.f(1);
}
```

7. 研究下面这段代码:

① class super {
②   public float getNum() {return 3.0f;}
③ }
④ public class Sub extends Super {
⑤
⑥ }

将下列哪个方法写入上述代码第⑤行,会出现编译错误? (   )

A. public float getNum() {return 4.0f; }

B. public void getNum () { }

C. public void getNum (double d) { }

D. public double getNum (float d) {retrun 4.0f; }

8. 已知 $a(1) = 1$,$a(2) = 2$,$a(3) = 6$,…,$a(n) = a(n-3)+a(n-2)+a(n-1)$ (n>3);用 Java 编程求出 $a(12)$ 和 $a(14)$ 项。

第 4 章　数组与字符串

数组类型属于复合数据类型，它是由类型相同的元素组成的有序数据集合。根据组织数组的结构不同，数组可以分为一维数组、二维数组，以此类推。通常把二维和二维以上的数组称为多维数组。数组的每个成员都有着相同的名称但是却有独立的下标，用于表示每个成员。

字符串就是一个或多个字符序列。Java 作为面向对象的语言，把字符串用类的对象来实现。Java 语法定义了 String 和 StringBuffer 两个类，封装了对字符串的各种操作。它们放在默认加载的 java.lang 包中。

本章主要介绍数组与字符串对象的含义和用法。

4.1　数　　组

数组是用一个标识符(变量名)和一组下标来代表一组具有相同数据类型的数据元素的集合。这些数据元素在计算机存储器中占用一片连续的存储空间，其中的每个数组元素在数组中的位置是固定的，可以通过下标的编号加以区分，通过标识符和下标访问每一个数据元素。

数组提供了在计算机存储器中快速且简便的数据存取方式，数组的应用可以大大提高对数据操作的灵活性。

在 Java 语法中，数组被定义为一个对象，属于引用类型，数组中的元素序号从 0 开始，并且通过下标操作符引用它们。

4.1.1　一维数组

1. 一维数组的定义

声明一个数组就是要确定数组名、数组的维数和数组元素的数据类型。数组名是符合 Java 标识符定义规则的用户自定义标识符，它是数组类对象的引用类型变量的名字。类型标识符是指数组元素的数据类型，可以是 Java 的基本数据类型，如 int、float、double、char 也可以为引用类型，如类类型(class)、接口(interface)等。

一维数组的定义形式如下：

　　　　类型标识符　数组名[];

或

　　　　类型标识符[] 数组名;

例如：

```
int intArray[];              //声明一个数组名为 intArray 的整型数组
double[] example;            //声明一个数组名为 example 的浮点型双精度数组
```

2. 一维数组的初始化

与 C、C++ 不同，Java 在数组的定义中并不为数组元素分配内存，因此下标操作符中不用指出数组中元素个数，即数组长度。而且对于如上定义的一个数组是不能访问它的任何元素的。如果要初始化数组的元素，则必须为它分配内存空间。Java 的数组初始化可以通过直接指定初值或用 new 运算符的方式来实现。

1) 直接指定初值方式

用直接指定初值的方式对数组初始化，是指在声明一个数组的同时将数组元素的初值依次写入赋值操作符后的一对花括号内，给这个数组的所有数组元素赋上初值。这样，Java 的编译器可以通过初值个数确定数组元素的个数，并为它分配需要的存储空间存放这些数据。如：

```
int[] a1 = {12,34,-9,65};
```

上述语句声明了数组名为 a1 的整型数组，并为其赋初值，共有 4 个初值，故数组元素个数为 4。系统为这个数组分配 4×4 个字节的连续存储空间。各元素的初始值如图 4-1 所示。

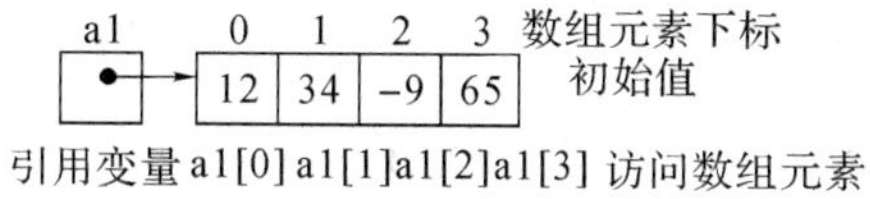

图 4-1　数组 a1 的初始化

2) 用 new 初始化数组

用 new 初始化数组的形式如下：

```
类型标识符 数组名[];
数组名 = new 类型标识符[数组长度];
```

如：

```
int[] intArray;
intArray = new int[3];
```

上述代码为一个整型数组分配 3 个 int 型整数所占据的内存空间。通常，这两部分可以合在一起，格式如下：

```
类型标识符 数组名 = new 类型标识符[数组长度];
```

例如：

```
int a = new int[3];
```

上面的语句定义了数组 a 有 3 个元素，并按照 Java 提供的数据成员默认值初始化原则进行初始化。用 new 初始化数组 a 的存储空间分配及初始化情况如图 4-2 所示。

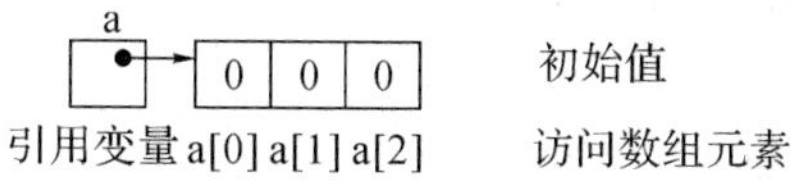

图 4-2　用 new 初始化数组 a

3. 一维数组元素的引用

定义了一个数组，并用运算符 new 为它分配了内存空间后，就可以引用数组中的每一个元素了。数组元素的引用方式如下：

　　　　数组名[下标]

其中，下标可以为整型常数或表达式。如 a[3]，b[i](i 为整型)，c[6*I]等。下标从 0 开始，一直到数组的长度减 1。对于上面例子中的 a 数来说，它有 3 个元素，分别如下：a[0]、a[1]、a[2]。

　　另外，Java 对数组元素要进行越界检查以保证安全性。同时，对于每个数组都有一个属性 length 指明它的长度，例如：a.length 指明数组 a 的长度。下面的示例演示 Java 语法定义数组和引用数组元素的方式。

　　【示例 4-1】　ArrayTest.java。

```java
public class ArrayTest {
    public static void main(String[] args) {
        int i;
        int a[] = new int[5];
        for(i=0; i<5; i++)
            a[i] = i;
        for(i=a.length-1; i>=0; i--)
            System.out.println("a["+i+"] = "+a[i]);
    }
}
```

　　程序运行结果：

　　　　a[4] = 4

　　　　a[3] = 3

　　　　a[2] = 2

　　　　a[1] = 1

　　　　a[0] = 0

该程序对数组中的每个元素赋值，然后按逆序输出。

4．一维数组程序举例

下面的示例演示了利用数组处理 Fibonacci 数列，打印出其前 10 项。

Fibonacci 数列的定义如下：

$$F1 = F2 = 1,\ Fn = Fn\text{-}1 + Fn\text{-}2\ (n \geqslant 3)$$

　　【示例 4-2】　ClassFibonacci.java。

```java
public class ClassFibonacci {
    public static void main(String[] args) {
        int i;
        int f[] = new int[10];
        f[0] = f[1] = 1;
        for(i=2; i<10; i++)
            f[i] = f[i-1]+f[i-2];
```

```
        for(i=1; i<=10; i++)
            System.out.println("F["+i+"]="+f[i-1]);
    }
}
```

程序运行结果：

    F[1] = 1

    F[2] = 1

    F[3] = 2

    F[4] = 3

    F[5] = 5

    F[6] = 8

    F[7] = 13

    F[8] = 21

    F[9] = 34

    F[10] = 55

4.1.2　二维数组

对于日常数据处理中经常用到的矩阵、行列式、二维表格等，Java 提供了二维数组这种数据结构来存放。如图 4-3 所示。

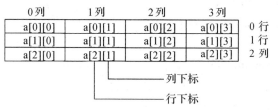

图 4-3　二维数组示意图

Java 中多维数组被看做数组的数组。例如，二维数组为一个特殊的一维数组，其每个元素又是一个一维数组。

1. 二维数组的定义

二维数组的定义方式如下：

    类型标识符　数组名[][];

例如：

    int intArray[][];

与一维数组一样，这时对数组元素也没有分配内存空间，同样要使用运算符 new 来分配内存，然后才可以访问每个元素。

对多维数组来说，分配内存空间有下面几种方法。

(1) 直接为每一维分配空间，如：

    int a[][] = new int[2][3];

(2) 从最高维开始，分别为每一维分配空间，如：

```
int a[][] = new int[2][];
a[0] = new int[3];
a[1] = new int[3];
```

完成(1)中相同的功能。这一点与 C、C++是不同的，在 C、C++中必须一次指明每一维的长度。

2. 二维数组元素的引用

对二维数组中每个元素，引用方式为数组名[下标 1][下标 2]，其中，下标 1、下标 2 为整型常数或表达式，如 a[2][3]等，同样，每一维的下标都从 0 开始。

3. 二维数组的初始化

二维数组的初始化有两种方式：

(1) 直接对每个元素进行赋值。

(2) 在定义数组的同时进行初始化。如：

```
int a[][] = {{2，3}，{1，5}，{3，4}};
```

上面的语句定义了一个 3 × 2 的数组，并对每个元素赋值。

4. 二维数组举例

下面的示例演示了使用二维数组实现矩阵相乘。

两个矩阵 Am × n、Bn × 1 相乘得到 Cm × 1，每个元素 Cij = aik*bk (i=1…m，n=1…n)。

【示例 4-3】 MatrixMultiply.java。

```
public class MatrixMultiply{
    public static void main(String args[]){
        int i,j,k;
        int a[][] = new int[2][3];
        int b[][] = {{1,5,2,8},{5,9,10,-3},{2,7,-5,-18}};
        int c[][] = new int[2][4];
        for(i=0; i<2; i++)
            for(j=0; j<3; j++)
                a[i][j] = (i+1)*(j+2);
        for(i=0; i<2; i++){
            for(j=0; j<4; j++){
                c[i][j] = 0;
                for(k=0; k<3; k++)
                    c[i][j] += a[i][k]*b[k][j]; //矩阵相乘
            }
        }
        System.out.println("\n***MatrixA***");
        for(i=0; i<2; i++){
            for(j=0; j<3; j++)
                System.out.print(a[i][j]+"");
```

```
                System.out.println();
            }
            System.out.println("\n***MatrixB***");
            for(i=0; i<3; i++){
                for(j=0; j<4; j++)
                    System.out.print(b[i][j]+"");
                System.out.println();
            }
            System.out.println("\n***MatrixC***");
            for(i=0; i<2; i++){
                for(j=0; j<4; j++)
                    System.out.print(c[i][j]+"");
                System.out.println();
            }
        }
    }
```

程序运行结果：

```
***MatrixA***
2 3 4
4 6 8
***MatrixB***
1 5 2 8
5 9 10 -3
2 7 -5 -18
***MatrixC***
25 65 14 -65
50 130 28 -130
```

4.1.3　不规则数组

到目前为止，Java 数组与 C、C++ 语言中提供的数组没有很大的区别，但存在着一些细微的差异，而这些差异正是 Java 的优势所在：Java 实际上没有多维数组，只有一维数组。多维数组被解释为"数组的数组"。

Java 语法支持方便地构造一个"不规则"数组，即数组的每一行有不同的长度。下面是一个典型的示例，实现了一个"下三角矩阵"。

【示例 4-4】　TwoArrayAgain.java。

```
public class TwoArrayAgain{
    public static void main(String[] args){
        int twoArray[][] = new int[4][]; //声明二维数组
```

```
        twoArray[0] = new int[1];              // 定义每一行
        twoArray[1] = new int[2];
        twoArray[2] = new int[3];
        twoArray[3] = new int[4];
        int i, j, k = 0;
        for(i=0; i<twoArray.length; i++)
        for(j=0;j<twoArray[i].length ; j++, k++)
        {
            twoArray [i][j] = k;
        }
        for(i=0; i<twoArray.length; i++){
            for(j=0; j<twoArray[i].length; j++)
            {
                System.out.print(twoArray[i][j] + " ");
            }
            System.out.println();
        }
    }
}
```

程序运行结果：

    0
    1 2
    3 4 5
    6 7 8 9

4.1.4　数组实用类 Arrays

在 java.util 包中，有一个用于操作数组的实用类：java.util.Arrays。它提供了一系列静态方法完成数组的常用操作。

int binarySearch(type[] a，type key)：用于查询 key 元素值在 a 数组中出现的索引。如果 a 数组不包含 key 元素值，则返回 −1。调用该方法时，要求数组中元素已经按升序排列，这样才能得到正确结果。

1. binarySearch(二分查找)

binarySearch 表达形式如下：

    binarySearch(type[] a，int fromIndex，int toIndex，type key)

这个方法它只搜索 a 数组中 formIndex 到 toIndex 索引的元素。调用该方法时要求数组中元素已经按升序排列，这样才能得到正确结果。

2. copyOf(拷贝)

copyOf 表达形式如下：

type[] copyOf(type[] original，int newLength)

这个方法将会把 original 数组复制成一个新数组，其中 Length 是新数组的长度。如果 Length 小于 original 数组的长度，则新数组就是原数组的前面 Length 个元素；如果 Length 大于 original 数组的长度，则新数组的前面元素就是原数组的所有元素，后面补充 0(数值型)、false(布尔型)或者 null(引用型)。

3. copyOfRange

copyOfRange 表达形式如下：

type[] copyOfRange(type[] original，int from，int to)

这个方法与前面方法相似，但这个方法只复制 original 数组的 from 索引到 to 索引的元素。

4. equals (相等)

equals 表达形式如下：

boolean equals(type[] a，type[] a2)

如果 a 数组和 a2 数组的长度相等，而且 a 数组和 a2 数组的数组元素也一一相同，该方法将返回 true。

5. fill(填充)

fill 表达形式如下：

void fill(type[] a，type val)

该方法将会把 a 数组所有元素值都赋值为 val。另一个表达形式如下：

void fill(type[] a，int fromIndex，int toIndex，type val)

该方法与前一个方法的作用相同，区别是该方法仅仅将 a 数组的 fromIndex 到 toIndex 索引的数组元素赋值为 val。

6. sort(排序)

sort 表达形式如下：

void sort(type[] a)

该方法对 a 数组的数组元素进行排序。另一个表达形式如下：

void sort(type[] a，int fromIndex，int toIndex)

该方法与前一个方法相似，区别是该方法仅仅对 fromIndex 到 toIndex 索引的元素进行排序。

7. toString(转换为字符串)

toString 表达形式如下：

String toString(type[] a)，

该方法将一个数组转换成一个字符串。该方法按顺序把多个数组元素连缀在一起，多个数组元素使用英文逗号(,)和空格隔开(利用该方法可以很清楚地看到各数组元素)。

【示例 4-5】　UsingArrays.java。

```
import java.util.*;

public class UsingArrays
{
```

```
public static void main(String[] args)
{   //定义一个 a 数组
    int[] a = new int[]{3, 4 , 5, 6};
    //定义一个 a2 数组
    int[] a2 = new int[]{3, 4 , 5, 6};
    //a 数组和 a2 数组的长度相等，每个元素依次相等，将输出 true
    System.out.println("a 数组和 a2 数组是否相等：" + Arrays.equals(a , a2));
    //通过复制 a 数组，生成一个新的 b 数组
    int[] b = Arrays.copyOf(a, 6);
    System.out.println("a 数组和 b 数组是否相等：" + Arrays.equals(a , b));
    //输出 b 数组的元素，将输出[3, 4, 5, 6, 0, 0]
    System.out.println("b 数组的元素为" + Arrays.toString(b));
    //将 b 数组的第 3 个元素(包括)到第 5 个元素(不包括)赋为 1
    Arrays.fill(b , 2, 4 , 1);         //fill 方法可一次对多个数组元素进行批量赋值
    //输出 b 数组的元素，将输出[3, 4, 1, 1, 0, 0]
    System.out.println("b 数组的元素为" + Arrays.toString(b));
    //对 b 数组进行排序
    Arrays.sort(b);
    //输出 b 数组的元素，将输出[0, 0, 1, 1, 3, 4]
    System.out.println("b 数组的元素为" + Arrays.toString(b));
    }
}
```

程序运行结果：

    a 数组和 a2 数组是否相等：true
    a 数组和 b 数组是否相等：false
    b 数组的元素为[3, 4, 5, 6, 0, 0]
    b 数组的元素为[3, 4, 1, 1, 0, 0]
    b 数组的元素为[0, 0, 1, 1, 3, 4]

注意：Arrays 类处于 java.util 包下，为了在程序中使用 Arrays 类，必须在程序中导入 java.util.Arrays 类。

4.2 字 符 串

字符串是字符的序列。Java 语言中没有 C 语言中的指针类型，但是 Java 语言在包 java.lang 中封装了类的 String 和 StringBuffer，分别用于处理不变字符串和可变字符串。Java 语言把字符串都当作对象来处理，并提供了一系列的方法对整个字符串进行操作，使得处理字符串更加容易，也符合面向对象编程的规范。通过本节的学习，将学会字符串的生成、访问、修改、复制等操作。

String 类和 StringBuffer 类都在 java.lang 中定义，因此它们可以自动地被所有程序使用。两者均被说明为 final，这意味着两者均不含子类。

4.2.1　String 类

Java 中将字符串作为 String 类型对象来处理。当创建一个 String 对象时，被创建的字符串是不能改变的。每次需要改变字符串时，都要创建一个新的 String 对象来保存新的内容。原始的字符串不变。

一个字符串对象一旦被配置，它的内容就是固定不可变的。例如下面这个声明：

　　String str = "hello,Java";

这个声明会配置一个长度为 10、内容为 hello,Java 的字符串对象，但无法改变这个字符串对象的内容。下面的语句也不能改变一个字符串对象的内容：

　　String str = "Hello";

　　str = "Java";

事实上，在这个程序片段中会有两个字符串对象，一个是 Hello 字符串对象，长度为 5；一个是 Java 字符串对象，长度为 4。两个是不同的字符串对象。这段程序所执行的操作并不是在 Hello 字符串后加上 Java 字符串，而是让 str 名称引用自 Java 字符串对象。过程如图 4-4 所示。

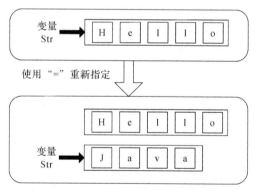

图 4-4　使用 "=" 指定字符串对象的引用

在 Java 中，使用 "=" 将一个字符串对象指定给一个变量名称，其意义为改变该名称所引用的对象。原来被引用的字符串对象若没有其他名称来引用它，就会在适当的时候被 Java 的"垃圾回收"(Garbage Collection)机制回收。

在 Java 执行时会维护一个 String 池(Pool)。对于一些可以共享的字符串对象，会先在 String 池中查找是否存在相同的 String 内容(字符相同)，如果有就直接返回，而不是直接创造一个新的 String 对象，以减少内存的耗用。如果在程序中使用下面的方式来声明，则实际上是指向同一个字符串对象：

　　String str1 = "ByTheWay";

　　String str2 = "ByTheWay";

　　System.out.println(str1 == str2);

在 Java 中如果 == 被使用于两个对象类型的变量，它是用于比较两个变量是否引用自同一对象，所以在图 4-5 中当 str1 == str2 比较时，程序的执行结果会显示 true。

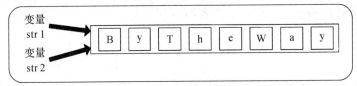

图 4-5　字符串变量 str1、str2 同时引用自"ByTheWay"

如果要比较两个字符串对象的字符值是否相同，要使用 equals()方法，以下的写法才会显示 true 的结果：

```
String str1 = new String("caterpillar");
String str2 = new String("caterpillar");
System.out.println(str1.equals(str2));
```

1. String 对象的创建

Java 语法提供了多种构造方法来创建 String 对象。

(1) String()，　默认构造方法，无参数，如：

```
String s1 = new String();
```

(2) String(char chars[])，传入字符数组，如：

```
char[] myChars = {'a', 'b', 'c'};
String s2 = new String(myChars) // 使用字符串"abc"初始化 s2
```

(3) String(char chars[], int startIndex, int numChars)，传入一个字符数组，从指定下标位置开始获取指定个数的字符，用这些字符来初始化字符串变量，如：

```
char[] myChars = {'h', 'e', 'l', 'l', 'o'};
String s3 = new String(myChars,1,3); //使用字符串"ell"初始化 s3
```

(4) String(String strObj)，传入另一个字符串对象，用该字符串对象的内容初始化，如：

```
String s4 = new String(s3); // 这是 s4 也是"ell"了。
```

(5) String(byte asciiChars[])，如：

```
String(byte asciiChars[], int startIndex, int numChars)
```

尽管 Java 的 char 类型使用 16 位(bit)表示 Unicode 编码字符集，在 Internet 中，字符串的典型格式使用由 ASCII 字符集构成的 8 位数组，因为 8 位 ASCII 字符串是共同的，当给定一个字节(byte)数组时，String 类便提供了上面两个初始化字符串的构造方法。

【示例 4-6】　SubStringConv.java。

```
public class SubStringConv {
    public static void main(String[] args) {
        byte ascii[] = {65,66,67,68,69,70};
        String s1 = new String(ascii);
        System.out.println(s1);
        String s2 = new String(ascii,2,3);
        System.out.println(s2);
    }
```

```
    }
```
程序运行结果：
```
    ABCDEF
    CDE
```

2. String 对象的连接

与大多数程序语言一样，Java 允许使用符号 + 把两个字符串连接(concatenate)在一起。
```
    String word1 = "Expletive";
    String word2 =   "deleted";
    String Message = word1 + word2;
```
上面的代码将字符串变量 Message 赋值为"Expletivedeleted"，注意在单词间没有空格，符号"+"把两个原样的字符串按给定顺序连接起来。

当连接一个字符串和一个非字符串时，后者将被转换成字符串。例如：
```
    int age =13;
    String rating = "PG"+age;
```
将把 rating 的值赋为字符串"PG13"。

这种特性常被用在输出语句中，例如：
```
    System.out.println("The answer is"+answer);
```
就是合法的语句，而且将会打印出想要的结果。

3. String 对象的编辑

字符串在 Java 中以 String 类的一个实例存在，所以每个字符串对象本身会拥有几个可操作的方法。String 对象常用的方法如表 4-1 所示。

表 4-1　String 对象常用方法

方　法	说　　明
length()	取得字符串的字符长度
equals()	判断原字符串中的字符是否等于指定字符串中的字符
toLowerCase()	转换字符串中的英文字符为小写
toUpperCase()	转换字符串中的英文字符为大写

下面的示例演示了上述方法的使用情况。

【示例 4-7】　StringDemo.java。
```
public class StringDemo {
    public static void main(String[] args) {
        String text = "hello";
        System.out.println("字符串内容: " + text);
        System.out.println("字符串长度: " + text.length());
        System.out.println("等于 hello? " +text.equals("hello"));
        System.out.println("转为大写: " +text.toUpperCase());
        System.out.println("转为小写: " +text.toLowerCase());
```

```
    }
}
```

程序运行结果：

```
字符串内容: hello
字符串长度: 5
等于 hello? true
转为大写: HELLO
转为小写: hello
```

4. String 对象的访问

(1) charAt()方法用以得到指定位置的字符。

```
String str = "This is a String";
char chr = str.charAt(3);              //chr="i"
```

String 对象代表了一个 Unicode 字符序列，可以用 charAt 方法得到字符串中的单独字符。上述语句用于返回 str 字符串位置 3 上的那个 Unicode 字符。

(2) getChars()方法用以得到字符串的一部分字符串。

```
public void getChars(int srcBegin,int srcEnd,char[]dst,int dstBegin)
String str = "This is a String";
Char chr = new char[10];
Str.getChars(5,12,chr,0);  //chr="is a St"
```

(3) subString()方法是提取字符串的另一种方法，它可以指定从何处开始提取字符串以及何处结束。

```
String greeting = "Hello";
String s = greeting.substring(0,4);
```

上述语句将生成一个内容为"Hell"的字符串。Java 语法认为字符串中的第一个字符的位置为 0，这个处理方式与 C、C++ 是一致的。上面的语句将提取从其位置 0 到位置 4 的字符，其中包括位置 0，但不包括位置 4。

字符串的本质是由字符数组所组成，所以使用 String 类声明字符串后，该字符串会具有数组索引的性质。表 4-2 列出了使用索引取得字符串中字符的相关方法。

表 4-2　取得字符串中字符的方法

方　法	说　　明
char charAt(int index)	返回指定索引处的字符
int indexOf(int ch)	返回指定字符第一个找到的索引位置
int indexOf(String str)	返回指定字符串第一个找到的索引位置
int lastIndexOf(int ch)	返回指定字符最后一个找到的索引位置
String substring(int beginIndex)	取出指定索引处至字符串尾端的子字符串
String substring(int beginIndex, int endIndex)	取出指定索引范围子字符串
char[] toCharArray()	将字符串转换为字符数组

下面的示例演示了上述方法的使用情况。

【示例 4-8】 CharAtString.java。

```java
public class CharAtString {
    public static void main(String[] args) {
        String text = "One's left brain has nothing right.\n" + "One's right brain has nothing left.\n";
        System.out.println("字符串内容: ");
        for(int i = 0; i < text.length(); i++)
            System.out.print(text.charAt(i));
        System.out.println("\n 第一个 left: " +text.indexOf("left"));
        System.out.println("最后一个 left: " +text.lastIndexOf("left"));
        char[] charArr = text.toCharArray();
        System.out.println("\n 字符 Array 内容: ");
        for(int i = 0; i < charArr.length; i++)
            System.out.print(charArr[i]);
    }
}
```

程序运行结果：

```
字符串内容:
One's left brain has nothing right.
One's right brain has nothing left.

第一个 left: 6
最后一个 left: 66

字符 Array 内容:
One's left brain has nothing right.
One's right brain has nothing left.
```

5. 判断 String 对象是否相等

1) equals 方法

要测试两个字符串是否相等，可以使用 equals 方法。如果字符串 p 和 t 相等，那么表达式 p.equals(t) 返回值为 true；否则，将返回 false。

注意：p 和 t 可以是字符串变量，也可以是字符串常量。

例如：表达式 "Hello".equals(s) 就是合法的。

要判断两个字符串除了大小写区别之外是否相等，可以使用 equalsIgnoreCase 方法。如："Hello".equalsIgnoreCase("hello") 的返回值为 true。

2) ==

"=="用来判断两个引用变量是否指向同一引用。不要使用"=="操作符来判断两个字符串是否相等，它只能判断两个串是否指向同一个引用。

下面的示例演示了 equals 方法和 "=="操作符的使用区别。

【示例 4-9】 EqualsDemo.java。

```java
public class EqualsDemo {
    public static void main(String[] args)
    {
        String s1="aaaa";
        String s2=new String("aaaa");
        String s3="aaaa";
        String s4=new String("aaaa");
        System.out.println(s1==s3);          //字符串常量引用同一常量池中的对象
        System.out.println(s2==s4);          //字符串对象将分别创建
        System.out.println(s1.equals(s2));
        System.out.println(s3.equals(s4));
    }
}
```

程序运行结果：

```
true
false
true
true
```

4.2.2 StringBuffer 类

StringBuffer 类(字符串缓冲器类)表示了可变长度的可写的字符序列。与 String 类不同，StringBuffer 类是一个在操作中可以更改其内容的字符串类，即一旦创建了 StringBuffer 类的对象，那么在操作中便可以更改和变动字符串的内容。也就是说，对于 StringBuffer 类对象，不仅能够进行查找和比较等操作，还可以进行添加、插入、修改之类的操作。

每个 StringBuffer 对象都有一个容量，只要其字符序列的长度不超过其容量，就无需分配新的内部缓冲数组，如果内部缓冲数组溢出，则 StringBuffer 对象的容量将自动增大。

1．构造方法

(1) public stringBuffer()：默认构造方法。

(2) public StringBuffer(int length)：按照 length 作为初始容量初始化 StringBuffer 对象。

(3) Public StringBuffer(String Str)：按照 String 类的 Str 对象来初始化一个 StringBuffer 对象。

2．主要成员方法

(1) Public int length()：得到当前 StringBuffer 的长度(字符数)。

(2) public int capacity()：得到当前 StringBuffer 的容量。

(3) public Synchronized void ensureCapacity(int minimumCapacity)：确保 StringBuffe 的

容量不小于 minimumCapacity。

(4) public synchronized void setLength(int newLength)：设置 StringBuffer 的长度为 newLength。

(5) public synchronized char charAt(int index)：得到指定位置 index 的字符。

(6) public synchronized void getChars(int srcBegin，int srcEnd，char dst[]，int dstBegin)：将 StringBuffer 中从 srcBegin 到 srcEnd 的字符拷贝到数组 dst[](开始位置为 dstBegin)中。

下面的示例演示了 StringBuffer 构造方法及常见成员方法的使用。

【示例 4-10】　StringBufferDemo.java。

```java
public class StringBufferDemo {
    StringBuffer sb1 = new StringBuffer("Hello world!");
    StringBuffer sb2 ;
    StringBuffer sb3 = new StringBuffer(10);
    public StringBufferDemo(){
        sb2 = new StringBuffer("This is Java code.");
        sb3 = new StringBuffer("Hello Java code");
        String output = "sb1:" + sb1.toString()+"\nlength="+sb1.length()+"\ncapacity="+sb1.capacity();
        sb1.replace(4, 6, ",");//将起始位置 4 和结束位置 6 中间的内容替换成 "，" (包含 4 不包含 6)
        sb1.setLength(30);//设置 sb1 的长度 30
        System.out.println("After add sb1's length,");//输出 sb1 的长度 12
        System.out.println("sb1's capacity is:" + sb1.length());//sb1 的容积范围是 30
        sb1.ensureCapacity(60);
        //使用 StringBuffer 类的方法 ensureCapacity()来设置可变字符串的最大存储容量
        System.out.println("Set sb1's capacity,");
        System.out.println("Now sb1's capacity is:"+sb1.capacity());

        System.out.println();
        System.out.println("sb2:"+sb2.toString());//返回对象本身
        System.out.println("Char at 0 in sb2 is:"+sb2.charAt(0));//返回字符串第 i 个位置的字符
        System.out.println("Char at 9 in sb2 is:"+sb2.charAt(9));

        char ch[] = new char[sb2.length()];
        sb2.getChars(8, 12, ch, 0);
        System.out.println("The char from 8 to 12 is :");
        //使用 getChars 方法从开始位置 8 到结束位置 12 中的字符输入到 ch 数组中，从 0 位置开始
        //getChars(int srcBegin, int srcEnd, char[] dst, int dstBegin)
        //将字符从此序列复制到目标字符数组 dst
        for(int i = 0;i<4;i++){
            System.out.print("\""+ch[i]+"\",");//使用转义字符(\")(\",)用循环打印输出
```

```
            }
            System.out.println("\n");
            System.out.println("sb3:"+sb3.toString());
            System.out.println("After append string to sb3,");
            System.out.println("world.StringBufferDemo!");
            System.out.println("New sb3:\n"+sb3.toString());
            System.out.println("After set the 5th char,");
            sb3.setCharAt(10,'!');//String 类中 setCharAt()方法设置字符串中第 10 个位置为"！"
            System.out.println("the new sb3:\n"+sb3.toString());
        }
        public static void main(String[] args) {
            StringBufferDemo stringBufferDemo = new StringBufferDemo();
        }
    }
```

程序运行结果：

```
    After add sb1's length,
    sb1's capacity is:30
    Set sb1's capacity,
    Now sb1's capacity is:118

    sb2:This is Java code.
    Char at 0 in sb2 is:T
    Char at 9 in sb2 is:a
    The char from 8 to 12 is :
    "J","a","v","a",

    sb3:Hello Java code
    After append string to sb3,
    world.StringBufferDemo!
    New sb3:
    Hello Java code
    After set the 5th char,
    the new sb3:
    Hello Java!code
```

4.2.3 String 类与 StringBuffer 类的比较

1. 相同点

String 类和 StringBuffer 类有以下的相同点：

(1) String 类和 StringBuffer 类都用来处理字符串。

(2) String 类和 StringBuffer 类都提供了 length()、toString()、charAt()和 subString()方法，它们的用法在两个类中相同。

(3) 对于 String 类和 StringBuffer 类，字符在字符串中的索引位置都从 0 开始。

(4) 两个类中的 substring(int begingIndex, int endIndex)方法都用来截取子字符串，而且截取的范围都从 beginIndex 开始，一直到 endIndex-1 为止，截取的字符个数为 endIndex-beingIndex。

2. 不同点

String 类和 StringBuffer 类有以下的不同点：

(1) String 类是不可变类，而 StringBuffer 类是可变类。String 对象创建后，它的内容无法改变。String 类的 substring()、concat()、toLowerCase()、toUpperCase()和 trim()等方法都不会改变字符串本身，而是创建并返回一个包含改变后内容的新字符串对象。

StringBuffer 的 append()、replaceAll()、replaceFirst()、insert()和 setCharAt()等方法都会改变字符缓冲区中的字符串内容。

(2) String 类覆盖了 Object 类的 equals()方法，而 StringBuffer 类没有覆盖 Object 类的 equals()方法。

(3) 两个类都覆盖了 Object 类的 toString()方法，但各自的实现方式不一样。String 类的 toString()方法返回了当前 String 实例本身的引用，而 StringBuffer 类的 toString()方法返回一个以当前 StringBuffer 的缓冲区中的所有字符为内容的新 String 对象的引用。

(4) String 类对象可以用操作符"+"进行连接，而 StringBuffer 类对象之间不能通过操作符"+"进行连接。

4.2.4　Java Application 命令行参数

在命令行中调用 Java 应用程序时可以向程序传递参数，这些参数叫做命令行参数。Application 应用程序中主函数 main 的参数(String[ ]args)是一个 String 字符串类型的数组，用于接收命令行参数的输入。向应用程序传递参数的方法：在解释执行程序时将参数放在字节码文件名的后面。参数间用空格分割，如果参数中本身含空格，就必须将此参数用双括号括起来。

1. 运行 class 文件

执行带 main 方法的 class 文件，命令行为

    java<class 文件名>

注意：class 文件名不要带文件后缀 .class。

例如：java Test。

如果执行的 class 文件是带包的，即在类文件中使用了 package<包名>，那应该在包的基路径下执行，命令行为 java<包名>.class 文件名。例如：PackageTest.java 中，其包名为 com.ee2ee.test，对应的语句为 package com.ee2ee.test;。

PackageTest.java 及编译后的 class 文件 PackageTest.class 的存放目录如下：

    Classes

```
|__com
    |__ee2ee
        |__test
            |__PackageTest.java
            |__PackageTest.class
```

要运行 PackageTest.class，应在 Classes 目录下执行：

    Java com.ee2ee.test.PackageTest

2. 运行 jar 文件中的 class

原理和运行 class 文件一样，只需加上参数 -cp <jar 文件名>即可。

例如：执行 test.jar 中的类 com.ee2ee.test.PackageTest，命令行如下：

    java-cp test.jar com.ee2ee.test.PackageTest

3. 显示 jdk 版本信息

当一台机器上有多个 jdk 版本时，需要知道当前使用的是哪个版本的 jdk，使用参数 -version 即可知道其版本，命令行为

    java-version

4. 增加虚拟机可以使用的最大内存

Jave 虚拟机可使用的最大内存是有限制的，缺省值通常为 64 MB 或 128 MB。如果一个应用程序为了提高性能，把数据加载到内存中而占用了较大的内存，比如超过了默认的最大值 128 MB，则需要加大 Java 虚拟机可使用的最大内存；否则，会出现 Out of Memory(系统内存不足)的异常。

启动 Java 时，需要使用如下两个参数：

-Xms Java 虚拟机初始化时使用的内存大小；

-Xmx Java 虚拟机可以使用的最大内存。

以上两个参数中设置的 size，可以带单位，例如：256m 表示 256 MB。

举例说明：

    java-Xms128m-Xmx256m...

表示 Java 虚拟机初始化时使用的内存为 128 MB，可使用的最大内存为 256 MB。对于 tomcat，可以修改其脚本 catalina.sh(UNIX 平台)或 catalina.bat(Windows 平台)，设置变量 JAVA_OPTS 即可，例如：JAVA_OPTS='-Xms128m -Xmx256m'。

在控制台输出信息中，有个-X(注意是大写)命令，它是查看 JVM 配置参数的命令。

下面给出一个 HelloWorld 的示例来演示这个参数的用法。

【例 4-11】 HelloWorld.java。

```java
public class HelloWorld
{
    public static void main(String[] args)
    {
        System.out.println("Hello World!");
    }
```

```
    }
```
编译并运行：

D:\j2sdk15\bin>javac HelloWorld.java

D:\j2sdk15\bin>java -Xms256M -Xmx512M HelloWorld
Hello World!

本 章 小 结

Java 数组也是一类对象，必须通过 new 语句来创建。数组可以存放基本类型或引用类型的数据。同一个数组中只能存放类型相同的数据。用 new 创建数组后，数组中的每个元素都会被自动赋予和其数据类型相同的默认值。例如，int 类型数组中的所有元素的默认值是 0，boolean 类型数组中的所有元素的默认值为 false。

数组中有一个 length 属性，表示数组中元素的数目，该属性可以被读取，但不能被修改。数组中的每一个元素有唯一的索引，它表示元素在数组中的位置。第一个元素的索引是 0，最后一个是 length−1。

Java 中把字符串分为常量字符串(用 String 类的对象描述)和可变字符串(用 StringBuffer 类的对象描述)。String 一经初始化后，就不会再改变其内容了。对 String 字符串的操作实际上是对其副本(原始拷贝)的操作，原来的字符串一点都没有改变。相反，StringBuffer 类是对原字符串本身操作的，可以对字符串进行修改而不产生副本拷贝，可以在循环中使用。因此，如果要对字符串做修改处理等操作，最好避免直接用 String 类型，可以选用 StringBuffer 类型。

字符串的比较中，"=="用于比较该字符串是否引用同一个实例，是否指向同一个内存地址。equals(Object anObject)用于比较该字符串是否是同一个实例，是否指向同一个内存地址。

习 题

1. 判断题
(1) 下标是用于指出数组中某个元素位置的数字或变量。(　　)
(2) 同一个数组中可以存放多个不同类型的数据。(　　)
(3) 数组的下标可以是 int 型或 float 型。(　　)
(4) 数组可以声明为任何数据类型。(　　)
(5) 执行语句 int a[]后数组元素的值为 0。(　　)
(6) 假定整型数组的某个元素被传递给一个方法并被该方法修改。当调用方法执行完毕时，这个元素中含有修改过的数值。(　　)
(7) 执行语句 int a[] = new int[50]后数组元素的值为 0。(　　)
(8) 对于二维数组 s 来说，s [2].length 给出数组 s 第 2 行的元素个数。(　　)

(9) 数组作参数时，数组名后必须加方括号。(　　)

(10) 用运算符"=="比较字符串对象时，只要两个字符串包含的是同一个值，结果便为 true。(　　)

(11) String 类字符串在创建后可以被修改。(　　)

(12) 方法 replace (String srt1, String srt2)将当前字符串中所有 srt1 子串换成 srt2 子串。(　　)

(13) 方法 compareTo 在所比较的字符串相等时返回 0。(　　)

(14) 方法 IndexOf((char ch，−1)返回字符 ch 在字符串中最后一次出现的位置。(　　)

(15) 方法 startsWith 判断当前字符串的前缀是否和指定的字符串一致。(　　)

2. 程序填空题

下面程序的功能为计算数组下标为奇数的各元素的和，完成程序填空。

```
import java awt.Graphics;
import java applet.applet;
public class SumOfArray _____ Applet
{
    public void paint( Graphics g )
    {
        int a[] = { 1, 3, 5, 7, 9, 10 };
        int total=0;
        for ( int i = 1; i < A length; _____ )
        total+=a[i];
        g.drawString( "Total of array elements: " + total, 25, 25 );
    }
}
```

3. 编程题

(1) 编写自定义方法生成 k 个 50～100 之间的随机整数，再另写一个输出方法。在应用程序的 main()方法中调用这两个方法，生成一个整型数组并输出该数组的所有元素。

(2) 编写一个 Application 程序，比较命令行中给出的两个字符串是否相等，并输出比较的结果。

(3) 请编写一个 Application 程序实现如下功能：接受命令行中给出的一个字母串，先将该串原样输出，然后判断该串的第一个字母是否为大写，若是大写，则统计该串中大写字母的个数，并将所有大写字母输出；否则，输出信息串"第一个字母不是大写字母!"。

(4) 编写一个应用程序，接受用户输入的一行字符串，统计字符个数，然后反序输出。

第 5 章　接口、内部类和包

为使程序更适应网络传输，提高运行效率，降低复杂性，Java 采用的是尽可能简单的面向对象机制。本章讨论 Java 面向对象的实现机制，包括接口、内部类和包。接口是 Java 面向对象中很重要的一个概念，刻画了类与类之间合作的标准，其中允许在一个类内部定义另一个类，新定义的类称为内部类。类是 Java 中的最小代码单位，复杂的 Java 软件系统都是由一个个的类组成的。在类的数量比较庞大的情况下，Java 中通过包来组织类，类和包的关系类似于操作系统中的文件和文件夹，通过包可以对所有的类进行有机的组织。

5.1　接　　口

Java 支持单重继承机制，不支持多重继承，即一个类只能有一个超类。单继承机制使得 Java 结构简单，层次清楚，易于管理，但在实际应用中也需要使用多重继承功能。为了实现象 C++ 中的多继承性，Java 中引入了接口概念，接口和单重继承相结合很好地实现了多重继承的功能。接口和类非常相似，接口用于定义几个类具有的但又不在这些类中定义的功能，通过在接口中设置这些方法，描述出共同的特性，然后由类本身定义如何实现。

5.1.1　接口定义

接口是由常量和抽象方法组成的特殊类。接口定义由关键字 interface 引导，分为接口的声明和接口体。其中，interface 声明接口名，在接口体中定义常量和方法。在接口体中只能进行方法的声明，不能进行方法的实现。具体定义语法如下：

```
[public]interface 接口名[extends 父接口名列表]{
    [public][static][final]域类型 域名 = 常量值;         //常量域声明
    [public][abstract][native]返回值 方法名(参数列表)[throw 异常列表]; //抽象方法声明
}
```

有关接口定义要注意以下几点：

(1) interface 是声明接口的关键字，可以把它看成一个特殊的类。

(2) 声明接口可给出访问控制符，用 public 修饰的是公共接口，可以被所有的类和接口使用。同时接口声明为 public，则接口中的方法和变量也全部为 public。如果是默认修饰符的接口，则只能被同一个包中的其他类和接口使用。

(3) 接口名要求符合 Java 标识符的规定。

(4) 接口也具有继承性，定义一个接口时，可以通过 extends 关键字声明该接口是某个已经存在的父接口的派生接口，它将继承父接口的所有属性和方法。一个接口还可以继承多个父接口，父接口间用逗号分隔。

(5) 系统默认接口中所有属性的修饰都是 public static final。

(6) 系统默认接口中所有方法的修饰都是 public abstract。

(7) 在接口中对抽象方法声明时，只能给出这些抽象方法的方法名、返回值和参数列表，而不能定义方法体，即这些接口仅仅是规定了一组信息交换、传输和处理的"接口"。

以下是接口定义的一个示例，声明了一个接口 Student_info，表示学生情况，其中有一个成员变量 year，两个成员方法 age 和 output。定义在接口中的变量全部隐含为 final 和 static，因此成员变量 year 必须设置初值。接口在语句构成上与类相似，但是其中只有方法的声明，没有方法的实现。

【示例 5-1】 Student_info.java。

```java
public interface Student_info {
    int year = 2008;
    int age();
    void output();
}
```

5.1.2　实现接口

接口是抽象类的一种，不能直接用于创建对象。接口的作用在于规定一些功能框架。接口的定义仅仅是实现某一特定功能的一组功能的对外接口和规范，具体功能的实现则由遵守该接口约束的类去完成，即由这些类来具体定义接口中各种抽象方法的方法体。因而在 Java 中，通常把对接口功能的"继承"称为"实现"。

一旦一个接口被定义，一个或多个类可以实现该接口。用关键字 implements 声明一个类将实现一个接口。其声明格式如下：

[<修饰符>]class <类名> [extends<超类名>][implements<接口名 1>，<接口名 2>，…]

其中<修饰符>可以是 public，也可以省略。

有关接口的实现，应该注意以下问题：

(1) 一个类可以实现多个接口，用逗号分隔接口列表。

(2) 如果实现某接口的类不是 abstract 的抽象类，则在类的定义部分必须实现指定接口的所有抽象方法，即为所有抽象方法定义方法体，而且方法头部分应该与接口中的定义完全一致，即有完全相同的返回值和参数列表。

(3) 如果实现某接口的类是 abstract 的抽象类，则它可以不实现该接口所有的方法。但是对于这个抽象类的任何一个非抽象的子类而言，它们的父类所实现的接口中的所有抽象方法都必须有实在的方法体。这些方法体可以来自抽象的父类，也可以来自子类自身，但是不允许存在未被实现的接口方法。这主要体现了非抽象类中不能存在抽象方法的原则。

(4) 接口的抽象方法的访问限制符都已指定为 public，一个类在实现一个接口时，必须实现接口中的所有方法，并且方法必须声明为 public。

下面是一个类实现接口的示例，声明的类 Student 实现接口 Student_info，其中 Student 类中有自己的三个成员变量 name、sex 和 birth_year，实现接口方法 age 时使用了接口中的变量 year 值。

【示例 5-2】　Student.java 类实现接口示例。

```
public class Student implements Student_info {
    String name;
    String sex;
    int birth_year;
    public Student(String n, String s, int y) {
        name = n;
        sex = s;
        birth_year = y;
    }
    public int age() {
        return year - birth_year;
    }
    public void output() {
        System.out.println(this.name + " " + this.sex + " " + this.age() + "岁");
    }
    public static void main(String args[]) {
        Student stu = new Student("小红", "女", 1983);
        stu.output();
    }
}
```

程序运行结果：

　　小红 女 25 岁

从上例可以看出，一个类实现一个接口，必须给出接口中所有方法的实现。如果不能实现某方法，也必须写出一个空方法。

此外，Java 允许多个类实现同一个接口，这些类之间可以是无联系的，每个类各自都有实现方法的细节，这是与继承机制的不同之处。

【示例 5-3】　transport.java。

```
interface fee {
    public void charge();
}

class bus implements fee {
    public void charge() {
        System.out.println("bus:全程 1 元");
    }
}
```

```java
class car implements fee {
    public void charge() {
        System.out.println("car:6 元起价,1.70 元/公里");
    }
}


class transport {
    public static void main(String args[]) {
        bus  七路  = new bus();
        car  富康  = new car();
        七路.charge();
        富康.charge();
    }
}
```

程序运行结果：

　　　　bus: 全程 1 元

　　　　car: 6 元起价, 1.70 元/公里

在示例 5-3 中，定义了一个接口 fee，包括成员方法 charge，而声明的类 bus 和类 car 都实现同一个接口 fee，这样就完成了多个类实现同一个接口。

Java 允许多个类实现同一个接口的同时，一个类也能实现多个接口，这样就解决了多重继承的问题。多重继承是指一个子类可以有多个直接父类，该子类可以全部或部分继承所有直接父类的数据成员及成员方法。Java 中不允许类的多重继承，但允许接口的多重继承。可以把接口理解成为一种特殊的类，即由常量和抽象方法组成的特殊类。一个类只能有一个父类，但是它可以同时实现若干个接口。在这种情况下，如果把接口理解成特殊的类，那么这个类利用接口实际上就获得了多个父类，即实现了多重继承，如图 5-1 所示。

　　（a）单重继承机制　　　　　　　（b1）继承并实现接口　　　　　（b2）实现多个接口

图 5-1　继承机制

下面的示例是通过 Java 接口实现多重继承的示例，首先声明两个接口 theShape 和 showShape，其中包括两个成员方法 getArea 和 showInfor。

【示例 5-4】　Circle.java。

```java
interface theShape {
    double PI = 3.14159;
```

```
        double getArea();
    }

    interface showShape {
        void showInfor();
    }

    public class Circle implements theShape, showShape {
        int r;

        Circle(int r) {
            this.r = r;
        }

        public double getArea() {
            return r * r * PI;
        }

        public void showInfor() {
            System.out.print("r = " + r + "\t the area: " + getArea());
        }

        public static void main(String args[]) {
            Circle c = new Circle(10);
            c.showInfor();
        }
    }
```

程序运行结果：

　　r= 10　　the area: 314.159

5.2　内　部　类

在一个类中定义另外一个类，这个类就叫做内部类或内置类(inner class)，也称嵌套类，包含内部类的类称为外部类(outer class)。内部类与外部类存在逻辑上的所属关系，内部类的使用要依托外部类，内部类一般用来实现一些没有通用意义的逻辑功能。与一般的类相同，内部类可以具有成员变量和成员方法。通过建立内部类的对象，可以存取其成员变量和调用其成员方法。

以下是内部类的定义的一个简单示例，本例中声明的 Group 类中包含有 Student 类。

相对而言，Group 类称为外部类，Student 类称为内部类，内部类中也可以声明成员变量和成员方法。示例程序如下：

【示例 5-5】 Group.java。

```
public class Group {
    int count;
    public class Student {
        String name;
        public void output() {
            System.out.println(this.name + " zz");
        }
    }
}
```

与类的其他成员一样，内部类也分为 static 和非 static，前者称为静态内部类，后者称为成员类。同时，内部类也可以在某个方法中定义，这种内部类称为局部内部类。另一种匿名内部类则是创建对象的同时定义类的实现，但是未规定类名。

5.2.1 成员类

下面示例中，声明 OuterOne 外部类中包含有内部类 InnerOne，其中外部类和内部类的其他成员处于同级位置，所以称为成员类。

【示例 5-6】 OuterOne.java。

```
public class OuterOne {
    private int x = 3;
    InnerOne ino = new InnerOne(); // 外部类有一个属性指向创建的内部类的对象
    public class InnerOne { // 内部类
        private int y = 5;
        public void innerMethod() {
            System.out.println("y is " + y);
        }

        public void innerMethod2() {
            System.out.println("x2 is " + x); // 访问外部类变量
        }
    } // 内部类结束

    public void OuterMethod() {
        System.out.println("x is " + x);
        ino.innerMethod();
        ino.innerMethod2();
```

```
        }

        public static void main(String arg[]) {
            OuterOne my = new OuterOne();
            my.OuterMethod();
        }
    }
```

程序运行结果：

```
    x is 3
    y is 5
    x2 is 3
```

需要注意的是，内部类是一个编译时的概念，编译成功后就会成为完全不同的两类。一个名为 OuterOne 的外部类和其内部定义的名为 InnerOne 的内部类经过编译后出现 OuterOne$InnerOne.class 和 OuterOne.class 两类。内部类的命名除了不能与自己的外部类同名外，不必担心与其他类名的冲突，因为其真实的名字上加了外部类名作为前缀。

在内部类中可以访问外部类的成员，与外部类的成员一样，在内部类中可以使用访问控制符 public、protected、private 修饰。

在外部类中访问内部类一般通过在外部类的成员定义中创建内部类的对象，例如：InnerOne ino=new InnerOne()。

在内部类中使用 this，this 指内部类的对象，要访问外部类的当前对象须加上外部类名作前提。例如外部类 OuterOne，内部类 InnerOne，用 OuterOne.this 代表外部类的 this 对象。

5.2.2 静态内部类

和普通的类一样，内部类也可以有静态的。定义为 static 的内部类称为静态内部类。和非静态内部类相比，静态内部类没有了指向外部的引用。同时，非静态内部类不能声明静态成员，只有静态内部类才能声明静态成员。

静态内部类将自动转化为顶层类(top-levelclass)，即它没有父类，而且不能引用外部类成员或其他内部类成员。当一个内部类不需要引用外部类成员，只需要隐藏在另一个类中时，可以将该内部类声明为静态的。以下是一个简单的示例，本例的类 Test 中声明的一个内部类 Person 是静态的、公用的，其中可以声明静态变量 count。静态内部类 Person 中不能访问外部类成员。

【示例 5-7】 StaticTest.java。

```
    public class StaticTest {
        public static class Person {
            private int age;
            private String name;
            static int count = 0;
```

```
    Person(String n, int a) {
        name = n;
        age = a;
        count++;
    }


    public void display() {
        System.out.println("count= " + count + "\t" + name + "\t" + age);
    }
}


public static void main(String[] args) {
    StaticTest.Person person1 = new StaticTest.Person("Lily", 16);
    person1.display();
    StaticTest.Person person2 = new StaticTest.Person("Jason", 25);
    person2.display();
    StaticTest.Person person3 = new StaticTest.Person("Liming", 30);
    person3.display();
}
}
```

程序运行结果：

```
Count = 1    Lily          6
count = 2    Jason        25
count = 3    Liming       30
```

5.2.3 局部内部类

Java 内部类也可以是局部的，它可以定义在一个方法甚至一个代码块之内。

【示例 5-8】 Testpart.java。

```
public class Testpart {
    public static void main(String args[]) {
        final int i = 8;
        class person {
            public String name;

            public void show() {
                System.out.println(i);
                System.out.println(this.name);
            }
```

```
            }
        person p = new person();
        p.name = "zhangbei";
        p.show();
        }
    }
```

程序运行结果：

8

Zhangbei

示例 5-8 中，在 main 方法中定义了类 person，它是一个内部类。内部类方法 show 访问了 main 方法中定义的 final 类型的局部变量。其中，方法中内部类只能访问方法中 final 类型的局部变量，而不能访问其他类型的局部变量，但可以访问外部类的所有成员变量和方法。

5.2.4　匿名内部类

Java 语言允许创建对象的同时定义类的实现，但是未规定类名，Java 将其定义为匿名内部类。Java 的匿名内部类同匿名数组一样，在只需要创建一个类的对象并且用不上它的名字时，或者说有的内部类只需要创建一个它的对象，以后不会用到这个类，在这种情况下，一般使用匿名内部类比较合适。

匿名内部类的语法规则如下：

```
new interfacename(){...};
```

或

```
new superclassname(){...};
```

下面的示例中，先声明一个接口 Contents。

【示例 5-9】　Contents.java。

```
public interface Contents {
    int value();
}
```

方法 cont()使用匿名内部类直接返回了一个对象，它实现了接口 Contents 的类，具体如下：

【示例 5-10】　Goods.java。

```
public class Goods {
    public Contents cont() {
        return new Contents() {
            private int i = 11;

            public int value() {
                return i;
```

```
        }
    };  // 在这里需要一个分号
    }
}
```

示例 5-10 中，cont()方法将下面两个动作合并在一起：返回值的生成以及表示这个返回值的类的定义。cont()方法创建了一个继承自 Contents 的匿名类的对象，通过 new 表达式返回的引用被自动向上转型为 Contents 的引用。

需要注意的是，匿名内部类因为没有名字，所以它没有构造函数(但是如果这个匿名内部类继承了一个只含有带参数构造函数的父类，创建它的时候就必须带上这些参数，并在实现的过程中使用 super 关键字调用相应的内容)。如果想要初始化它的成员变量，可以采用下面几种方法：

(1) 如果是在一个方法的匿名内部类，通过这个方法传进需要的参数，同时这些参数必须被声明为 final。

(2) 将匿名内部类改造成有名字的局部内部类，这样这个类就可以拥有构造函数。

(3) 在匿名内部类中使用初始化代码块。

通过上面的讲述可以看出，内部类是位于一个类中的代码，其访问权限和类中的方法一样。在内部类中可以直接引用它的外部类的成员，而在外部类中，需要通过一个内部类的对象引用内部类中的成员。

在一种情况下需要实现一个接口，而在另一情况下又不需要实现这个接口时，这时可以使用内部类来解决这一问题，让内部类来实现这个接口。使用内部类来实现接口，可以更好地定位与接口关联的方法在代码中的位置。

Java 内部类有效地解决了多重继承的问题。

5.3　包

为了便于管理大型软件系统中数目众多的类，解决类命名冲突的问题，Java 引入了包(package)。包是 Java 提供的一种区别类名字空间的机制，是类的组织方式，包对应一个文件夹，包中还可以再有包，称为包等级。

5.3.1　包的创建

包的创建就是将源程序文件中的接口和类纳入指定的包。在一般情况下 Java 源程序的构成由以下五部分组成。

(1) package：一个包(package)说明语句(可选项)，其作用是将本源文件中的接口和类纳入指定包。源文件中若有包说明符，必须是第一个语句。

(2) import：若干个(import)语句(可选项)，其作用是引入本源文件中需要使用的包。

(3) public class：一个 public 的类声明，在一个源文件中只能有一个 public 类。

(4) class：若干个属于本包的类声明。

(5) interface：声明接口。

创建一个包就是把包含一个 package 的命令作为一个 Java 源文件的第一句。该文件中定义的任何类型将属于指定的包。package 语句定义了一个存储类的名字空间。如果省略 package 语句,类名将被输入一个默认的没有名称的包。下面是 package 声明的一般形式:

    package　<包名>;

其中,package 是关键字,<包名>是标识符。通过这个语句就可以创建一个具有指定名字的包。例如:

    package　MyPackage;

多个文件可以包含相同的 package 声明。package 声明仅仅指定了文件中所定义的类属于哪一个包,不排除其他文件中的其他类也属于同一个包中。包中的类可以来自不同的源文件,大多数包都伸展到很多文件,即多个文件可以有同一个 package 语句。

实际上,创建包就是在当前文件夹下创建一个子文件夹,这个包中所有类的字节码文件将存放在该文件夹下,即存放这个包中包含的所有类的 .class 文件。以下是创建包的一个示例。

【示例 5-11】 Circle_area.java。

```
package test;
public class Circle_area {
    public static void main(String args[]) {
        final float PI = 3.14f;
        float r = 3.6f, area;
        area = PI * r * r;
        System.out.println("Area(" + r + ")=" + area);
    }
}
```

程序运行结果:

    Area(3.6) = 40.694397

示例 5-11 中将圆面积的计算封装在 Circle_area 类中。package 语句指示将该类安排在 test 包中,实际上,就是将该类文件存放在当前路径的 test 子文件包下。

另外,还可以创建包层次,将每个包名与它的上层包名用点 "." 分隔开。一个多级包的声明的通用格式如下:

    package　包名 1[.包名 2[.包名 3]];

例如:

    package MyPackage.NewDate;

package MyPackage.NewDate;语句中的符号 "." 代表了目录分隔符,说明这个语句创建了两个文件夹:一个是当前文件夹下的子文件夹 MyPackage;一个是 MyPackage 下的子文件夹 NewDate,当前包中的所有类就存放在这个文件夹里。

5.3.2　包的导入

将类组织成包的目的是为了更好地利用包中的类。Java 使用了 import 语句来引入特定的类甚至整个包。一旦被引入，类可以被直呼其名地引用。在 Java 源程序文件中，import 语句紧接着 package 语句(如果 package 语句存在)，它存在于任何类定义之前。下面是 import 声明的一般形式：

　　　　import　　包名 1[.包名 2].(classname|*);

其中包名 1 是顶层包名，包名 2 是在外部包中的用句点 "." 隔离的下级包名。同时，指定一个清楚的类名或者指定一个 "*"，该星号表明 Java 编译器应该引入整个包。下面的例子显示了这两种形式：

　　　　import　　java.util.Date;　　　　// 表示引入包 java.util 中 Date 类

　　　　import　　java.io.*;　　　　　　// 表示引入包 java.io 中所有的类

5.3.3　设置包的路径

1. Java 包的路径

　　要引用 Java 包，除了在源程序中增加 import 语句之外，还要通过设置环境变量告诉系统程序运行时找到 Java 包的路径。由于 Java 使用文件系统来存储包和类，因此类名就是文件名，包名就是文件夹名。

　　路径设置："我的电脑"→"属性"→"高级"→"环境变量"。新建系统变量"classpath"，语句是："classpath=.; C:\j2sdk1.5.0\lib"，其中 C:\j2sdk1.5.0\lib 是 JDK1.5 系统安装的路径。

2. 自定义的包

　　编程中程序员自定义的包 Mypackage，通过设置包的存放路径告诉系统包的位置。Java 用文件系统目录来存储包，其中目录名称必须和包名严格匹配。例如，任何声明为 MyPackage 包中的一部分的类.class 文件被存储在一个 MyPackage 目录中。

　　在 D:\myjava 之中创建一个与包同名的文件夹 D:\myjava\Mypackage，并将编译过的文件(.class)放入该文件夹中。包名与文件名的大小应该一致。接着再添加环境变量 classpath 的路径如下：

　　　　Set classpath=.;C:\ j2sdk1.5.0\lib;D:\myjava

　　其他类通过 import Mypackage.* 语句可以引用 Mypackage 包中的类。程序运行时，系统将在 D:\myjava 中寻找 Mypackage 包。

　　例如，声明一个完整的日期类 NewDate，将编译后的日期类文件 NewDate.class 放在已建立的包 Mypackage 中。其中要将声明的公用类 NewDate 放在 Mypackage 包中，有以下四个步骤：

　　(1) 创建文件夹 D:\myjava\Mypackage；

　　(2) 设置环境变量 classpath：set classpath=.;D:\myjava；

　　(3) 在源程序 NewDate.java 中，声明 NewDate 类放在包 Mypackage 中：

```
package   Mypackage;
import java.util.*;              //引用 java.util 包
public class NewDate{
    …                          // NewDate 类主体
}
```

(4) 将源程序 NewDate.java 编译后生成的 NewDate.class 文件拷入 D:\myjava\Mypackage 文件夹中，然后在其他类中可以用 import 语句引用 Mypackage 包中声明的类 NewDate。例如在另一程序 People.java 中，引用 Mypackage 包中的 NewDate 类如下：

```
import Mypackage.NewDate;          //引用 Mypackage 包中的 NewDate 类
public class People{

                              // People 类主体

}
```

5.3.4　包的作用

在利用面向对象技术开发实际的系统时，通常需要定义许多类共同工作，而有些类可能要在多处反复使用。在 Java 程序中，如果使一个类在多个场合下反复使用，就把它存放在一个"包"的程序组织单位中。包是接口和类的集合，或者说包是接口和类的容器。使用包有利于实现不同程序间类的重用。Java 语言提供了很多包，即 Java 类库中的包。同时，Java 语言还为编程人员提供了自行定义包的机制。包的作用主要有两个：一是划分类名空间，同一个包中的类(包括接口)不能重名，不同包中的类可以重名。二是控制类之间的访问，类之间的访问控制是通过类修饰符来实现的，若类声明修饰符为 public，则表明该类不仅可提供同一包中的类访问，也可以被其他包中的类访问。若类声明无修饰符，则表明该类仅供同一包中的类访问。

5.4　Java 集合框架

Java 中的集合框架定义了一套规范，用来表示、操作集合，使具体操作与实现细节解耦。在集合框架的类继承体系中，最顶层有两个接口：

Collection 表示一组纯数据

Map 表示一组键值对(key-value)

一般继承自 Collection 或 Map 的集合类，会提供两个"标准"的构造函数：

(1) 没有参数的构造函数，创建一个空的集合类；

(2) 有一个类型与基类(Collection 或 Map)相同的构造函数，创建一个与给定参数具有相同元素的新集合类；

因为接口中不能包含构造函数，所以上面这两个构造函数的约定并不是强制性的，但是在目前的集合框架中，所有继承自 Collection 或 Map 的子类都遵循这一约定。

5.4.1　集合接口

Java 集合类框架总共有两大接口：Collection 和 Map，一个表示元素的集合，一个表示键值对的集合；其中 List 和 Set 接口继承了 Collection 接口，一个是有序元素的集合，一个是无序元素的集合；而 ArrayList 和 LinkedList 则实现了 List 接口，HashSet 实现了 Set 接口；HashMap 和 HashTable 实现了 Map 接口，并且 HashTable 是线程安全的，但是 HashMap

性能更好，常用的集合接口如下：

(1) Collection：表示单列集合的根接口；

(2) List：表示元素有序、可重复；

(3) ArrayList：类似一个长度可变的数组，适合查询，不适合增删；

(4) LinkedList：底层是双向循环链表。适合增删，不适合查询；

(5) Set：元素无序，不可重复；

(6) HashSet：根据对象的哈希值确定元素在集合中的位置；

(7) TreeSet：以二叉树的方式存储元素，实现了对集合中的元素排序；

(8) Map：双列集合的根接口，用于存储具有键(key)、值(value)映射关系的元素；

(9) HashMap：用于存储键值映射关系，不能出现重复的键 key；

(10) TreeMap：用来存储键值映射关系，不能出现重复的键 key，所有的键按照二叉树的方式排列。

1. Collection 接口

Collection 是最基本集合接口，它定义了一组允许重复的对象。Collection 接口派生了两个子接口 Set 和 List，分别定义了两种不同的存储方式。

2. Set 接口

Set 接口继承于 Collection 接口，它没有提供额外的方法，但实现了 Set 接口的集合类中的元素是无序且不可重复的。

3. List 接口

List 接口同样也继承于 Collection 接口，但是与 Set 接口恰恰相反，List 接口的集合类中的元素是有序且可重复的。

两个重要的实现类：ArrayList 和 LinkedList。

(1) ArrayList 的特点是有序可重复；

(2) LinkedList 是一个双向链表结构的。

4. Map 接口

Map 也是接口，但没有继承 Collection 接口。该接口描述了从不重复的键到值的映射。Map 接口用于维护键/值对(key/value pairs)。

两个重要的实现类：HashMap 和 TreeMap。

(1) HashMap，中文叫散列表，基于哈希表实现，特点就是键值对的映射关系。一个 key 对应一个 Value。HashMap 中元素的排列顺序是不固定的，更加适合于对元素进行插入、删除和定位。

(2) TreeMap，基于红黑树实现。TreeMap 中的元素保持着某种固定的顺序，更加适合于对元素的顺序遍历。

5.4.2　实现 List 接口的类

List 接口继承 Collection 接口，Collection 接口继承 Iterable 接口。

List 的特性：

(1) 可以存放同一种类型的元素。

(2) 内部维护元素之间的顺序，是有序集合。

(3) 元素是可以重复的。

在 Java 中 List 接口有三个常用的实现类，分别是 ArrayList、LinkedList、Vector。区别如下：

(1) ArrayList 内部存储的数据结构是数组存储。数组的特点是元素可以快速访问，每个元素之间是紧邻的、不能有间隔，缺点是数组空间不够元素存储需要扩容的时候会开辟一个新的数组，把旧的数组元素拷贝过去，性能开销较大。从 ArrayList 中间位置插入和删除元素，都需要循环移动元素的位置，因此数组特性决定了数组适合随机查找和遍历，不适合经常需要插入和删除的操作。

(2) Vector 内部实现和 ArrayList 一样都是数组存储，最大的不同就是它支持线程的同步，所以访问比 ArrayList 慢，但是数据安全，所以对元素的操作没有并发操作的时候用 ArrayList 比较快。

(3) LinkedList 内部存储用的数据结构是链表。链表的特点是适合动态的插入和删除。访问遍历比较慢。另外不支持 get、remove、insertList 方法。可以当作堆栈、队列以及双向队列使用。LinkedList 线程是不安全的，所以同步的时候需要自己手动执行，比较费事，可以使用提供的集合工具类实例化同步，具体使用 List<String> springokList=Collections.synchronizedCollection(new 需要同步的类)。

【示例 5-12】 ArrayListDemo.java。

```java
package cn.itcast.demo;
import java.util.ArrayList;
import java.util.Iterator;

public class ArrayListDemo {
    public static void main(String[] args)
    {
        //创建一个 ArrayList 对象，<String>为泛型，表明 ArrayList 中的元素必须是 String 类型
        ArrayList<String> list = new ArrayList<String>();
        // 添加元素
        list.add("jiang");
        list.add("gu");
        list.add("jin");
        System.out.println("集合中的元素个数为：" + list.size());
        //判断集合中是否包含指定元素
        System.out.println(list.contains("jiang"));
        //遍历集合中的元素
        System.out.println("集合中的元素为(迭代器 Iterator)：");
        Iterator<String> iterator = list.iterator();
        while (iterator.hasNext())
```

```
        {
            System.out.println(iterator.next());
        }
        System.out.println("集合中的元素为(foreach)：");
        for (String item : list)
        {
            System.out.println(item);
        }
    }
}
```

运行结果如图 5-2 所示。

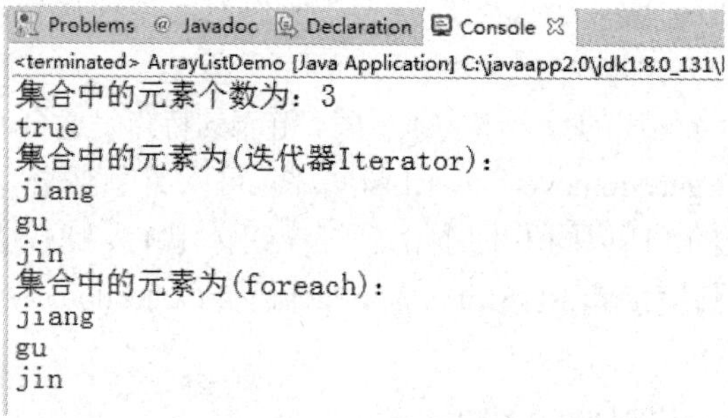

图 5-2　示例 5-12 程序运行结果

5.4.3　实现 Set 接口的类

Set 集合由 Set 接口和 Set 接口的实现类组成，Set 接口继承了 Collection 接口，因此包含 Collection 接口的所有方法。

Set 接口的常用实现类有：

(1) HashSet。可以放入空值；向 HashSet 集合中传入元素时，HashSet 会调用该对象的 HashCode 方法获取 Hash 值，然后决定存储位置(无序)。

(2) LinkedHashSet。HashSet 的子类，不允许重复的值，使用 HashCode 确定在集合中的位置，使用链表的方式确定位置(有序，按照输入的顺序输出)。

(3) TreeSet 包括以下两种。

① 默认情况下，直接使用 TreeSet 无参构造器创建 Set 的对象，在其中放入元素时，必须实现 Comparable 接口(用于排序)，按照 compareTo 方法排序；

② 若创建 TreeSet 对象时，传入了一个实现 Comparator 接口的类，则 TreeSet 使用 Comparator 接口的 compare 方法排序，此时集合中的元素无需实现 Comparable 接口；如果放入了实现 Comparable 接口的元素，以 Comparator 为标准。

【示例 5-13】 TreeSetDemo.java。

```
package cn.itcast.demo;
import java.util.Iterator;
```

```java
import java.util.TreeSet;
public class TreeSetDemo {
public static void main(String[] args)
    {   //创建一个 TreeSet 对象，<String>为泛型，表明 TreeSet 中的元素必须是 String 类型
        TreeSet<String> set = new TreeSet<String>();
        //添加元素
        set.add("jiang");
        set.add("gu");
        set.add("jin");
        System.out.println("集合中的元素个数为：" + set.size());
        //判断集合中是否包含指定元素
        System.out.println(set.contains("jiang"));
        System.out.println("集合中第一个元素为：" + set.first());
        System.out.println("集合中最后一个元素为" + set.last());
        //遍历集合中的元素
        System.out.println("集合中的元素为(迭代器 Iterator)：");
        Iterator<String> iterator = set.iterator();
        while (iterator.hasNext())
        {
            System.out.println(iterator.next());
        }
        System.out.println("集合中的元素为(foreach)：");
        for (String item : set)
        {
            System.out.println(item);
        }
    }
}
```

运行结果如图 5-3 所示。

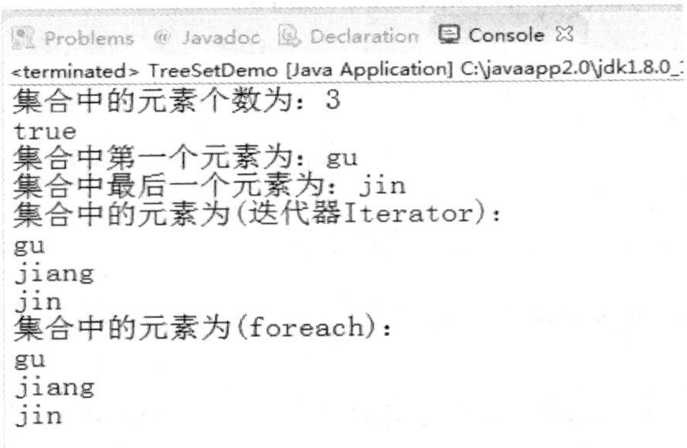

```
 Problems  @ Javadoc   Declaration   Console 
<terminated> TreeSetDemo [Java Application] C:\javaapp2.0\jdk1.8.0_
集合中的元素个数为：3
true
集合中第一个元素为：gu
集合中最后一个元素为：jin
集合中的元素为(迭代器Iterator)：
gu
jiang
jin
集合中的元素为(foreach)：
gu
jiang
jin
```

图 5-3　示例 5-13 程序运行结果

5.4.4　Generics(泛型)

泛型，即"参数化类型"，是 Java1.5 后新增的语法特性，它以 C++模板为参照，本质是参数化类型(Parameterized Type)的应用。在 Java 集合类框架中泛型被广泛应用。类型参数只能用来表示引用类型，不能用来表示基本类型，如 int、double、char 等。但是传递基本类型不会报错，因为它们会自动装箱成对应的包装类。

泛型方法，除了定义泛型类，还可以定义泛型方法与使用泛型类不同，使用泛型方法时不必指明参数类型，编译器会根据传递的参数自动查找出具体的类型。泛型方法除了定义不同，调用就像普通方法一样。

在 Java 中也可以定义泛型接口，如下：

```
//定义泛型接口
interface Info<T> {
    public T getVar();
}
```

类型擦除，如果在使用泛型时没有指明数据类型，那么就会擦除泛型类型，限制泛型的可用类型。<T extends Number> 表示 T 只接受 Number 及其子类，传入其他类型的数据会报错。这里的限定使用关键字 extends，后面可以是类也可以是接口。但这里的 extends 已经不是继承的含义了，应该理解为 T 是继承自 Number 类的类型，或者 T 是实现了某接口的类型。

5.4.5　映射接口 Map

Map 用于保存具有映射关系的数据(key-vlaue)。Map 的 key 不允许重复，即同一个 Map 对象的任何两个 key 通过 equals 方法比较总是返回 false。

Map 集合与 Set 集合元素的存储形式很像，如 Set 接口下有 HashSet、LinkedHashSet、SortedSet(接口)、TreeSet、EnumSet 等实现类和子接口，而 Map 接口下则有 HashMap、LinkedHashMap、SortedMap(接口)、TreeMap、EnumMap 等实现类和子接口。

HashMap 类是 Map 的一个重要实现类，也是最常用的，基于哈希表实现。HashMap 中的 Entry 对象是无序排列的。Key 值和 value 值都可以为 null，但是一个 HashMap 只能有一个 key 值为 null 的映射(key 值不可重复)，具体示例如下。

【示例 5-14】　MapTest.java。

```
package com.java.learn;
import java.util.*;
public class MapTest
{
    public static void main(String[] args)
    {
        Map map = new HashMap();     //成对放入多个 key-value 对
        map.put("疯狂 Java" , 109);
```

```
        map.put("疯狂 iOS" , 10);
        map.put("疯狂 Ajax" , 79);      //多次放入的 key-value 对中 value 可以重复
        map.put("轻量级 Java EE" , 99);     //放入重复的 key 时，新的 value 会覆盖原有的 value
                // 如果新的 value 覆盖了原有的 value，该方法返回被覆盖的 value
        System.out.println(map.put("疯狂 iOS" , 99)); //输出 10
        System.out.println(map);      //输出的 Map 集合包含 4 个 key-value 对
                        //判断是否包含指定 key
        System.out.println("是否包含值为疯狂 iOS key："
            + map.containsKey("疯狂 iOS")); //输出 true
                                //判断是否包含指定 value
        System.out.println("是否包含值为 99 value：" + map.containsValue(99)); //输出 true
        // 获取 Map 集合的所有 key 组成的集合，通过遍历 key 来实现遍历所有 key-value 对
        for (Object key : map.keySet())
        {
            // map.get(key)方法获取指定 key 对应的 value
            System.out.println(key + "-->" + map.get(key));
        }
        map.remove("疯狂 Ajax"); //根据 key 来删除 key-value 对
        System.out.println(map); //输出结果不再包含疯狂 Ajax 讲义=79 的 key-value 对
    }
}
```

运行结果如图 5-4 所示。

```
10
{疯狂iOS=99，疯狂Ajax=79，疯狂Java=109，轻量级Java EE=99}
是否包含值为 疯狂iOS key: true
是否包含值为 99 value: true
疯狂iOS-->99
疯狂Ajax-->79
疯狂Java-->109
轻量级Java EE-->99
{疯狂iOS=99，疯狂Java=109，轻量级Java EE=99}
```

图 5-4　示例 5-14 程序运行结果

5.4.6　实现 Map 接口的类

　　HashMap 是一个最常用的 Map，它根据键的 HashCode 值存储数据，据键可以直接获取它的值，具有很快的访问速度，遍历时，取得数据的顺序是完全随机的。HashMap 最多只允许一条记录的键为 null；允许多条记录的值为 null(HashSet 的实现就是在 HashMap 的值为空的情况下)。HashMap 不支持线程的同步，即任一时刻可以有多个线程同时写 HashMap，可能会导致数据的不一致。如果需要同步，可以用 Collections 的 synchronizedMap

方法使 HashMap 具有同步的能力，或者使用 ConcurrentHashMap。

1. LinkedHashMap

LinkedHashMap 是 HashMap 的一个子类，保存了记录的插入顺序，在用 Iterator 遍历 LinkedHashMap 时，先得到的记录肯定是先插入的。在遍历的时候会比 HashMap 慢，不过有种情况例外，当 HashMap 容量很大，实际数据较少时，遍历起来可能会比 LinkedHashMap 慢，因为 LinkedHashMap 的遍历速度只和实际数据有关，和容量无关，而 HashMap 的遍历速度和它的容量有关。

2. Hashtable

Hashtable 和 HashMap 类似，它继承自 Dictionary 类，不同的是它不允许键或值为空。hashtable 支持线程同步。即同一时刻只能有一个线程对 hashtable 进行操作，这也导致了它的写入较慢。

3. TreeMap

TreeMap 实现 SortMap 接口，能够把它保存的记录根据键排序，默认是按键值的升序排序，也可以指定排序的比较器，当用 Iterator 遍历 TreeMap 时，得到的记录是排过序的。

【示例 5-15】 HashMaps.java。

```java
Import java.util.*;
class HashMaps
{
    public static void main(String[] args)
    {
        HashMap map = new HashMap();
        map.put("1", "111");
        map.put("4", "444");
        map.put("2", "222");
        map.put("5", "555");

        Iterator it = map.keySet().iterator();
        while (it.hasNext())
        {
            Object mapKey = it.next();
            System.out.println("map.get(key) is : " + map.get(mapKey));
        }

        TreeMap tree = new TreeMap();
        tree.put("1", "111");
        tree.put("4", "444");
        tree.put("2", "222");
        tree.put("5", "555");
```

```
        Iterator it_2 = tree.keySet().iterator();
        while(it_2.hasNext())
        {
            Object treeKey = it_2.next();
            System.out.println("tree.get(key) is : " + tree.get(treeKey));
        }
    }
}
```

运行结果如图 5-5 所示。

map.get(key) is : 222

map.get(key) is : 111

map.get(key) is : 555

map.get(key) is : 444

tree.get(key) is : 111

tree.get(key) is : 222

tree.get(key) is : 444

tree.get(key) is : 555

图 5-5　示例 5-15 程序运行结果

本 章 小 结

　　Java 支持单重继承机制，这使得 Java 结构简单，层次清楚并易于管理，接口和类非常相似。接口用于定义几个类具有的但又不在这些类中定义的功能，通过在接口中设置这些方法，描述出类共同的特性。

　　内部类与外部类存在逻辑上的所属关系，内部类的使用要依托外部类，它一般用来实现一些没有通用意义的功能逻辑。

　　包是 Java 提供的一种区别类名字空间的机制，是类的组织方式，解决类命名冲突的问题。

　　Java 集合类框架总共有两大接口，即 Collection 和 Map，前者表示元素的集合，后者表示键值对的集合。其中 List 和 Set 接口继承了 Collection 接口，前者是有序元素的集合，后者是无序元素的集合。

习 题

　　1. 定义一个名为 Point 的类，它的两个数据域为 x 和 y，分别表示坐标。如果 x 坐标一样，实现 comparable 接口对 x 坐标和 y 坐标上的点的比较。

2. 定义一个 CompareY 的类实现 Comparator<Point>。如果 y 坐标一样，实现 compare 方法对它们在 x 坐标和 y 坐标上的两个点的比较。

3 随机创建 100 个点，然后使用 Arrays.sort 方法分别以它们 x 坐标的升序和 y 坐标的升序显示这些点。

第 6 章　Java 常用类

本章介绍几种 Java 常用类的使用方法，以方便读者更进一步的学习。

6.1　Scanner 类

Scanner 类在包 java.util 中，一般可以使用 Scanner 类从控制台输入数据。

Java 使用 System.out 来表示输出设备，用 System.in 表示标准输入设备。默认情况下，输出设备是显示器，而输入设备是键盘。为了完成控制台输出，只需使用 println 方法就可以在控制台上显示基本值或字符串。Java 并不直接支持控制台输入，但是可以使用 Scanner 类创建它的对象，以读取来自 System.in 的输入。如下所示：

　　　Scanner input = new Scanner(System.in);

创建了一个 Scanner 对象，并且将它的引用值赋给变量 input。

Scanner 类常用方法如下：

(1) nextByte()：读取一个 byte 类型的整数；

(2) nextShort()：读取一个 short 类型的整数；

(3) nextInt()：读取一个 int 类型的整数；

(4) nextLong()：读取一个 long 类型的整数；

(5) nextFloat()：读取一个 float 类型的整数；

(6) nextDouble()：读取一个 double 类型的整数；

(7) next()：读取一个字符串，该字符在一个空白符之前结束；

(8) nextLine()：读取一行文本(即以按下回车键为结束标志)。

【示例 6-1】　Example6_1.java。本例使用 Scanner 类的 nextDouble()方法来读取用户从键盘输入的半径值。

```
import java.util.Scanner;
public class Example6_1 {
    public static void main(String[] args) {
        Scanner input = new Scanner(System.in);
        System.out.println(" 请输入一个实数作为半径值: ");
        double radius = input.nextDouble();
        double area = radius * radius * 3.14159;
        System.out.println("半径值为  " + radius + " 的圆的面积是:   " + area);
    }
}
```

程序运行结果：

　　请输入一个实数作为半径值：5.0

　　半径值为 5.0 的圆的面积是：78.53975

6.2　Date 类与 Calendar 类

　　程序设计中可能需要使用日期、时间等数据，本节介绍 java.util 包中的 Date 类和 Calendar 类，二者的实例可用于处理和日期、时间相关的数据。

6.2.1　Date 类

　　Data 类在 java.util 包中，Date 类中的一些常用方法：

　　(1)　Date()：无参构造函数，为当前的日期和时间创建一个实例；

　　(2)　Date(long elapseTime)：该构造函数可以创建一个 Date 对象，该方法需要一个从 GMT(格林威治时间)时间 1970 年 1 月 1 日算起至今逝去的以毫秒为单位的给定时间作为参数；

　　(3)　getTime()：返回从 GMT 时间 1970 年 1 月 1 日算起至今逝去的时间；

　　(4)　setTime(elapseTime: long): void，在对象中设置新的流逝时间。

1. 使用无参数构造方法

　　使用 Date 类的无参数构造方法创建的对象可以获取本机的当前日期和时间，例如：

　　Date nowTime = new Date();

那么，当前 nowTime 对象的实体中包含的日期和时间就是创建 nowTime 对象时本地计算机的日期和时间。Date 对象表示时间的默认顺序是星期、月、日、小时、分、秒、年，例如，假设当前时间是 2017 年 10 月 14 日 21：18：18(CST(中国北京时间)时区)，那么语句 System.out.println(nowTime); 的输出结果是：Sat Oct 14 21：18：18 CST 2017。

2. 使用不带参数构造方法

　　计算机系统将自身的时间"公元"设置在 1970 年 1 月 1 日 0 时(格林威治时间)，可以根据这个时间使用 Date 的带参数的构造方法 Date(long time)来创建一个 Date 对象，例如：

　　Date date1 = new Date(1000);

　　date2 = new Date(-1000);

其中的参数取正数表示公元后的时间，取负数表示公元前的时间，例如 1000 表示 1000 ms，那么 date1 包含的日期、时间就是计算机系统公元后 1 秒时刻的日期、时间。如果运行 Java 程序的本地时区是北京时区(与格林威治时间相差 8 个小时)，那么上述 data1 就是 1970 年 01 月 01 日 08 时 00 分 01 秒，date2 就是 1970 年 01 月 01 日 07 时 59 分 59 秒。

6.2.2　Calendar 类

　　Calendar 类在 java.util 包中。使用 Calendar 类的 static 方法 getInstance()可以初始化一个日历对象，例如：

　　Calendar calendar = Calendar.getInstance();

然后，calendar 对象可以调用以下方法之一：

(1)　public final void set(int year, int month, int date)

(2)　public final void set(int year, int month, int date, int hour, int minute)

(3)　public final void set(int year, int month, int date, int hour, int minute, int second)

将日历翻到任何一个时间，当参数 year 取负数时表示公元前(指实际世界的公元前)。

calendar 对象调用方法 public int get(int field)可以获取有关年份、月份、小时、星期等信息，参数 field 的有效值由 Calendar 的静态常量指定，例如：

> calendar.get(Calendar.MONTH);

返回一个整数，如果该整数是 0，则表示当前日历是一月；如果该整数是 1，则表示当前日历是在二月等等，又如：

> Calendar.get(Canlendar.DAY_OF_WEEK);

返回一个整数，如果该整数是 1，则表示星期日；如果是 2，则表示星期一，依此类推。

calendar 对象调用方法 public long getTimeInMillis()可以返回当前 calendar 对象中时间的毫秒计时，如果本地时区是北京时区，返回的这个毫秒数是当前 calendar 对象中的时间与 1970 年 01 月 01 日 08 点的差值。

【示例 6-2】　Example6_2.java。本示例计算了 2015-09-01 和 2017-10-01 之间相隔的天数。

```java
import java.util.*;
public class Example6_2 {
    public static void main(String[] args) {
        Calendar calendar = Calendar.getInstance();
        calendar.setTime(new Date());
        int year = calendar.get(Calendar.YEAR),
            month = calendar.get(Calendar.MONTH) + 1,
            day = calendar.get(Calendar.DAY_OF_MONTH),
            hour = calendar.get(Calendar.HOUR_OF_DAY),
            minute =calendar.get(Calendar.MINUTE),
            second = calendar.get(Calendar.SECOND);
        System.out.print("现在的时间是：  ");
        System.out.print("" + year + "年" + month + "月" + day + "日");
        System.out.println(" " + hour + "时" + minute + "分" + second + "秒");
        int y = 2015, m = 9, d = 1;
        calendar.set(y, m-1,d);     //注意：8 表示 9 月
        long time1 = calendar.getTimeInMillis();
        y =2016; m=10;d=1;
        calendar.set(y, m-1,d);
        long time2 = calendar.getTimeInMillis();
        long subDay = (time2-time1)/(1000*60*60*24);
        System.out.println("" + new Date(time2));
```

```
        System.out.println("与" + new Date(time1));
        System.out.println("相隔" + subDay + "天");
    }
}
```

程序运行结果：

现在的时间是： 2017 年 10 月 1 日 0 时 43 分 16 秒

Sat Oct 01 00:43:16 CST 2016

与 Tue Sep 01 00:43:16 CST 2015

相隔 396 天

下面的示例输出 2021 年 3 月的日历。

【示例 6-3】 Example6_3.java。

```java
public class Example6_3 {
    public static void main(String[] args) {
        CalendarBean cb=new CalendarBean();
        cb.setYear(2021);
        cb.setMonth(3);
        String [] a = cb.getCalendar();
        char [] str ="0123456".toCharArray();   //用 0 表示星期日
        for(char c:str){
            System.out.printf("%4s",c);
        }
        System.out.println("\n===========================");
        for(int i=0; i<a.length; i++){
            if(i % 7 ==0)
                System.out.println("");
                System.out.printf("%4s",a[i]);
        }
    }
}
```

CalendarBean.java 的代码如下：

```java
import java.util.*;
public class CalendarBean {
    int year=0, month =0;
    public void setYear(int year) {
        this.year = year;
    }
    public void setMonth(int month) {
        this.month = month;
    }
```

```
public String [] getCalendar(){
    String [] a =new String[42];
    Calendar rili = Calendar.getInstance();
    rili.set(year, month-1,1);
    int weekDay=rili.get(Calendar.DAY_OF_WEEK)-1;
    int day = 0;
    if(month ==1 || month ==3 || month ==5 || month ==7
                || month ==8 || month ==10 || month ==12) day = 31;
    if(month ==4 || month ==6 || month ==9 || month ==11) day =30;
    if(month ==2){
        if (((year % 4 ==0) && (year % 100 !=0)) || (year % 400 ==0)) day =29;
            else day =28;
    }
    for(int i=0; i < weekDay; i++) a[i] = " ";
        for(int i=weekDay, n=1; i < weekDay + day; i++){
            a[i] = String.valueOf(n); n++;
        }
    for(int i=weekDay + day; i < a.length; i++) a[i]=" ";
        return a;
    }
}
```

程序运行结果：

```
0    1    2    3    4    5    6
=============================
     1    2    3    4    5    6
7    8    9    10   11   12   13
14   15   16   17   18   19   20
21   22   23   24   25   26   27
28   29   30   31
```

6.3　Math 类、BigInteger 类和 Random 类

6.3.1　Math 类

在编写程序时，可能需要计算一个数的平方根、绝对值或获取一个随机数等。Java.util 包中的 Math 类包含许多用来进行科学计算的 static 方法，这些方法可以直接通过类名调用。另外 Math 类还有两个 static 常量：E 和 PI，二者的值分别是 2.7182828284590452345 和 3.14159265358979323846。

以下是 Math 类的常用方法：

(1) public static long abs(double a)：返回 a 的绝对值。

(2) public static double max(double a,double b)：返回 a、b 的最大值。

(3) public static double min(double a,double b)：返回 a、b 的最小值。

(4) public static double random()：产生一个 0 到 1 之间的随机数(包括 0 但是不包括 1)。

(5) public static double pow(double a, double b)：返回 a 的 b 次幂。

(6) public static double sqrt(double a)：返回 a 的平方根。

(7) public static double log(double a)：返回 a 的对数。

(8) public static double sin(double a)：返回 a 的正弦值。

(9) public static double asin(double a)：返回 a 的反正弦值。

(10) public static double ceil(double a)：返回大于 a 的最小整数，并转化为 double 型数据。

(11) public static double floor(double a)：返回小于 a 的最大整数，并转化为 double 型数据。

(12) public static long round(double a)：返回值是(long)Math.floor(a+0.5)，即所谓 a 的"四舍五入"后的值。

6.3.2 BigInteger 类

程序如果需要处理特别大的整数，就可以用 java.math 包中的 BigInteger 类的对象。可以使用构造方法 public BigInteger(String val)构造一个十进制的 BigInteger 对象。该构造方法可以发生 NumberFormatException 异常。以下是 BigInteger 类的常用方法：

(1) public BigInteger add(BigInteger val)：返回当前对象与 val 的和。

(2) public BigInteger subtract(BigInteger val)：返回当前对象与 val 的差。

(3) public BigInteger multiply(BigInteger val)：返回当前对象与 val 的积。

(4) public BigInteger divide(BigInteger val)：返回当前对象与 val 的商。

(5) public BigInteger remainder(BigInteger val)：返回当前对象与 val 的余数。

(6) public int compareTo(BigInteger val)：返回当前对象与 val 的比较结果，返回值是 1、-1 或 0，分别表示当前对象大于、小于或等于 val。

(7) public BigInteger abs()：返回当前对象的绝对值。

(8) public BigInteger pow(int a)：返回当前对象的 a 次幂。

(9) public String toString()：返回当前对象十进制的字符串表示。

(10) public String toString(int p)：返回当前对象的 p 进制的字符串表示。

【示例 6-4】 Example6_4.java。

```
import java.math.*;
public class Example6_4 {
    public static void main(String[] args) {
        double a = 5.0;
        double st = Math.sqrt(a);
        System.out.println(a + "的平方根： " + st);
```

```
        System.out.printf("大于等于%f 的最小整数%d\n", 5.2, (int)Math.ceil(5.2));
        System.out.printf("小于等于%f 的最大整数%d\n", -5.2, (int)Math.floor(-5.2));
        System.out.printf("%f 四舍五入的数: %d\n", 12.9, (int)Math.round(12.9));
        System.out.printf("%f 四舍五入数: %d\n", -12.9, (int)Math.round(-12.9));
        BigInteger result = new BigInteger("0"),
            one = new BigInteger("123456789"),
            two = new BigInteger("987654321");
        result = one.add(two);
        System.out.println("和: " + result);
        result = one.multiply(two);
        System.out.println("积: " + result);
    }
}
```

程序运行结果:

5.0 的平方根: 2.23606797749979

大于等于 5.200000 的最小整数 6

小于等于-5.200000 的最大整数-6

12.900000 四舍五入的整数: 13

-12.900000 四舍五入的整数: -13

和: 1111111110

积: 121932631112635269

6.3.3　Random 类

尽管可以使用 Math 类调用 static 方法 random()返回一个 0 到 1 之间的随机数,随机数的取值范围是[0.0,1.0)的左闭右开区间,例如,下列代码得到 1~100 之间的一个随机整数(包括 1 和 100):

```
(int)(Math.random()*100)+1;
```

但是,Java 提供了更为灵活的用于获得随机数的 Random 类(该类在 java.util 包中)。

使用 Random 类的如下构造方法:

```
public Random();
public Random(long seed);
```

创建 Random 对象,其中第一个构造方法使用当前机器时间作为种子创建一个 Random 对象,第二个构造方法使用 seed 指定的种子创建一个 Random 对象。人们习惯地将 Random 对象称为随机数生成器。例如,下列随机数生成器调用不带参数的 nextInt()方法返回一个随机整数:

```
Random random = new Random();
random.nextInt().
```

如果想让随机数生成器 random 返回一个 0~n 之间(包括 0,但不包括 n)的随机数,可以让 random 调用带参数的 nextInt(int n)方法(参数 n 必须取正整数)，例如：

   random.nextInt(100);

返回 0～99 之间的某个整数。

  random 调用 public double nextDouble()返回一个 0.0～1.0 之间的随机数，包括 0.0，但是不包括 1.0。

  如果程序需要随机得到 true 和 false 两个表示真与假的 boolean 值，可以让 random 调用 nextBoolean()方法，例如：

   random.nextBoolean();

返回一个随机 boolean 值。

  【示例 6-5】 Example6_5.java。本示例从 1～100 之间随机得到 6 个不同的整数。

```java
public class Example6_5 {
    public static void main(String[] args) {     // TODO Auto-generated method stub
        int [] a = GetRandomNumber.getRandomNumber(100, 6);
        System.out.println(java.util.Arrays.toString(a));
    }
}
```

GetRandomNumber.java 的代码如下：

```java
import java.util.*;
public class GetRandomNumber {
    public static int [] getRandomNumber(int max, int amount){
        int [] randomNumber = new int[amount];
        int index = 0;
        randomNumber[0] = -1;
        Random random =new Random();
        while (index < amount){
            int number = random.nextInt(max) + 1;
            boolean isInArrays = false;
            for (int m : randomNumber){
                if (m == number)
                    isInArrays = true;
            }
            if(isInArrays == false){
                randomNumber[index] = number;
                index++;
            }
        }
        return randomNumber;
    }
}
```

程序运行结果：

[91, 98, 25, 22, 93, 96]

6.4　Class 类

Class 类是 java.util 包中的类，该类的实例可以帮助程序创建其他类的实例。创建对象最常用的方式就是 new 运算符和类的构造方法，实际上也可以使用 Class 对象得到某个类的实例。步骤如下：

(1) 使用 Class 类的静态方法 forName 得到一个和某类(参数 className 指定的类)相关的 Class 对象，方法如下：

public static Class forName (String className) throws ClassNotFoundException

上述方法返回一个和 className 指定的类相关的 Class 对象。如果类在某个包中，className 必须带有包名，例如，className = "java.util.Date"。

(2) 步骤(1)中获得的 Class 对象调用下面的方法：

public Object newInstance() throws InstantiationException, IllegalAccessException

就可以得到一个 ClassName 类的对象。

要特别注意的是，使用 Class 对象调用 newInstance()实例化一个 className 类的对象时，className 类必须有无参数的构造方法。

【示例 6-6】　Example6_6.java。本示例使用 Class 对象得到一个 Rect 类以及 java.util 包中 Date 类的对象。

```java
import java.util.Date;
class Rect{
    double width, height, area;
    public double getArea(){
        area = height * width;
        return area;
    }
}
public class Example6_6 {
    public static void main(String[] args) {
        try {
            Class cs = Class.forName("Rect");
            Rect rect = (Rect)cs.newInstance();
            rect.width = 100; rect.height = 200;
            System.out.println("矩形的面积为: " + rect.getArea());
            cs = Class.forName("java.util.Date");
            Date date = (Date)cs.newInstance();
            System.out.println(date);
```

```
            } catch (Exception e) {
                System.out.println(e.toString());
            }
        }
    }
```

程序运行结果：

矩形的面积为: 20000.0

Fri Oct 03 02:27:07 CST 2017

6.5 Java API 基础

Java 提供的用于语言开发的类库，称为应用程序编程接口(API，Application Programing Interface)，即软件开发商提供的用于开发软件的类与接口的集合，分别放在不同的包中。Java 提供现成的类库，供编程人员使用，其中封装了很多函数，只显示函数名、参数等信息，不提供具体实体，显示出来的这些即称为 API。同时由于 Java 是开源的，还可以看到类库中方法的具体实现。

API 就相当于 Java 中的字典，遇到什么问题就可以查看 API。打开 Java 的帮助文档，可以看到所有的包及其中的类和方法。以下是官方下载网址，也可以在线查看。

http://gceclub.sun.com.cn/chinese_java_docs.html

6.5.1 Java 提供的包概述

Java 提供的常用包如表 6-1 所示。

表 6-1 Java 提供的常用包

package	说　　明	示　例
java.lang	语言包，一般常用的功能。其中包括用于字符串处理、多线程、异常处理和数字函数等的类	System 类
java.io	输入/输出流的文件包，该包用统一的流模型实现了各种格式的输入/输出	
java.applet	Applet 应用程序，建立 applet 功能	Applet 类
java.util	实用包，一般常用功能，其中包括哈希表、堆栈、时间和日期等	Calendar
java.awt	抽象窗口工具包，AWT(详见 8.1.1 节)功能，其中实现了可以跨平台的图形用户界面组件，包括窗口、菜单、滚动条和对话框等	
java.text	文本包，提供以与自然语言无关的方式来处理文本、日期、数字和消息的类和接口	
java.net	网络包，支持 TCP/IP 协议，提供与 Internet 的接口	
jave.sql	数据库包，实现 JDBC(详见 12.1 节)的类库	

下面简单介绍一下语言包和实用包中的类和接口。

6.5.2　java.lang 语言包

java.lang 包是 Java 语言的核心包，包含了运行 Java 程序必不可少的系统类，如基本数据类型、基本数学函数、字符串处理、线程、异构处理类等。每个 Java 程序运行时，系统都会自动引入 java.lang 包，所以这个包的加载是缺省的。

Java.lang 中主要包括有下面的这些类，如表 6-2 所示。

表 6-2　java.lang 包中常用类

类		说　　明
数据类型包装类	Boolean	Boolean 类将基本类型为 boolean 的值包装在一个对象中
	Byte	Byte 类将基本类型 byte 的值包装在一个对象中
	Character	Character 类在对象中包装一个基本类型 char 的值
	Double	Double 类在对象中包装一个基本类型 double 的值
	Float	Float 类在对象中包装一个基本类型 float 的值
	Integer	Integer 类在对象中包装了一个基本类型 int 的值
	Long	Long 类在对象中包装了基本类型 long 的值
	Short	Short 类在对象中包装基本类型 short 的值
字符串类	String	String 类代表字符串，Java 程序中的所有字符串字面值(如 "abc")都作为此类的实例实现
	StringBuffer	线程安全的可变字符序列，一个类似于 String 的字符串缓冲区，但不能修改，但通过某些方法调用可以改变该序列的长度和内容
类操作类	Class	Class 为类提供运行时信息，如名字、类型及父类
	Classloader	Classloader 类提供把类装入运行时环境的方法
系统和运行时类	System	System 类包含一些有用的类字段和方法
	Runtime	每个 Java 应用程序都有一个 Runtime 类实例，使应用程序能够与其运行的环境相连接
	RuntimePermissi-on	该类用于运行时权限
线程类	Thread	线程是程序中的执行线程。Java 虚拟机允许应用程序并发地运行多个执行线程
	ThreadGroup	线程组表示一个线程的集合
	ThreadLocal	该类提供了线程局部(thread-local)变量
	InheritableThrea-dLocal	该类扩展了 ThreadLocal，为子线程提供从父线程那里继承的值
Compiler		Compiler 类主要支持 Java 到本机代码的编译器及相关服务
Enum		这是所有 Java 语言枚举类型的公共基本类
Math		Math 类包含用于执行基本数学运算的方法(提供一组常量和数学函数)

类	说　　　明
Number	抽象类 Number 是 BigDecimal、BigInteger、Byte、Double、Float、Integer、Long 和 Short 类的超类
Object	Object 是类层次结构的根类。每个类都使用 Object 作为超类。所有对象(包括数组)都实现这个类的方法
Package	Package 对象包含有关 Java 包的实现和规范的版本信息
Process	Process 类支持系统过程,控制由执行系统命令 Runtime.exec() 返回的进程
SecurityManager	安全管理器是一个允许应用程序实现安全策略的类
StrictMath	StrictMath 类包含用于执行基本数学运算的方法,如初等指数、对数、平方根和三角函数
Throwable	Throwable 类是 Java 语言中所有错误或异常的超类
Void	Void 类是一个不可实例化的占位符类,它持有对表示 Java 关键字 void 的 Class 对象的引用

java.lang 中也定义了如下接口:

(1) Appendable(可追加接口),能够被添加 char 序列和值的对象。

(2) CharSequence(可阅读字符序列接口),此接口对许多不同种类的 char 序列提供统一的只读访问。

(3) Cloneable(可克隆接口),实现了 Cloneable 接口的类,以指示 Object.clone()方法可以合法地对该类实例进行按字段复制。

(4) Comparable(可比较接口),此接口强行对实现它的每个类的对象进行整体排序。

(5) Iterable(可迭代接口),实现了该接口的类一般作为容器,且具有提供依次访问被包容对象功能的能力。

(6) Readable(可读取接口),对象可以从实现了该接口的类的实例对象中读取字符。

(7) Runnable(可运行接口),接口应该由那些打算通过某一线程执行其实例的类来实现。类必须定义一个称为 run 的无参数方法。

(8) Thread.UncaughtExceptionHandler(线程未捕获异常控制器接口),当 Thread 因未捕获的异常而突然终止时,调用处理程序的接口。

下面通过一个示例,说明使用 Integer 类的静态方法将十进制字符串转换为二进制、八进制、十六进制字符串输出,使用 Class、Runtime 类中的方法获得运行时信息,如当前名、超类名、包名情况。其中 Integer 类提供了多个方法,能在 int 类型和 String 类型之间互相转换,还提供了一些处理 int 类型时非常有用的其他常量和方法。

【示例 6-7】　Runtimeinfo.java。

```
public class Runtimeinfo {
    public static void main(String args[]) {
        int I = 111;
        String str = new String(I + " ");
```

```
        System.out.println(I + "二进制 = " + Integer.toBinaryString(i) +
                  "八进制 = " + Integer.toOctalString(i) +
                  "十六进制 = " + Integer.toHexString(i));
        System.out.println("本类名 = " + str.getClass().getName() +
                  "超类名 = " + str.getClass().getSuperclass().getName() +
                  "包名 = " + str.getClass().getPackage().getName());
        System.out.println("操作系统 = " + System.getProperty("os.name") +
                  "\n" + "Java 版本 = " + System.getProperty("java.vm.version"));
        }
    }
```

程序运行结果：

　　111 二进制 = 1101111 八进制 = 157 十六进制=6f

　　本类名 = java.lang.String 超类名 = java.lang.Object 包名 = java.lang

　　操作系统 = Windows XP

　　Java 版本 = 1.8.0-b64

6.5.3　java.util 实用包

　　java.util 包中包括了 Java 语言中的一些低级的实用工具，如处理时间的 Date 类，处理变长数组的 Vector 类，实现栈的 Stack 类和实现哈希表的 HashTable 类等，通过使用这些内置类，开发人员可以很方便快捷地编程。以下简要介绍 java.util 包中的一些重要类，如表 6-3 所示。

表 6-3　java.util 包中的常用类

类		说　　明
日期类	Date	类 Date 表示特定的瞬间，精确到毫秒
	Calender	类 Calendar 是一个抽象类，它完成日期(Date)类和普通日期表示法(即用一组整型域如 YEAR 等表示日期)之间的转换
	GregorianCalender	Calender 类派生出的 GregorianCalender 类实现标准的 Gregorian 日历
集合类	LinkedList	List 接口的链接列表实现
	Vector	Vector 类可以实现可增长的对象数组
	Stack	Stack 类表示后进先出(LIFO)的对象堆栈
	Hashtable	此类实现一个哈希表，该哈希表将键映射到相应的值
	HashSet	此类实现 Set 接口，由哈希表支持
Random		此类的实例用于生成伪随机数流
BitSet		此类实现了一个按需增长的位向量
Arrays		此类包含用来操作数组(比如排序和搜索)的各种方法
ArrayList		List 接口的大小可变数组的实现，实现了所有可选列表操作，并允许包括 null 在内的所有元素

续表

类	说　明
Dictionary	Dictionary 类是任何可将键映射到相应值的类(如 Hashtable)的抽象父类
Locale	Locale 对象表示了特定的地理、政治和文化地区
StringTokenizer	String Ttokenizer 类允许应用程序将字符串分解为标记
TimeZone	TimeZone 表示时区偏移量，也可以计算夏令时

下面简单介绍一下 Collection 接口。

在 Java API 中为了支持各种对象的存储访问,提供了 Collection(收集)系列 API, Vector 是这种类型中的一种,接口 Collection 处于该结构类型的最高层,其中定义了所有低层接口或类的公共方法。以下列出其中部分方法。

Boolean add(Object o)：将一个对象加入收集中;

Boolean contains(Object o)：判断收集中是否包含指定对象;

Boolean remove(Object o)：从收集中删除某对象;

Boolean isEmpty()：判断收集是否为空;

Iterator iterator()：取得遍历访问收集的迭代子对象;

Int size()：获取收集的大小;

Object[] toArray()：将收集元素转化为对象数组;

Void clear()：删除收集中的所有元素。

以下是 iterator()方法的典型用法:

```
Iterator   it = collection.iterator();      // 获得一个迭代子对象
while(it.hasNext()) {
    Object bj = it.next();   // 得到下一个元素

}
```

目前, JDK 中并没有提供一个类直接实现 Collection 接口,而是实现它的两个子接口,一个是 Set,另一个是 List。当然,子接口继承了父接口的方法。其中 List 是有序的 Collection,使用此接口能够精确地控制每个元素插入的位置。用户能够使用索引(元素在 List 中的位置,类似于数组下标)来访问 List 中的元素,这类似于 Java 的数组。和 Set 不同, List 允许有相同的元素。Set 是一种不包含重复元素的 Collection, 即任意的两个元素 e1 和 e2 都有 e1.equals(e2)=false, Set 最多有一个 null 元素。图 6-1 展示了 Collection API 层次结构。

图 6-1　Collection API 层次结构

本 章 小 结

一般可以使用 Scanner 类从控制台输入数据。

当程序需要处理时间和日期数据时，使用 Date 类和 Calendar 类。

如果需要处理特别大的整数，使用 BigInteger 类。

如果需要获得随机数，使用 Random 类。

Java API(Application Programing Interface)是 JDK 提供的基础类库，即应用程序编程接口，是 Java 的参考手册，说明各种类、接口的定义，分别放在不同的包中。Java API 文档中可以看到所有的包及其中的类和方法，其中不同的 JDK 有不同的 API，可以从 sun 的网站上下载。

习　　题

1. 使用 Scanner 类的实例解析字符串"数学 87 分，物理 76 分，英语 96 分"中的考试成绩，并计算出总成绩以及平均分数。

2. 用 Date 类不带参数的构造方法创建日期，要求日期的输出格式是：星期 小时 分 秒。

3. 编程联系 Math 类的常用方法。

4. 使用 BigInteger 类计算 1! + 3! + 5! + 7! + ⋯ 的前 30 项的和。

5. 举例说明哪种异常是由系统通过默认的异常处理程序进行处理的？

6. 随机生成 50 以内的十个不同的整数。

第 7 章　异 常 处 理

由于 Java 程序一般都是在网络环境中运行的，因此，安全性就成为需要考虑的主要因素之一。为了能够及时有效地处理程序中的运行错误，Java 中引入了异常处理机制。Java 的异常处理机制是 Java 语言的一个很重要的特色。Java 语言采用面向对象的异常处理机制，通过异常处理机制，可以预防程序代码错误或系统错误所造成的不可预期的结果发生，使程序更安全、更健壮、更清晰，容错性更好。本章首先介绍 Java 的异常处理机制以及如何实现这种机制，然后介绍怎样利用 Java 提供的异常类处理异常以及如何定义新的异常类。

7.1　异常的概念与异常处理

在传统的面向过程的程序设计中，通常依靠程序设计人员来预先估计可能出现的错误情况，并对出现的错误进行处理，语言系统本身并没有提供行之有效的错误处理机制。因此，在面向过程的程序设计中，错误处理一直是影响程序设计质量的一个瓶颈。在面向对象的程序设计中，在系统定义异常类的基础上，辅之以用户自定义异常，使得程序中出现的异常问题以统一的方式进行处理，不仅增加了程序的稳定性和可读性，更重要的是规范了程序的设计风格，有利于提高程序的质量。

7.1.1　程序错误、发现时刻及错误处理原则

即使是最有经验的程序员也不可能完全避免编程错误。程序中的错误最好在运行之前(如编译时)发现，但是有些错误却必须在运行时解决。程序运行时发生的错误称为异常，即程序运行过程中出现的非正常事件，是程序错误中的一种。异常又称例外，比如：在进行除法运算时，除数可能为零。为保证程序安全运行，程序中需要对可能出现的异常进行相应的处理。

处理异常的方法有许多种。在以前的语言中，最常见的方法是在程序中每一处可能出现运行错误的地方都加上错误检测和处理代码。比如：编写一个方法时，需要返回一个值或设置一个标志，而每次调用方法时，都要对这些返回值或标志进行检查，以判断方法调用过程中是否发生错误并作相应处理。这样，如果方法调用大量存在，与之相关的异常处理代码也将会大量存在并且分散在程序中。因此，使用这种方法处理异常将会使得程序的可读性和维护性大大降低，出错返回信息量太少，无法更确切地了解错误状况或原因，只处理能够想到的错误，对未知的情况无法处理。

7.1.2　Java 的错误和异常

在 Java 程序的运行中，通常可能遇到两种错误：一种是致命错，例如，程序运行过程中内存空间不足等，这种严重的不正常状态，通常称为错误(Error)，程序将不能简单地恢复执行；另一种是非致命错，例如数组越界等，这种错误通过修正后程序仍然可以继续执行，通常称为异常(Exception)。

Java 作为一个完全面向对象的语言，异常处理也是采用面向对象的方法。所有的异常都是以类的形式存在，除了内置的异常类之外，Java 也允许自己定义异常类。如果在一个方法的运行过程中发生了异常，则这个方法将生成一个代表该异常的对象，并把它提交给正在运行这个方法的系统，这个过程称为抛出异常。系统在运行的时候查找处理异常的方法，这个过程称为捕获异常。异常对象中包含有重要的信息，包括发生异常事件的类型和异常发生时的程序运行状态。对待异常通常不是简单地结束程序，Java 语言的异常处理方法有下列主要优点：

(1) Java 通过面向对象的方法进行异常处理，把各种不同的异常事件进行分类，体现了良好的层次性，提供了良好的接口。

(2) Java 的异常处理机制使得处理异常的代码和“常规”代码分开，减少了代码的数量，同时增强了程序的可读性。

(3) Java 的异常处理机制使得异常事件可以沿调用栈自动向上传递，而不像 C/C++语言中通过函数的返回值来传递，这样可以传递更多的信息并且简化代码的编写。

(4) 由于把异常事件当成对象来处理，利用类的层次性可以把多个具有相同父类的异常统一处理，也可以区分不同的异常分别处理，使用非常灵活。

(5) Java 异常处理机制为具有动态运行特性的复杂程序提供了强有力的控制方式。

下面通过一个简单的示例，初步了解何时会出现异常。

【示例 7-1】　Exceptionxb.java 数组下标超界。

```java
public class Exceptionxb{
    public static void main(String args[]){
        String langs[]={"Java", "Visual Basic","C++"};
        int i=0;
        while(i<4){
            System.out.println(langs[i]);
            i++;
        }
    }
}
```

程序运行结果：

Java

Visual Basic

C++

Exception in thread "main" java.lang.ArrayIndexOutOfBoundsException: 3

　　　at Exceptionxb.main(Exceptionxb.java:6)

　　示例 7-1 可以通过编译，但运行时出现了异常信息。在其被循环执行 4 次之后，数组下标溢出，程序终止，并带有错误信息。

7.2　Java 的异常处理

　　Java 系统中定义一些用来处理异常的类，称为异常类，该类中通常包含产生某种异常的信息和处理异常的方法等内容。当程序在运行中发生了可以识别的异常时，系统便产生一个相应的异常类的异常对象，简称异常。系统中一旦产生了异常，便去寻找处理该种异常的处理程序，以保证不产生死机，从而保证程序的安全运行，这便是异常处理的简单原理。

7.2.1　Java 中的 Throwable 类

　　异常是一个对象，这个异常对象必须是某个异常类的实例，这个异常类必须是已经定义好的。如果访问一个没有定义的对象或只定义而没有实例化的对象，则产生异常。

　　在 Java 类库的每个类包中都定义了异常类，所有的异常都直接或间接从 Throwable 类继承。Throwable 类及其子类关系如图 7-1 所示。

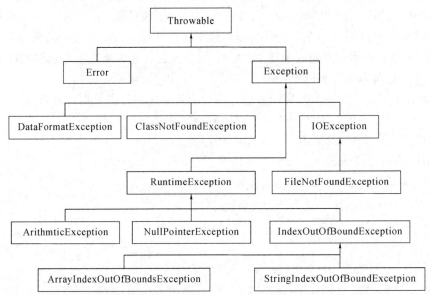

图 7-1　Throwable 类及其子类关系

Throwable 类有两个重要的子类：Error 和 Exception。

　　Error 一般是指与虚拟机相关的问题，如系统崩溃、虚拟机错误、动态链接失败等。对于这类错误导致的应用程序中断，程序无法预防和恢复。

　　Exception 则是指一些可以被捕获且可能恢复的异常情况，如数组下标越界、数字被零除产生异常、输入/输出异常等。

　　Exception 又分为运行时异常和非运行时异常。运行时异常是指由 RuntimeException 及其子类所描述的异常，这类异常大都是由于程序设计不当而引起的错误。例如：以零作除数引起的算术异常、数组下标越界、访问空对象等错误。这些错误，完全可以通过改进程序加以克服，不需要对它们进行捕获和声明，而是直接交给 Java 运行时系统来处理，最后将异常内容以及发生异常的位置等信息显示输出。除了运行时异常以外的 Exception 子类都是非运行时异常。

【示例 7-2】 XtException.java 由 Java 系统自动处理运行时异常。

```
class XtException{
    public static void main(String[] args){
        int a=0;
        int b=3/a;      //除数为 0
        int[] c={1, 2};
    }
}
```

程序运行结果：

```
Exception in thread "main" java.lang.ArithmeticException: / by zero
at XtException.main(XtException.java:4)
```

示例 7-2 的程序中并没有对"0"作除数等错误作处理，而是在系统运行时由默认的异常处理程序在标准输出上给出出错内容。

异常类(Exception)的构造方法有以下两种：

(1) public Exception();

(2) public Exception(String s)。

其中，前一个是默认的构造方法；后一个是带一个参数的构造方法，该参数是一个字符串，该字符串通常是用来指出该异常所对应的错误描述。

异常类中常用的方法有：

(1) public String toString()。该方法用来返回描述异常对象信息的字符串。

(2) public String getMessage()。该方法用来描述当前异常对象的详细信息。

(3) public void printStackTrace()。该方法用来在屏幕上输出当前异常对象使用的堆栈的轨迹。

7.2.2 try-catch-finally 语句

异常处理的方法可归纳为如下三种：

(1) 程序运行时异常通常不做处理，而由 Java 虚拟机自动进行处理。

(2) 使用 try-catch-finally 语句捕获异常。

(3) 使用子句 throw 说明抛出异常。

在程序中使用 try-catch-finally 语句可以捕获一个或多个异常。

1. try-catch-finally 语句格式

try-catch-finally 语句格式如下：

```
try{
    //程序段
```

```
    }
catch(异常类名 1　异常对象名 1){
    //异常处理代码 1
}
catch(异常类名 2　异常对象名 2 ){
    //异常处理代码 2
}
        N
finally{
    //最终异常处理代码
}
```

1) try 语句

在 try 语句后边有一对花括号，括起一个程序段，该程序段指出了该语句后面的 catch()
方法所捕获的异常的范围。该程序段中，调用了一个或多个可能产生异常的方法。

2) catch()方法

在 try 语句后面通常要跟有一个或多个 catch()方法，用来处理 try 块内生成的异常事件。
该方法只有一个参数：某异常类的对象。这种异常类应是 Throwable 的子类。catch()方法
的方法体中给出了处理异常的语句。处理异常时常用下述方法获得有关异常的信息。例如，
toSring()和 getMessage()方法可获得异常事件的信息；printStackTrace()方法可输出异常事件
发生时堆栈的调用过程。

catch()方法可有多个，分别用来处理不同类的异常，当 try 块的方法调用中能够产生
异常对象时，系统将自动地对后面出现的 catch()方法的参数进行检测。当找到异常类型相
匹配的 catch()方法时，便执行该方法体，处理相对应的异常事件。在这里应注意如下两点：

(1) 检测寻找类型匹配是指 catch()方法参数的异常类型与生成的异常事件类型完全一
致或者是它的父类。

(2) 检测类型匹配是按 catch()方法出现的先后顺序进行的，通常 catch()方法的排序顺
序是从特殊到一般，否则后边的 catch()方法会执行不到。

3) finally 语句

在 try 的程序段中，一旦有一个被调用的方法产生异常事件，该方法后的程序代码都
将不被执行，而去执行相应的 catch()方法。如果定义了语句，则不论 try 块中是否产生异
常事件，也不论哪个 catch()方法被执行，该语句后面的程序段总是被执行的。因此，通常
是用 finally 语句的程序代码为该程序提供一个统一的出口。

【示例 7-3】 Dealclass.java 使用 try 组合语句进行异常处理。

```
class Dealclass{
    public static void main(String[] args){
        med(0);
        med(50);
        med(1);
```

```
        }
    static void med(int I) {
        try{
            System.out.println("I="+I);
            int b=50/I;
            int a[]={0, 1, 2};
            a[I]=b;
        }
        catch(ArithmeticException e1){
            System.out.println("Exception1:"+e1);
        }
        catch(ArrayIndexOutOfBoundsException e2) {
            System.out.println("Exception2:"+e2);
        }
        finally{
            System.out.println("Program is end\n");
        }
    }
}
```

程序运行结果：

I=0

Exception1:java.lang.ArithmeticException: / by zero

Program is end

I=50

Exception2:java.lang.ArrayIndexOutOfBoundsException: 50

Program is end

I=1

Program is end

示例 7-3 的程序中，使用 try 块首先捕获到 ArithmeticException 异常，通过第一个 catch 块处理该异常，接着捕获到 ArrayIndexOutOfBoundsException 异常，通过第二个 catch 块进行处理。最后，finally 块的程序段每一次都将被执行，以上运行结果给出了捕获、处理异常的结果以及 finally 块的运行结果。

2. try 语句的嵌套

可以在一个成员函数调用的外面写一个 try 语句，在这个成员函数内部写另一个 try 语句保护其他代码。每当遇到一个 try 语句，"异常"的框架就放到堆栈上面，直到所有的 try 语句都完成。如果下一级的 try 语句没有对某种"异常"进行处理，堆栈就会展开，直到遇到有处理这种"异常"的 try 语句。

　　下面是一个 try 语句嵌套的示例。该示例要求用户输入一个只含数值的字符串(只能是 1～7)，并输出相对应的英文。内层的第一个 catch 检查输入是否为数字，第二个 catch 负责检查输入是否越界。因为输入时有可能会发生系统 I/O 异常，所以在外层加上捕获处理 IOException 的 catch 块。

　　【示例 7-4】　ExceptionDemo.java。

```java
import java.io.*;
public class ExceptionDemo{
    public static void main(String[] args){
        String[] week={"Sun", "Mon", "Tue", "Wed", "Thu", "Fri", "Sat"};
        try{
            System.out.println("Enter an index number(0-6):");
            // 接受用户输入
            BufferedReader stdin= new BufferedReader(new InputStreamReader(System.in));
            String input=new String(stdin.readLine());
            //将输入数据转化为整数赋值给 index；
            //并输出 week 数组的第 index 个元素
            try{
                int index=Integer.parseInt(input);
                System.out.println(index+" is " +week[index]);
            }
            //处理输入不是数字的情况
            catch(NumberFormatException e) {
                System.out.println("Index should be an integer.");
            }
            //处理数组越界
            catch(IndexOutOfBoundsException e) {
                System.out.println("Index must between 0 and 6.");
            }
        }
        //处理 IO 异常
        catch(IOException e){
            System.out.println(e);
        }
        finally{
            System.out.println("End of program");
        }
    }
}
```

当输入不是字符串时，程序运行结果：

    Enter an index number(0-6):a

    Index should be an integer.

    End of program

当数组越界时，程序运行结果：

    Enter an index number(0-6):11

    Index must between 0 and 6.

    End of program

当输入正确时，程序运行结果：

    Enter an index number(0-6):1

    1 is Mon

    End of program

7.2.3 throw 和 throws 语句

1. throw 语句

throw 语句用来明确地抛出一个"异常"。首先，必须得到一个 Throwable 的实例的引用，通过参数传到 catch 子句，或者用 new 操作符来创建一个。下面是 throw 语句的通常形式：

    throw ThrowableInstance;

程序会在 throw 语句后立即终止，它后面的语句不能执行，然后在包含它的所有 try 块中，从里向外寻找含有与其匹配的 catch 子句的 try 块。下面是一个含有 throw 语句的示例。

【示例 7-5】 ExceptionDemo1.java。

```java
class ExceptionDemo1{
    static void demomethod() {
        try{
            throw new NullPointerException("demo1");
            //抛出一个空指针异常
        }
        catch(NullPointerException e) { //该 catch 块将捕获的异常抛出
            System.out.println("caught inside method"); throw e;
        }
    }
    public static void main(String args[]){
        try{
            demomethod();
        }
        catch(NullPointerException e) {
```

```
        //处理被 demomethod()中的 catch 块抛出的异常
        System.out.println("caught in main:"+e);
        }
    }
}
```

程序运行结果：

    caught inside method

    caught in main:java.lang.NullPointerException: demo1

2. throws 语句

如果一个 Java 方法遇到了不能够处理的情况，那么就可以抛出一个异常：一个方法不仅告诉 Java 编译器能返回什么值，还可以告诉编译器有可能产生什么错误。例如，试图读取文件的方法可能会遇到文件不存在的情况，那么该方法需要通过抛出 IOException 通知编译器。Java 中使用 throws 语句实现该功能，throws 语句的语法如下：

    type MethodName(args) throws ExceptionType { //方法实现代码 }

其中，type 为方法的返回值类型，MethodName 是方法名，args 是方法的参数表。

【示例 7-6】 ExceptionDemo2.java。

```
class ExceptionDemo2{
    //throwsmethod 方法会抛出 IllegaAccessException 异常
    static void throwsmethod() throws IllegalAccessException{
        System.out.println("inside method");
        throw new IllegalAccessException("demo2");
    }
    public static void main(String args[]){
    try{
        throwsmethod();
    }
    catch(IllegalAccessException e) {
        System.out.println("caught" "+e);
    }
    }
}
```

程序运行结果：

    inside method

    caught: java.lang.IllegalAccessException: demo2

7.3　自定义异常处理类

程序中经常出现系统可以预见的错误，如 0 作为除数、数组下标越界、数据格式有误等，系统已定义了异常来处理这些常见错误。程序中还可能出现一些系统识别不了的运行错误，为了保证系统的稳定性，需要用户创建自己的异常和异常类，以便处理可能出现的异常。用户创建自己的异常通常使用下述步骤。

1. 创建异常类

创建异常类的格式如下：

```
class <异常类名> extends <父异常类名>{
    //类体
}
```

异常类的格式同一般类相同，即由类头和类体组成。在异常类的类头中，父异常类名可以是 Exception 类、Exception 类的子类和用户已定义的异常类。在异常类的类体中，可以定义用户异常类的属性和方法，也可以重载其父类的属性和方法，使之能够表示出可能出现的错误信息。例如，

```
class NumRanExcep extends Exception{
    private int i;
    NumRanExcep(int n);
    {   i=n; }
    public String toString()
    {
        return "NumRanExcep"+i;
    }
}
```

上面的程序中，NumRanExcep 是自定义的异常类的类名。该类体中定义了一个 int 型变量 i，还有带一个参数的构造方法和重载了父类的 toString()方法。

2. 抛出异常

为了实现抛出异常，需要将可能产生异常的方法定义为如下格式：

```
[<修饰符>] <类型><方法名><参数表>throws<异常类名>{
    ᠕
    throw<异常名>;
    ᠕
}
```

用户自定义的异常，系统是不会自动抛出的，用户必须通过 throw 语句进行抛出。该语句通常是在满足某种条件的情况下才抛出异常。例如，判断某个数据范围，在 1～10 之间为正常，超出该范围为不正常，将抛出 NumRanExcep 类的对象 e，可编写如下：

```
public int Add() throws NumRanExcep{
    int sum=0;
    try
    {
        if(d1<1||d2>10)
```

```
        {
            NumRanExcep e=new NumRanExcep("输入数值超越范围，请重新输入!");
            throw e;
        }
        N
    }
}
```

3. 捕获异常

捕获异常仍采用 try-catch-finally 语句格式。

【示例 7-7】 MyException.java 用户自定义异常类。

```java
class MyException extends Exception{
    MyException() { super();   }
    MyException(String s) {super(s);}
}
class exception2{
//声明可能抛出的异常
    static void shows(String s) throws MyException{
        if(s.equals("run")){System.out.println(s);}
        else if (s.equals("wrong")) {
            throw new MyException(s);   //抛出自定义异常
        }
    }
    public static void main(String[] args){
        try{
            shows("run");
            shows("wrong");
        }
        catch(MyException e) { //捕获自定义异常
            System.out.println("Catch MyException is:"+e); //捕获的自定义异常类型
            System.out.println("ExceptionObject is:"+e.getMessage());//捕获的自定义异常对象
        }
        finally{
            System.out.println("Program is end");
        }
    }
}
```

程序运行结果:

```
run
```

Catch MyException is: MyException: wrong

ExceptionObject is: wrong

Program is end

示例 7-7 的程序中，首先定义了一个异常类 MyException，它是 Exception 的子类，类体中声明了两个构造方法。在类 exception2 中使用 throw 语句抛出刚定义的异常类。throws 语句结合 shows 方法定义声明可能发生的异常并传递给调用 shows 方法的 main 方法。在 main 方法中，将调用 shows 方法的两个语句放在 try 块中，当出现异常时，由 catch 语句捕获，将自定义异常的类型和对象输出。

自定义异常类使得系统对特定错误的处理更灵活、更方便，对用户程序也起到很好的完善作用。

7.4 应 用 举 例

示例 7-8 通过对银行取钱业务中可能出现的取钱数目大于余额而引发的异常的处理，演示自定义异常、抛出异常和捕获异常的具体运用。在定义 Account 类时，将由取钱数目大于余额而引发的异常命名为 InsufficientFundsException。

算法分析：

(1) 本例是一个创建了处理存取款业务的程序。

(2) 对每一次业务，都显示办理状况的信息：成功或失败，失败(即引发异常)时报告失败原因。

(3) 首先，要确定异常只可能产生与取钱方法 withdrawal 中，处理异常安排在调用的时候，因此 withdrwal 方法要声明异常，由上级方法捕获并处理。

(4) 其次，产生异常的条件是余额少于取额，因此是否抛出异常要先判断该条件。

(5) 最后，要定义好自己的异常。

【示例 7-8】 TestExceptionDemo.java。

```
//定义自己的异常类 InsufficientFundsException
class InsufficientFundsException extends Exception
{
    private Account excepbank;   //定义私有类型的 Account 类的对象
    private double excepAmount;//定义用来记载取钱数目的变量
    // 构造函数
    InsufficientFundsException(Account ba, double dAmount)
    {
        excepbank=ba;
        excepAmount=dAmount;
    }
    //显示余额和取钱数目的方法
    public String toString()
```

```java
    {
        String str= "\nInsufficientFundsException:\n 您的余额为" + excepbank.getbalance()+ ",
需取出的数目为"+excepAmount;
        return str;
    }
}
//定义 Account 类
class Account
{
    double balance;   //balance  用来记载余额
    Account(double b)
    {
        balance=b;
    }
    public void deposite(double amount)    //存钱
    {
        if(amount>0.0)
            balance+=amount;
        System.out.println("存入"+amount+",余额为"+balance);
    }
    public void withdrawal(double dAmount) throws InsufficientFundsException
    //取钱
    {
        if (balance<dAmount)//余额小于取钱数目，抛出异常
        {
            throw new InsufficientFundsException(this, dAmount); //this 指 bank 本身
        }
        balance=balance-dAmount;
        System.out.println("\n 取钱成功！\n 取出" + dAmount+"后，余额为" + balance);
    }
    public double getbalance()    //获取余额
    {
        return balance;
    }
}
//定义 TextExceptionDemo 类
public class TestExceptionDemo
{
    public static void main(String args[]){
```

```
        try{
            Account ba=new Account(50);

            ba.deposite(100);

            ba.withdrawal(100);

            ba.withdrawal(70);

        }
        catch(Exception e)
        {
            System.out.println(e.toString());

        }
    }
}
```

程序运行结果:

存入 100.0,余额为 150.0

取钱成功!

取出 100.0 后，余额为 50.0

InsufficientFundsException:

您的余额为 50.0,需取出的数目为 70.0

程序分析:

InsufficientFundsException 为自定义异常类，它继承自 Exception 类，实现了当取钱数额大于账户余额时，显示出错信息。Account 类实现了设置账户余额、存钱和取钱的功能，在实现取钱功能的方法 withdrawal()中，当取钱数额大于账户余额时，引发并抛出 InsufficientFundsException 异常；否则，程序继续执行，并显示所取数额和账户余额。主类 TestExceptionDemo 中，使用了 try-catch 语句来捕获异常，并分别演示了取钱成功和不成功两种结果。

本 章 小 结

本章讨论了 Java 语言中异常处理的机制，主要有 try-catch-finally 语句、throws 子句及 throw 语句。try-catch-finally 语句用于在程序中对异常进行捕获与处理，throws 子句仅是一个说明性子句，仅表明该方法会抛出异常，调用者对说明的这些异常要加以关注与处理；而 throw 语句是一个真正的动作语句，它抛出 Throwable 类及其子类的异常对象。注意: throws 子句与 throw 语句之间的区别与联系。

习 题

1. 什么是异常？异常和错误有何区别？

2. 简述 Java 的异常处理机制。

3. Error 与 Exception 类分别代表何种异常?

4. 异常类有哪些常用的方法?

5. 举例说明哪种异常是由系统通过默认的异常处理程序进行处理的?

6. 在 Java 的异常处理机制中,语句 try、catch 和 finally 各起到什么作用?

7. 什么是抛出异常? 如何实现抛出异常? 语句 throw 的格式如何?

8. 用户如何创建自己的异常?

9. 自定义的异常类格式如何?

10. 编写程序,定义一个 circle 类,其中有求面积的方法,当圆的半径小于 0 时,抛出一个自定义的异常。

11. 编写程序,从键盘读入 5 个字符放入一个字符数组,并在屏幕上显示。在程序中处理数组越界的异常。

12. 编写 Java Application,要求从命令行以参数形式读入两个数据,计算它们的和,然后将和输出。对自定义异常 OnlyOneException 与 NoOprandException 进行编程。如果参数的数目不足,则显示相应提示信息并退出程序的执行。

第8章　图形用户界面

GUI(Graphical User Interface)是 Windows 操作系统提供的图形用户接口。本章主要介绍 Java 图形用户界面程序设计的方法，包括基本的 Java GUI 程序设计技术，对 Java GUI 程序设计基本原理、AWT 构件类和布局管理器进行了详细的论述，讲述基本的图形、图像处理功能以及简单动画的生成。

8.1　Java 图形用户界面

用户界面(UI)是程序同用户之间的所有交互的总称，它不仅包括用户所见到的部分，而且包括用户所听到的部分和所感觉到的部分。Java 语言提供了丰富的用户界面功能支持，其中图形用户界面(GUI)是 Java UI 的核心，也基本上是所有 Java 应用程序设计的一个重要基础。

8.1.1　AWT 组件概述

AWT(Abstract windows Toolkit)是抽象窗口程序包。Java 从 JDK1.0 开始就提供了有关图形用户界面设计的基础包。在 AWT 中，将图形用户界面设计中经常用到的按钮、滚动条、菜单和界面容器等都封装成独立的组件，并提供了委托-代理的事件处理机制。通过使用 AWT 提供的基本 GUI 组件和事件处理机制，可以创建具有丰富界面效果和交互功能的 Java 程序。

图 8-1 表示了所有 AWT 组件类(Component)的类层次结构。除了与菜单有关的组件类以外，所有组件类都是 AWT Component 类的子类，菜单类则是 AWT MenuComponent 类的子类。

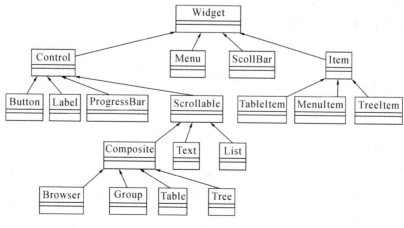

图 8-1　AWT 类层次结构图

8.1.2　Applet 程序

根据结构组成和运行环境不同，Java 应用程序分为两类：Java 应用程序(Java Application)和 Java 小程序(Java Applet)。Java 应用程序是完整的程序，需要独立的解释器来解释执行；而 Java 小程序则是嵌在 HTML 网页中的非独立程序，由 Web 浏览器内部包含的 Java 解释器解释执行。

在早期的 Java 中，Applet 通过 java.applet.Applet 类结合 java.awt 包中的图形组件实现，但功能有限而且不符合面向对象的思想。Java2 中用 javax.swing 包取代了 java.awt 包，并提供了类 Applet 的子类 Japplet 来实现 Applet，以支持 javax.swing 包中的图形组件。

下面的示例演示了一个简单的 Applet 程序的编写。

【示例 8-1】　SimpleApplet.java。

```java
import java.awt.*;
import java.applet.*;
public class SimpleApplet extends Applet{
    public void paint(Graphics g){
        g.drawString("Hello,World!",20,20);
    }
}
```

程序运行结果如图 8-2 所示。

图 8-2　示例 8-1 程序运行结果

8.2　事件处理

事件处理技术是用户界面设计中一个十分重要的技术，事件处理是否高效将直接影响到 GUI 程序设计的灵活性以及设计出的界面程序的功能和性能。AWT 1.1 中引入了一个新的事件处理模型——委托事件处理模型。这一事件处理模型具有很好的结构，并提供了灵活而强大的事件处理能力。

8.2.1　AWT 的委托事件模型

在新的事件处理模型中，事件由事件源(source)产生，一个事件源上可以注册一个或多个监听器(listeners)，它们可以响应特定的事件。这个模型又称为委托模型(delegation)，因为编程人员可以将事件处理的权利委托给任何一个实现了相应反应器接口的对象。另外，新的事件处理模型不仅可以处理事件，而且还可以生成事件。

1. AWT 事件处理的基本流程

在每个含有事件句柄的程序中，一般包含如下代码：

(1) 在事件句柄的 class 语句中，定义实现监听器接口的类(或者扩充一个已实现了监听器接口的类)，例如：

```java
public class MyClass implements ActionListener {}
```

(2) 将事件处理类的一个实例注册成一个或多个组件的反应器，例如：

    someComponent .addActionListener(instanceOfMyClass);

(3) 反应器接口方法的实现，例如：

    public void actionPerformed(ActionEvent e) { ...// 响应事件的代码}

下面的示例当程序运行时显示一个按钮，用户单击它时，就发出声音。

【示例 8-2】　BeeperDemo.java。

```java
import java .applet .applet;

import java .awt .Button;

import java .awt .Toolkit;

import java .awt .BorderLayout;

import java .awt .event .ActionListener;

import java .awt .event .ActionEvent;

// 实现了鼠标事件监听接口

public class BeeperDemo extends Applet implements ActionListener {

    Button button;

    public void init() {

        setLayout(new BorderLayout());

        button = new Button("Click Me");

        add("Center", button);

        button .addActionListener(this);    //注册事件监听器

    }

    public void actionPerformed(ActionEvent e){//事件响应过程

        Toolkit .getDefaultToolkit() .beep();

    }

}
```

图 8-3　示例 8-2 程序运行结果

程序运行结果如图 8-3 所示。

示例 8-2 中，BeeperDemo 类实现了 ActionListener 接口，它包括一个方法 actionPerformed，所以 Beeper 对象可以注册成为按钮产生的动作事件(action event)的反应器，注册之后，每次单击按钮时，就会调用 BeeperDemo 的 actionPerformed 方法处理事件。

2. 处理其他事件类型的例子

下面的示例当 Applet 运行后显示一个矩形边框和一个文本区。只要在矩形边框内产生一个鼠标事件(对鼠标进行操作，如单击按键、释放按键、进入、退出等) ，文本区就显示一个字符串描述这个产生的事件。

【示例 8-3】　MouseDemo.java。

```java
import java .applet .applet;

import java .awt .* ;

import java .awt .event .MouseListener;

import java .awt .event .MouseEvent;
```

```java
public class MouseDemo extends Applet implements MouseListener {
    BlankArea blankArea;
    TextArea textArea;
    static final int maxInt = java.lang.Integer.MAX_VALUE;
    public void init() {
        GridBagLayout gridbag = new GridBagLayout();
        GridBagConstraints c = new GridBagConstraints();
        setLayout(gridbag);
        c .fill = GridBagConstraints .BOTH;
        c .gridwidth = GridBagConstraints .REMAINDER;
        c .weightx = 1.0;
        c .weighty = 1.0;
        c .insets = new Insets(1, 1, 1, 1);
        blankArea = new BlankArea();
        gridbag .setConstraints(blankArea, c);
        add(blankArea);
        c .insets = new Insets(0, 0, 0, 0);
        textArea = new TextArea(5, 20);
        textArea .setEditable(false);
        gridbag .setConstraints(textArea, c);
        add(textArea);
        blankArea .addMouseListener(this); // 注册鼠标事件反应器
        addMouseListener(this);
    }
    public void mousePressed(MouseEvent e) {
        saySomething("Mouse button press", e);
    }
    public void mouseReleased(MouseEvent e) {
        saySomething("Mouse button release", e);
    }
    public void mouseEntered(MouseEvent e) {
        saySomething("Cursor enter", e);
    }
    public void mouseExited(MouseEvent e) {
        saySomething("Cursor exit", e);
    }
    public void mouseClicked(MouseEvent e) {
        saySomething("Mouse button click", e);
    }
```

```
    void saySomething(String eventDescription, MouseEvent e) {
        textArea.append(eventDescription+"detected on "
                + e .getComponent() .getClass() .getName()+".\n");
        textArea .setCaretPosition(maxInt);
    }
    class BlankArea extends Canvas {
        Dimension minSize = new Dimension(100, 100);
    }
    public Dimension getMinimumSize() {
        return minSize;
    }
    public Dimension getPreferredSize() {
        return minSize;
    }
    public void paint(Graphics g) {
        Dimension size = getSize();
        g .drawRect(0, 0, size .width - 1, size .height - 1);
    }
}
```

程序运行结果如图 8-4 所示。

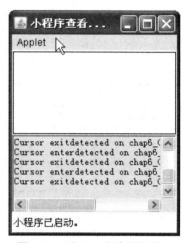

图 8-4　示例 8-3 程序运行结果

8.2.2　AWTEvent 事件类

1. 基本事件类

AWT 事件基本上可以分为两类：低层事件和语义事件。低层事件是与窗口系统的显示和低层输入相关的事件。例如，鼠标事件和按键事件都属于低层事件，因为它们直接来自用户输入。组件事件、容器事件、输入焦点事件和窗口事件也都是低层事件。组件事件反映组件的位置、尺寸和可视性的改变；容器事件通知程序容器加入或移出了组件；输入焦点事件通知用户组件获得或失去键盘输入焦点——从键盘接收按键的能力；窗口事件反映各种窗口(如 Dialog 或 Frame)的基本状态。鼠标事件又分成两组：鼠标移动事件和所有其他鼠标事件，这是因为鼠标移动事件产生的频率很高，需要占用大量系统资源，将一般的鼠标事件同鼠标移动事件分开处理可以提高系统性能。

语义事件包括动作事件(action event)、调整事件(adjustment event)、选项事件(itemevent)和文本事件(text event)，这些事件都是在组件特定的交互过程中产生的。例如，当用户单击一个按钮时，就产生一个动作事件；当用户双击列表中的一项时，也产生一个动作事件；当用户改变了滚动条的值时，就产生一个调整事件；当用户选择了一组项目(如选择列表)中的一项时，就会产生一个选项事件；当文本区或文本域中的文本改变了时就会产生一个文本事件。

各种 AWT 的标准事件监听器接口如表 8-1 所示。

表 8-1 各种 AWT 标准事件监听器接口

事件监听器接口	适配器类	方　法
ActionListener	none	actionPerformed(ActionEvent)
AdjustmentListener	none	adjustmentValueChanged(AdjustmentEvent)
ComponentListener	ComponentAdapter	componentHidden(ComponentEvent)
		componentMoved(ComponentEvent)
		componentResized(ComponentEvent)
		componentShown(ComponentEvent)
ContainerListener	ContainerAdapter	componentAdded(ContainerEvent)
		componentRemoved(ContainerEvent)
FocusListener	FocusAdapter	focusGained(FocusEvent)
		focusLost(FocusEvent)
ItemListener	none	itemStateChanged(ItemEvent)
KeyListener	KeyAdapter	keyPressed(KeyEvent)
		keyReleased(KeyEvent)
		keyTyped(KeyEvent)
MouseListener	MouseAdapter	mouseClicked(MouseEvent)
		mouseEntered(MouseEvent)
		mouseExited (MouseEvent) mousePressed (MouseEvent)
		mouseReleased(MouseEvent)
MouseMotionListener	MouseMotionAdapter	mouseDragged(MouseEvent)
		mouseMoved(MouseEvent)
TextListener	none	textValueChanged(TextEvent)
WindowListener	WindowAdapter	windowActivated(WindowEvent)
		windowClosed(WindowEvent)
		windowClosing(WindowEvent)
		windowDeactivated(WindowEvent)
		windowDeiconified(WindowEvent)
		windowIconified(WindowEvent)
		windowOpened(WindowEvent)

2. ActionEvent 类

actionPerformed 方法只有一个参数：一个 ActionEvent 对象。ActionEvent 类定义了两个十分有用的方法：

(1) getActionCommand。返回与事件相关的字符串，这个字符串通常是产生事件的组件的标志，或者是组件内被选项的标志。

(2) getModifiers。返回当事件产生时的功能修改键的状态，可以使用常数 Action-Event.

SHIFT-MASK 、 ActionEvent.CTRL-MASK 、 ActionEvent.META-MASK 和 ActionEvent.ALT-MASK 判断哪个键按下了。例如，如果用户按着 Shift 键选择了一个菜单项，则如下表达式非 0：

actionEvent .getModifiers() & ActionEvent .SHIFT - MASK

另一个有用的方法是 getSource 方法，它返回产生动作事件的对象，它是在 Action-Event 类的超类 EventObject 类中定义的。

【示例 8-4】 MouseDemo.java。

```java
package com.java.learn;
import javax.swing.*;
import java.awt.*;
import java.awt.event.*;
public class MouseDemo
{
    //定义该图形中所需的组件的引用
    private Frame f;
    private Button bt;

    //方法
    MouseDemo()//构造方法
    {
        madeFrame();
    }

    public void madeFrame()
    {
        f = new Frame("My Frame");

        //对 Frame 进行基本设置
        f.setBounds(300,100,600,500);//对框架的位置和大小进行设置
        f.setLayout(new FlowLayout(FlowLayout.CENTER,5,5));//设计布局

        bt = new Button("My Button");

        //将组件添加到 Frame 中
        f.add(bt);

        //加载一下窗体上的事件
        myEvent();
```

```java
        //显示窗体
        f.setVisible(true);
    }

    private void myEvent()
    {
        f.addWindowListener(new WindowAdapter()//窗口监听
        {
            public void windowClosing(WindowEvent e)
            {
                System.out.println("窗体执行关闭！");
                System.exit(0);
            }
        }

        bt.addActionListener(new ActionListener()//按钮监听
        {
            public void actionPerformed(ActionEvent e)
            {
                System.out.println("按钮活动了！");
            }
        }
        bt.addMouseListener(new MouseAdapter()//鼠标监听
        {
            private int count = 1;
            private int mouseCount = 1;
            public void mouseEntered(MouseEvent e)
            {
                System.out.println("鼠标监听"+count++);
            }
            public void mouseClicked(MouseEvent e)
            {
                if(e.getClickCount()==2)
                    System.out.println("鼠标被双击了");
                else System.out.println("鼠标被点击"+mouseCount++);
            }
        }
    }
```

```
        public static void main(String[] agrs)
        {
            new MouseDemo();
        }
    }
```

程序运行结果如图 8-5 所示。

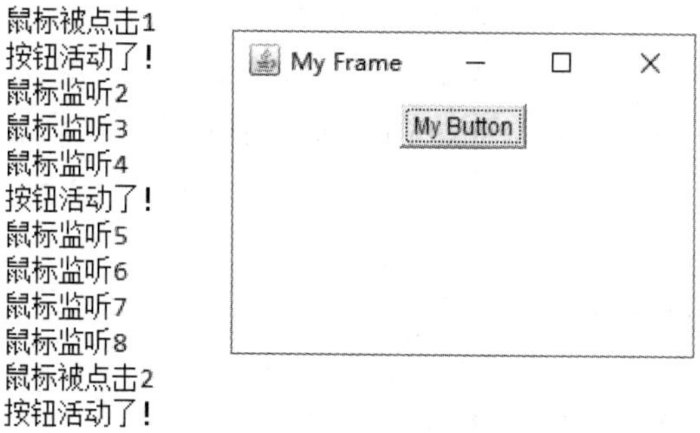
鼠标被点击1
按钮活动了！
鼠标监听2
鼠标监听3
鼠标监听4
按钮活动了！
鼠标监听5
鼠标监听6
鼠标监听7
鼠标监听8
鼠标被点击2
按钮活动了！
My Frame
My Button

图 8-5　示例 8-4 程序运行结果

8.2.3　事件监听器接口和事件适配器类

1. 基本处理过程

大部分 AWT 监听器接口(ActionListener 除外)包含了不止一个方法。例如，MouseListener 接口包含五个方法：mousePressed、mouseReleased、mouseEntered、mouseExited 和 mouseClicked 方法。如果使用的类直接实现 MouseListener 接口，就必须实现所有的 MouseListener 方法，例如：

```
// 未使用适配器的例子 MyClass implements MouseListener {
    M
    someObject .addMouseListener(this);
    M
    /* 定义空方法*/
    public void mousePressed(MouseEvent e) {
    }
    /* 定义空方法*/
    public void mouseReleased(MouseEvent e) {
    }
    /* 定义空方法*/
    public void mouseEntered(MouseEvent e) {
    }
    /* 定义空方法*/
    public void mouseExited(MouseEvent e) {
    }
```

```
        public void mouseClicked(MouseEvent e) {
            M
            // 实现事件的处理
        }
    }
```

这样会使得代码可读性很差。为此，AWT 为每个具有多于一个方法的反应器接口提供了一个相应的适配器类，它实现了对应接口的所有空方法。例如，MouseAdapter 类实现 MouseListener 接口，就可以从适配器继承而不用直接从反应器接口继承，但仍实现全部的反应器接口方法。例如，通过扩展 MouseAdapter 适配器类，就继承了 MouseListener 接口包含的五个方法。

```
    /** 使用适配器的例子*/
    MyClass extends MouseAdapter {
        M
        someObject .addMouseListener(this);
        M
```

如果写一个 Applet，并且想让 Applet 子类包含一些处理鼠标事件的代码。因为 Java 语言不支持多态继承，这使得生成的类不能同时从 Applet 类和 mouseAdapter 类继承。解决的办法是定义一个内部类(inner class)，即 Applet 子类中的一个类，来扩充 MouseAdapter 类。

```
    // 使用内部类的例子
    MyClass extends Applet {
        M
        someObject .addMouseListener(new MyAdapter());
        M
        class MyAdapter extends MouseAdapter {
            public void mouseClicked(MouseEvent e) {
                M
                // 事件处理代码...
            }
        }
    }
```

2. 组件事件监听器

当组件成为隐藏或可见时，在组件移动或改变大小时，就会产生一个到多个组件事件。注意：不能使用组件事件来管理基本的布局和显式。组件隐藏事件和组件可见事件只有在调用了组件的 setVisible 方法后才产生。例如，窗口最小化为一个图标时就不产生组件隐藏事件。

ComponentListener 接口和它相应的适配器类 ComponentAdapter 包含四个方法：

(1) void componentHidden(ComponentEvent)。 当监听的事件由于调用 setVisible 方法而隐藏时被 AWT 调用。

(2) void componentMoved(ComponentEvent)。当组件相对于容器移动时被 AWT 调用。例如，如果窗口移动了，窗口产生一个组件移动事件，而它包含的组件不产生组件移动事件。

(3) void componentResized (ComponentEvent)。当监听的组件改变大小时由 AWT 调用。

(4) void componentShown(ComponentEvent)。当组件成为可见时被 AWT 调用。

下面的示例说明了 Applet 中组件事件的处理过程：

【示例 8-5】　ComponentDemo.java。

```java
import java.applet.applet;
import java.awt .* ;
import java.awt.event .* ;
public class ComponentDemo extends Applet implements ComponentListener {
    TextArea display;
    Frame someFrame;
    public void init() {
        someFrame = new SomeFrame(this); setLayout(new BorderLayout());
        display = new TextArea(5, 20);
        display .setEditable(false);
        add("Center", display);
    }
    public void stop() {
        someFrame .setVisible(false);
    }
    public void start() {
        someFrame .setVisible(true);
    }
    protected void displayMessage(String message) {
        try {
            display .append(message +"\n");
        }
        catch (Exception e)
        {
        }
        System .out .println(message);
    }
    // 组件被隐藏时
    public void componentHidden(ComponentEvent e) {
        displayMessage("componentHidden event from"+ e .getComponent() .getClass() .getName());
    }
    // 组件被移动时
    public void componentMoved(ComponentEvent e) {
```

```
            displayMessage("componentMoved event from"+ e .getComponent() .getClass() .getName ());
        }
        // 组件大小变化时
        public void componentResized(ComponentEvent e) {
            displayMessage("componentResized event from" + e .getComponent() .getClass() .getName());
        }
        // 组件被显示时
        public void componentShown(ComponentEvent e) {
            displayMessage("componentShown event from" + e .getComponent() .getClass() .getName());
        }
    }
    class SomeFrame extends Frame implements ItemListener {
        Label label;
        Checkbox checkbox;
        SomeFrame(ComponentListener listener) {
            super("SomeFrame");
            label = new Label("This is a Label", Label .CENTER);
            add("Center", label);
            checkbox = new Checkbox("Label visible", true);
            checkbox .addItemListener(this);
            add("South", checkbox);
            label .addComponentListener(listener);
            checkbox .addComponentListener(listener);
            this .addComponentListener(listener);
            pack();
        }
        public void itemStateChanged(ItemEvent e) {
            if (e .getStateChange() == ItemEvent .SELECTED) {
                label .setVisible(true);
            }
            else {
                label .setVisible(false);
            }
        }
    }
```

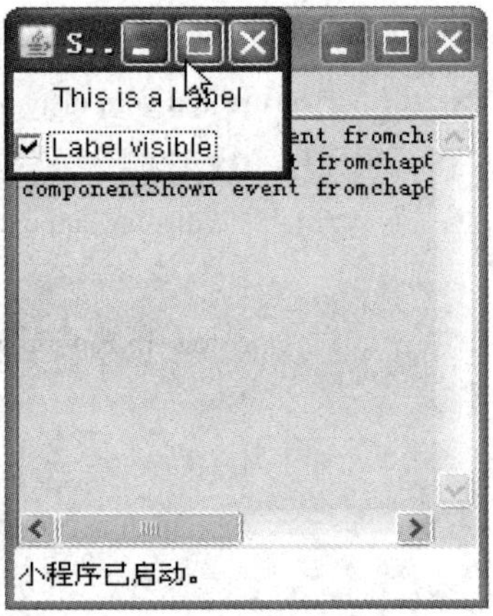

图 8-6　示例 8-5 程序运行结果

程序运行结果如图 8-6 所示。

3. 键盘事件监听器

当用户使用键盘输入时就会产生键盘事件。特别地，键盘事件是在用户按下键盘键或释放键盘键时由具有键盘输入焦点的组件产生的。

有两种键盘事件：输入一个 Unicode 字符和按下或释放键盘上的一个键。第一类事件称为输入键盘事件(key typed event)，第二类事件称为按键(key pressed)或松键(key released)事件。通常使用输入键盘事件就足够了，除非需要知道用户按键状态而不响应输入的字符时才使用按键事件和松键事件。例如，如果要获得什么时候用户输入了某些 Unicode 字符，包括那些由组合按键输入的字符，就只需监听输入键盘事件；而如果想获得用户何时按下了 F1 键，就需要使用按键或松键事件。

如果需要检查由定制组件产生的键盘事件，注意要保证组件请求了键盘输入焦点；否则，组件得不到输入焦点就无法产生事件。

KeyListener 接口和它的适配器类 KeyAdapter 包含了三个方法：

(1) void keyTyped(KeyEvent)。当用户在监听的组件内输入了一个 Unicode 时由 AWT 调用。

(2) void keyPressed(KeyEvent)。当用户按下了键盘上的一个键时由 AWT 调用。

(3) void keyReleased(KeyEvent)。当用户释放了键盘上的一个键时由 AWT 调用。

下面的示例说明了 Applet 中键盘事件的处理。

【示例 8-6】 KeyDemo.java。

```java
import java.applet.applet;
import java.awt.* ;
import java.awt.event .* ;
public class KeyDemo extends Applet implements KeyListener, ActionListener {
    TextArea displayArea;
    TextField typingArea;
    public void init() {
        Button button = new Button("Clear");
        button .addActionListener(this);
        typingArea = new TextField(20);
        typingArea.addKeyListener(this);
        displayArea = new TextArea(5, 20);
        displayArea .setEditable(false);
        setLayout(new BorderLayout());
        add("Center", displayArea);
        add("North", typingArea);
        add("South", button);
    }
    /**处理键盘输入事件*/
    public void keyTyped(KeyEvent e) {
        displayInfo(e, "KEY TYPED:");
    }
    /** 处理按键事件*/
```

```java
public void keyPressed(KeyEvent e) {
    displayInfo(e, "KEY PRESSED:");
}
/**处理松键事件*/
public void keyReleased(KeyEvent e) {
    displayInfo(e, "KEY RELEASED:");
}
/**处理按钮单击*/
public void actionPerformed(ActionEvent e) {
    displayArea .setText("");
    typingArea .setText("");
    typingArea .requestFocus();
}
protected void displayInfo(KeyEvent e, String s){
    String charString, keyCodeString, modString, tmpString;
    char c = e .getKeyChar();
    int keyCode = e .getKeyCode();
    int modifiers = e .getModifiers();
    if (Character .isISOControl(c)) {
        charString = "key character = (an unprintable control character)";
    }
    else {
        charString = "key character = '"+ c + "'";
    }
    keyCodeString = "key code = "+ keyCode + "("
        + KeyEvent .getKeyText(keyCode)+ ")";
    modString = "modifiers ="+ modifiers;
    tmpString = KeyEvent .getKeyModifiersText(modifiers);
    if (tmpString.length()>0){
        modString += "("+ tmpString + ")";
    }
    else {
        modString += "(no modifiers)";
    }
    displayArea.append(s + "\n"+charString+
        "\n"+ keyCodeString+ "\n"+ modString+ "\n");
}
}
```

程序运行结果如图 8-7 所示。

图 8-7　示例 8-6 程序运行结果

8.3　布 局 管 理

在 Java 程序设计中，平台独立性是一个十分重要的特性，Java GUI 程序也不例外。为了保持组件的平台独立性，AWT 中引入了 peer 模型来实现，但这还不足以保证 GUI 程序的平台独立性，因为平台的不同会使得组件在屏幕上的布局特性(组件的大小和位置等特性)不同，所以 Java AWT 中引入了布局管理器来控制组件的布局，以实现组件布局的平台独立性。使用布局管理器进行组件布局也使得组件的布局管理更加规范，更加方便。本节将详细讲述各种 AWT 布局管理器的特性和使用技术，以及如何生成定制的布局管理器和不使用布局管理器而直接指定组件的绝对位置和大小的方法。

1. 选择布局管理器

AWT 提供的各种布局管理器各有其适用场合，这里介绍一些常用的布局方案，以及相应的 AWT 布局管理器。

(1) 用最大空间显示每个组件。考虑使用 BorderLayout 和 GridBagLayout 布局管理器。如果使用 BorderLayout 布局管理器，需要把空间需要最大的组件放在中间；如果使用 GridBagLayout 布局管理器，则需要设置组件参数 fill = GridBagConstraints .BOTH；另外，如果可以每个组件都同空间需要的最大组件一样大，也可以使用 GridLayout 布局管理器。

(2) 按照组件的大小在一行中紧缩地显示一排组件。考虑使用底板装载这些组件并使用底板的缺省 FlowLayout 布局管理器。

(3) 在一行或一列中显示一些同样大小的组件。GridLayout 布局管理器最合适。

2. 将布局管理器与容器链接

每个容器有一个缺省的布局管理器。所有的底板(包括 Applet)初始化使用 FlowLayout 布局管理器，所有的窗口(除了 FileDialog 类的特殊窗口)初始化使用 BorderLayout 布局管理器。用户不需要做任何工作就可以使用容器的缺省布局管理器，每个容器的构造方法自动生成一个缺省的布局管理器实例并使用它。

如果用户使用一个非缺省的布局管理器，则需要生成所要的布局管理器类的一个实例并告诉容器使用它。下面为一段典型的代码，它生成一个 CardLayout 布局管理器实例并把它设置成容器的布局管理器。

```
Container .setLayout(new CardLayout());
```

3. 布局管理器的调用

调用容器的布局管理器的容器方法有：add()、remove()、removeAll()、layout()、preferredSize()和 minimumSize()方法。add()和 remove()方法从容器中加入或移去组件，可以在任何时候调用它们。layout()方法一般由于响应对容器的绘制请求而被调用，它请求容器重新布局自身和它包含的组件，此方法通常不能直接被调用。PreferredSize() 和 minimumSize()方法返回容器的最佳尺寸和最小尺寸，返回的值只是一种建议，除非程序中使用这些值；否则，无任何作用。

8.3.1　BorderLayout 布局管理器

BorderLayout 布局是一种 TNT 样式的边框布局，其内部包含了"North"、"South"、"East"、"West"和"Center"五个成员，"North"、"South"、"East"、"West"均依据预先设定的大小和容器大小情况设计布局，而"Center"则占据其余四个成员剩余的空间。如图 8-8 所示，如果扩大窗口，Center 区域就会尽可能地占用新的可用区域，其他区域的扩充只是为了把可用区域填满。

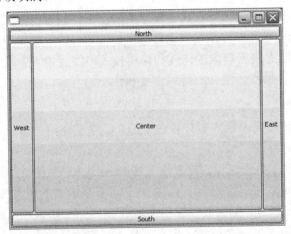

图 8-8　BorderLayout 布局管理器

BorderLayout 类有两个构造函数。

(1) public BorderLayout()：构建一个默认方式的 BorderLayout 布局管理器。

(2) public BorderLayout(int hqap , int vgap)：构建一个 BorderLayout 布局管理器并指定水平和垂直间距，其中 hqap 为水平间距，vgap 为垂直间距。

BorderLayout 类的成员方法包括以下几种。

(1) public void addLayoutComponent(St ring compName , Component comp)：把给定的组件命名为 compName，并加入到布局管理器对象中。

(2) public void removeLayoutComponent(Component comp)：从布局管理器中删除给定的组件。

(3) public Dimension minimumLayoutSize(Container target)：计算并返回把组件安排在给定的目标容器所需的最小空间。

(4) public Dimension prefer redLayoutSize(Container target)：计算并返回把组件安排在给定的目标容器所需的最佳空间。

(5) public void layoutContainer(Container target)：安排给定容器内的组件布局。

(6) public String toSt ring()：把 BorderLayout 类的值转换成字符串并返回此字符串。

8.3.2　CardLayout 布局管理器

CardLayout 布局是一种卡片式的布局，一个容器中可以加入多个卡片，但每次只有一个卡片可见。

CardLayout 类的构造函数有以下两个。

(1) public CardLayout()：新建一个卡片布局管理器。

(2) public CardLayout(int hgap , int vgap)：新建一个卡片布局管理器，hgap 和 vgap 分别为卡片之间的水平和竖直距离。

CardLayout 类的成员方法包括以下几种。

(1) public void addLayoutComponent(St ring compName , Component comp)：把给定的组件命名为 compName，并加入到布局管理器对象中。

(2) public void removeLayoutComponent(Component comp)：从布局管理器中删除给定的组件。

(3) public Dimension minimumLayoutSize(Container target)：计算并返回把组件安排在给定的目标容器所需的最小空间。

(4) public Dimension prefer redLayoutSize(Container target)：计算并返回把组件安排在给定的目标容器所需的最佳空间。

(5) public void layoutContainer(Container target)：安排给定容器内的组件布局。

(6) public void first(Container parent)：切换到第一个卡片。

(7) public void next(Container parent)：切换到下一个卡片。

(8) public void previous(Container parent)：切换到前一个卡片。

(9) public void last(Container parent)：切换到最后一个卡片。

(10) public void show(Container parent , St ring component - name)：切换到指定容器内的给定组件。

(11) public String toSt ring()：把 CardLayout 类的值转换成字符串并返回此字符串。

CardLayout 布局管理器管理的组件像一堆卡片，每次只有顶层的卡片可见，用户可以按如下几种方式选择卡片显示：

(1) 按照加入容器的顺序寻找第一个卡片或最后一个卡片；

(2) 向前或向后翻动卡片；

(3) 用一个特定的名字指定一个卡片。特别地，用户可以从一个选择列表中选择一个名字来选择相应的卡片。

【示例 8-7】 CardWindow.java。

```java
import java .awt .* ;
public class CardWindow extends Frame {
    private boolean inAnApplet = true;
    Panel cards;
    final static String BUTTONPANEL = "Panel with Buttons";
    final static String TEXTPANEL = "Panel with TextField";
    public CardWindow() {
        setLayout(new BorderLayout());
        setFont(new Font("Helvetica", Font .PLAIN, 14));
        // 创建选择列表
        Panel cp = new Panel();
```

```
        Choice c = new Choice();
        c .addItem(BUTTONPANEL);
        c .addItem(TEXTPANEL);
        cp .add(c);
        add("North", cp);
        cards = new Panel();
        cards .setLayout(new CardLayout());
        Panel p1 = new Panel();
        p1 .add(new Button("Button 1"));
        p1 .add(new Button("Button 2"));
        p1 .add(new Button("Button 3"));
        Panel p2 = new Panel();
        p2 .add(new TextField("TextField", 20));
        cards .add(BUTTONPANEL, p1);
        cards .add(TEXTPANEL, p2);
        add("Center", cards);
    }
    public boolean action(Event evt, Object arg) {
        if (evt .target instanceof Choice){
            ((CardLayout)cards .getLayout()).show(cards,(String)arg);
            return true;
        }
        return false;
    }
    public boolean handleEvent(Event e) {
        if (e.id == Event.WINDOW_DESTROY)
        {
            if (inAnApplet) {
                dispose();
                return true;
            }
            else {
                System .exit(0);
            }
        }
        return true;
    }
    public static void main(String args[]) { CardWindow window = new CardWindow();
        window .inAnApplet = false;
```

```
        window .setTitle("CardWindow Application");
        window .pack();
        window .show();
    }
}
```

程序运行结果如图 8-9 所示。

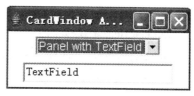

图 8-9　示例 8-7 程序运行结果

8.3.3　FlowLayout 布局管理器

FlowLayout 布局是一种面板式的布局，用以设计面板上的按钮布局。

FlowLayout 类具有三个构造函数。

(1) public FlowLayout()：创建一个采用居中对齐方式的 FlowLayout 布局管理器对象。

(2) public FlowLayout(int align)：创建一个 FlowLayout 布局管理器对象，它采用 align 指定的对齐方式。

(3) public FlowLayout(int align , int hgap , int vgap)：创建一个 FlowLayout 布局管理器对象，它采用参数所指定的对齐方式、水平和竖直间距。

参数 align 必须是 FlowLayout .LEFT、FlowLayout .CENTER 或 FlowLayout .RIGHT。参数 hgap 和 vgap 指定组件间间隔的像素数，如果没有指定间隔值，缺省为 5。

FlowLayout 类的成员方法包括以下几种。

(1) public void addLayoutComponent (St ring compName , Component comp)：把给定的组件命名为 compName，并加入到布局管理器对象中。

(2) public void removeLayoutComponent (Component comp)：从布局管理器中删除给定的组件。

(3) public Dimension minimumLayoutSize(Container target)：计算并返回把组件安排在给定的目标容器所需的最小空间。

(4) public Dimension prefer redLayoutSize(Container target)：计算并返回把组件安排在给定的目标容器所需的最佳空间。

(5) public void layoutContainer (Container target)：安排给定容器内的组件布局。

(6) public String toSt ring()：把 FlowLayout 类的值转换成字符串并返回此字符串。

FlowLayout 布局管理器按照组件最佳尺寸把组件放置在一行中。如果容器的水平空间太小，不足以放置所有的组件，FlowLayout 布局管理器就使用多行显示来放置组件。在每行中，组件都可以指定为居中、左对齐或右对齐。

【示例 8-8】　FlowWindow.java。

```
    import java .awt .* ;
```

```java
public class FlowWindow extends Frame {
    private boolean inAnApplet = true;
    public FlowWindow() {
        setLayout(new FlowLayout());
        setFont(new Font("Helvetica", Font .PLAIN, 14));
        add(new Button("Button 1"));
        add(new Button("2"));
        add(new Button("Button 3"));
        add(new Button("Long - Named Button 4"));
        add(new Button("Button 5"));
    }
    public boolean handleEvent(Event e) {
        if (e .id == Event.WINDOW_DESTROY)
        {
            if (inAnApplet)
            {
                dispose();
                return true;
            }
            else
            {
                System .exit(0);
            }
        }
        return super .handleEvent(e);
    }
    public static void main(String args[]) {
        FlowWindow window = new FlowWindow();
        window.inAnApplet = false;
        window.setTitle("FlowWindow Application");
        window.pack();
        window.show();
    }
}
```

程序运行结果如图 8-10 所示。

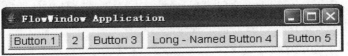

图 8-10　示例 8-8 程序运行结果

8.3.4 GridLayout 布局管理器

GridLayout 布局是一种网格式的布局。

GridLayout 类的构造函数有两个。

(1) public GridLayout (int rows, int cols)：以给定的行、列为参数创建一个 GridLayout 布局管理器对象。

(2) public GridLayout (int rows , int cols, int hgap , int vgap)：以给定的行、列以及水平、竖直间距为参数创建一个 GridLayout 布局管理器对象。参数 rows 和参数 cols 至少有一个非零，第二个构造方法的参数 hgap 和 vgap 用来指定单元间的像素数，如果没有指定间隔，缺省为 0。

GridLayout 类的成员方法包括以下几种。

(1) public void addLayoutComponent (St ring compName , Component comp)：把给定的组件命名为 compName，并加入到布局管理器对象中。

(2) public void removeLayoutComponent (Component comp)：从布局管理器中删除给定的组件。

(3) public Dimension minimumLayoutSize(Container target)：计算并返回把组件安排在给定的目标容器所需的最小空间。

(4) public Dimension prefer redLayoutSize(Container target)：计算并返回把组件安排在给定的目标容器所需的最佳空间。

(5) public void layoutContainer (Container target)：安排给定容器内的组件布局。

(6) public String toString()：把 GridLayout 类的参数值转换成字符串并返回此字符串。

【示例 8-9】 GridWindow.java。

```java
import java.awt .* ;
public class GridWindow extends Frame {
    private boolean inAnApplet = true;
    public GridWindow() {
        setLayout(new GridLayout(0,2));
        setFont(new Font("Helvetica", Font .PLAIN, 14));
        add(new Button("Button 1"));
        add(new Button("2"));
        add(new Button("Button 3"));
        add(new Button("Long-Named Button 4"));
        add(new Button("Button 5"));
    }
    public boolean handleEvent(Event e) {
        if (e .id == Event.WINDOW_DESTROY)
        {
            if (inAnApplet) {
                dispose();
```

```
                return true;
            }
            else {
                System .exit(0);
            }
        }
        return super .handleEvent(e);
    }
    public static void main(String args[]) {
        GridWindow window = new GridWindow();
        window.inAnApplet = false;
        window.setTitle("GridWindow Application");
        window.pack();
        window.show();
    }
}
```

程序运行结果如图 8-11 所示。

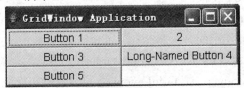

图 8-11 示例 8-9 程序运行结果

如图 8-11 所示，GridLayout 布局管理器将组件布局在单元格中，每个组件占用单元格中所有的可用空间，每个单元的大小相同。如果调整 GridLayout 布局管理器窗口的大小，GridLayout 布局管理器将改变单元的大小使得单元尽可能大。

8.3.5 GridBagLayout 布局管理器

GridBagLayout 布局是一种非常灵活的布局，它可以使大小各异的组件实现水平或竖直对齐。每个 GridBagLayout 布局将容器分成由单元格组成的网格，每个组件占据一到多个单元格。

GridBagLayout 类只有一个构造函数：public GridBagLayout()。

GridBagLayout 类的成员方法包括以下几种。

(1) public void setConst raints(Component comp, GridBagConstraints constraints)：为指定组件设置约束。

(2) public GridBagConst raints getConst raints(Component comp)：返回指定组件所用的约束的一份拷贝。

(3) public GridBagConst raints lookupConstraints(Component comp)：返回指定组件所用的约束类。

(4) public void addLayoutComponent(St ring compName, Component comp)：把给定的组件命名为 compName，并加入到布局管理器对象中。

(5) public void removeLayoutComponent(Component comp)：从布局管理器中删除给定的组件。

(6) public Dimension minimumLayoutSize(Container target)：计算并返回把组件安排在给定的目标容器所需的最小空间。

(7) public Dimension prefer redLayoutSize(Container target)：计算并返回把组件安排在给定的目标容器所需的最佳空间。

(8) public void layoutContainer(Container target)：安排给定容器内的组件布局。

(9) public String toSt ring()：把 GridBagLayout 类的值转换成字符串并返回此字符串。

(10) protected void DumpLayout Info(GridBagLayoutInfo s)：打印显示布局信息，一般用于调试。

(11) protected void DumpConstraints(GridBagConstraints const raints)：打印显示布局的约束条件，一般用于调试。

(12) protected GridBagLayoutInfo GetLayoutInfo(Container parent , int sizeflag)：获取布局信息。

(13) protected void AdjustForGravity(GridBagConst raints const raints , Rectangle r)：根据约束几何结构和填充将 x、y、宽度和高度四个字段调整为正确值。

(14) protected Dimension GetMinSize(Container parent , GridBagLayoutInfo info)：基于 getLayoutInfo 中的信息计算其所有者中的最小值。

(15) protected void ArrangeGrid(Container parent)：布置网格。

事实上，GridBagLayout 管理的每个组件存在一个对应的 GridBagConstraints 对象，通过这个 GridBagConstraints 对象来安排其在显示区的布局。GridBagLayout 布局管理器安排组件布局的具体方式取决于每个组件所对应的 GridBagConstraints 对象、它的最小尺寸以及该组件在容器中的最佳尺寸。

GridBagConstraints 类的构造函数为 public GridBagConst raints()。

GridBagConstraints 类的成员方法有两个。

(1) public Object clone()：覆盖 Object 类的同名方法。

(2) public void copy(Object src)： 把对象 src 的内容拷贝到容器对象。

下面是使用 GridBagLayout 布局管理器的容器中的典型代码：

```
GridBagLayout gridbag = new GridBagLayout();
GridBagConstraints c = new GridBagConstraints();
setLayout(gridbag);
// 对每个组件，生成组件并设置 GridBagConstraints 对象
gridbag .setConstraints(theComponent, c);
add(theComponent);
```

因为 GridBagLayout 布局管理器抽取了限制参数值后就不再使用 GridBagConstraints 对象了，所以虽然组件有不同的限制参数，用户仍可以在多个组件间重用同样的 GridBag-Constraints 对象，但必须在必要时重新设置 GridBagConstraints 对象中实例变量的值。

用户可以设置的 GridBagConstraints 对象的实例变量包括：

(1) gridx、gridy 用来指定组件左上角的行号、列号，最左列地址 gridx = 0，最上行地址 gridy = 0。使用 GridBagConst raints .RELATIVE 指定组件放置在前一个被放置的组件的右边(gridx)还是下边(gridy)。

(2) gridwidth、gridheight 用来指定组件显示区的行数(对于 gridwidth)和列数(对于 gridheight)。注意：它们指定的是组件使用的单元数，不是像素数，缺省值为 1。使用 GridBagConst raints. REMAINDER 指定组件是本行(对于 gridwidth)或本列(对于 gridheight)中的最后一个组件。使用 GridBagConstraints .RELATIVE 指定组件为本行(对于 gridwidth)或本列(对于 gridheight)中的下一个组件。当组件的显示区大于组件显示所需的尺寸时，用来决定组件是否可以调整大小以及如何调整。gridwidth、gridheight 有效值为 GridBagConst raints . NONE(缺省值)、GridBagConstraints .HORIZONTAL(使组件足够宽以达到水平填充显示区，但不改变高度)、GridBagConstraints .VERTICAL(使组件足够高以达到竖直填充显示区，但不改变宽度)、GridBagConstraints .BOTH(使组件完全填充显示区)。

(3) ipadx、ipady 用来指定内部填充的最小尺寸、缺省值是 0。组件宽度至少为最小宽度加 ipadx *2 像素，高度至少为最小高度加 ipady * 2 像素。

(4) insets 指定组件的外部填充，指组件和它的显示区边沿之间的最小空间。此值是一个 Insets 对象，缺省为组件没有外部填充。

(5) anchor 当组件比它的显示区小时决定在哪里放置组件。有效值为 GridBagConstraints. CENTER(缺省值)、GridBagConst raints .NORTH、GridBagConstraints .NORTHEAST、GridBagConst raints .EAST 、 GridBagConstraints .SOUTHEAST 、 GridBagConst raints .SOUTH 、 GridBagConstraints .SOUTHWEST 、 GridBagConst raints .WEST 和 GridBagConstraints .NORTHWEST。

(6) weightx、weighty 用来指定权重是一个重要的控制组件布局的技术。权重用于决定如何在行中(weightx)和列中(weighty)分配空间，这对尺寸调整操作很重要。除非将 weightx、weighty 指定为一个非 0 值，否则所有组件将集中在容器的中心。这是因为权重为 0.0(缺省的)，GridBagLayout 布局管理器将在单元格和容器边沿之间留下大量的空间。

通常权重指定为 0.0 到 1.0 之间的值，较大的数表示组件的行列需要更多的空间。对每一列，权重是相对于此列中 weightx 最高的值的权重；同样，对每一行，权重是相对于此行中 weighty 最高的值的权重。多余的空间位于容器的最右列和最下行。

【示例 8-10】 GridBagWindow.java。

```java
import java .awt .* ;
public class GridBagWindow extends Frame {
    private boolean inAnApplet = true;
    protected void makebutton(String name, GridBagLayout gridbag,
        GridBagConstraints c) {
        Button button = new Button(name);
        gridbag .setConstraints(button, c);
        add(button);
    }
```

```java
public GridBagWindow() {
    GridBagLayout gridbag = new GridBagLayout();
    GridBagConstraints c = new GridBagConstraints();
    setFont(new Font("Helvetica", Font .PLAIN, 14));
    setLayout(gridbag);
    c .fill = GridBagConstraints .BOTH;
    c .weightx = 1.0;
    makebutton("Button1", gridbag, c);
    makebutton("Button2", gridbag, c);
    makebutton("Button3", gridbag, c);
    c .gridwidth = GridBagConstraints .REMAINDER;// 行尾
    makebutton("Button4", gridbag, c);
    c .weightx = 0.0;
    makebutton("Button5", gridbag, c);// 另一行
    c .gridwidth = GridBagConstraints .RELATIVE;
    makebutton("Button6", gridbag, c);
    c .gridwidth = GridBagConstraints .REMAINDER;
    makebutton("Button7", gridbag, c);
    c .gridwidth = 1;
    c .gridheight = 2;
    c .weighty = 1.0;
    makebutton("Button8", gridbag, c);
    c .weighty = 0.0;
    c .gridwidth = GridBagConstraints .REMAINDER;
    c .gridheight = 1;
    makebutton("Button9", gridbag, c);
    makebutton("Button10", gridbag, c);
}
public boolean handleEvent(Event e) {
    if (e.id == Event.WINDOW_DESTROY) {
        if (inAnApplet) {
            dispose();
            return true;
        }
        else {
            System .exit(0);
        }
    }
    return super .handleEvent(e);
```

```
        }
        public static void main(String args[]) {
            GridBagWindow window = new GridBagWindow();
            window.inAnApplet = false;
            window.setTitle("GridBagWindow Application");
            window.pack();
            window.show();
        }
    }
```

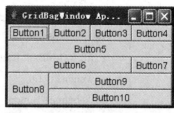

图 8-12　示例 8-10 程序运行结果

程序运行结果如图 8-12 所示。

8.4　Swing 组件

8.4.1　Swing 组件关系概述

Swing 是 AWT 的扩展，它提供了许多新的图形界面组件。Swing 组件以"J"开头，除了有与 AWT 类似的按钮(JButton)、标签(JLabel)、复选框(JCheckBox)、菜单(JMenu)等基本组件外，还增加了一个丰富的高层组件集合，如表格(JTable)、树(JTree)。

Jcomponent 是一个抽象类，用于定义所有子类组件的一般方法。Swing 组件的分类如图 8-13 所示。

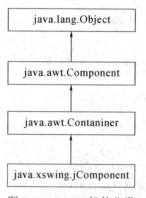

图 8-13　Swing 组件分类

并不是所有的 Swing 组件都继承于 JComponent 类，JComponent 类继承于 Container 类，所以凡是此类的组件都可作为容器使用。

组件从功能上可分为以下几种。

(1) 顶层容器：JFrame、JApplet、JDialog、JWindow。

(2) 中间容器：JPanel、JScrollPane、JSplitPane、JToolBar。

(3) 特殊容器：在 GUI 上起特殊作用的中间层，如 JInternalFrame、JLayeredPane、JrootPane。

(4) 基本控件：实现人际交互的组件，如 JButton、JComboBox、JList、JMenu、JSlider、

JtextField。

(5) 不可编辑信息的显示：向用户显示不可编辑信息的组件，例如 JLabel、JProgressBar、ToolTip。

(6) 可编辑信息的显示：向用户显示能被编辑的格式化信息的组件，如 JColorChooser、JFileChoose、JFileChooser、JTable、JTextArea。

在 javax.swing 包中，定义了两种类型的组件：顶层容器(JFrame、JApplet、JDialog 和 JWindow)和轻量级组件。Swing 组件都是 AWT 的 Container 类的直接子类和间接子类。

8.4.2　窗口组件

JFrame 是主窗口，它和 Jdialog、JApplet 的地位并列，但是，一个 JFrame 可以添加 JDialog 和 JApplet 进它的内容面板，而反过来就不行。

【示例 8-11】　JFrameDemo.java。

```java
import javax.swing.*;
import java.awt.event.*;


public class JFrameDemo
{
    JFrame mainFrame;
    public JFrameDemo() {
        mainFrame = new JFrame("JFrameDemo Title");     //创建一个 JFrame
        mainFrame.setDefaultCloseOperation( JFrame.EXIT_ON_CLOSE );    //设置关闭动作
        mainFrame.setSize( 300,300 );          //设置窗口大小
        mainFrame.setLocationRelativeTo(null);     //使窗口显示在屏幕中央
        mainFrame.addWindowListener( new WindowListener(){
            public void windowOpened( WindowEvent e){ System.out.println( "window opened" ); }
            public void windowClosing( WindowEvent e){ System.out.println( "window closing" ); }
            public void windowClosed( WindowEvent e){ System.out.println( "window closed" ); }
            public void windowIconified( WindowEvent e){ System.out.println( "window iconified" ); }
            public void windowDeiconified( WindowEvent e ){ System.out.println( "window
                deiconified" ); }
            public void windowActivated( WindowEvent e ){ System.out.println( "window
                activated" ); }
            public void windowDeactivated( WindowEvent e ){ System.out.println( "window
                deactivated" ); }
        });
        mainFrame.addWindowFocusListener( new WindowFocusListener(){
            public void windowGainedFocus( WindowEvent e){ System.out.println( "gained focus" ); }
            public void windowLostFocus( WindowEvent e){ System.out.println( "lost focus" ); }
```

```
    });
    mainFrame.addWindowStateListener( new WindowStateListener(){
        public void windowStateChanged( WindowEvent e ){ System.out.println( "state changed" ); }
    });
    mainFrame.setVisible( true );
}
public static void main(String[] args)
{
    new JFrameDemo();
}
}
```

程序运行结果如图 8-14 所示。

图 8-14　示例 8-11 程序运行结果

8.4.3　文本显示和编辑组件

1．JLabel

JLabel 是用于显示短文本字符串、图像的显示区。标签不对输入事件作出反应。在它的文本里嵌入 html 标签，可以简单实现一个超链接组件。

【示例 8-12】　JLabelDemo.java。

```
import java.awt.*;
import javax.swing.*;
import java.awt.event.*;
import java.io.*;
public class JLabelDemo
{
    JFrame mainFrame;
    JLabel simpleLabel;
    public JLabelDemo() {
        mainFrame = new JFrame ( "JLabelDemo" );
        simpleLabel = new JLabel ("<html><a href=aaa>百度搜索</a></html>");//嵌入了 html 标签
        simpleLabel.addMouseListener( new MouseAdapter(){    //添加鼠标事件侦听器，
                                                             //当单击标签时，打开网页
            public void mouseClicked( MouseEvent e ){
                try{
                    Runtime.getRuntime().exec("cmd /c start http://www.baidu.com");
                }catch( IOException ee ){
                    ee.printStackTrace();
                }
            }
```

```
    });
    simpleLabel.setCursor( new Cursor(Cursor.HAND_CURSOR) );//设置手形鼠标
    mainFrame.getContentPane().add( simpleLabel );//将标签添加到窗口
    mainFrame.setDefaultCloseOperation( JFrame.EXIT_ON_CLOSE );
    mainFrame.pack();//使窗口自动根据添加了的组件调整大小
    mainFrame.setLocationRelativeTo(null);
    mainFrame.setVisible( true );
    }
    public static void main(String[] args)
    {
        new JLabelDemo();
    }
}
```

图 8-15　示例 8-12 程序运行结果

程序运行结果如图 8-15 所示。

2. JTextField

JTextField 是一个轻量级组件，它允许编辑单行文本。下面的示例演示了 JTextField 组件的基本用法。

【示例 8-13】 JTextFieldDemo.java。

```
import javax.swing.*;
import java.awt.event.*;

class JTextFieldDemo
{
    JFrame mainFrame;
    JTextField simpleTextField;
    public JTextFieldDemo() {
        mainFrame = new JFrame ( "JTextFieldDemo" );
        simpleTextField = new JTextField(20);//构造宽度为 20 个字符的文本框
        mainFrame.getContentPane().add( simpleTextField );
        simpleTextField.addActionListener( new ActionListener(){ //在输入字符后按回车执行行
                                                     //代码，在标准输出窗口输出它的内容
            public void actionPerformed( ActionEvent e){
                System.out.println( simpleTextField.getText() );
            }
        });
        mainFrame.setDefaultCloseOperation( JFrame.EXIT_ON_CLOSE );
        mainFrame.pack();
        mainFrame.setLocationRelativeTo(null);
```

```
        mainFrame.setVisible( true );
    }
    public static void main(String[] args)
    {
        new JTextFieldDemo();
    }
}
```

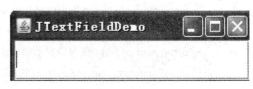

图 8-16　示例 8-13 程序运行结果

程序运行结果如图 8-16 所示。

8.4.4　按钮组件

按钮(JButton)组件代表了可与用户交互响应的一类组件。下面的示例演示了 JButton
的基本用法。

【示例 8-14】　JButtonDemo.java。

```
import java.awt.*;
import javax.swing.*;
import java.awt.event.*;
import java.io.*;

class JButtonDemo
{
    JFrame mainFrame;
    JButton simpleButton;
    public JButtonDemo() {
        mainFrame = new JFrame ( "JButtonDemo" );
        simpleButton = new JButton("百度搜索");
        mainFrame.getContentPane().add( simpleButton );
        simpleButton.addActionListener( new ActionListener(){ //添加动作侦听器，当按钮被按下
                                                              //时执行这里的代码以打开网页

            public void actionPerformed( ActionEvent e){
                try{
                    Runtime.getRuntime().exec("cmd /c start http://www.baidu.com");
                }
                catch( IOException ee ){
                    ee.printStackTrace();
                }
            }
        });
        simpleButton.setCursor( new Cursor(Cursor.HAND_CURSOR) );
```

```
        mainFrame.setDefaultCloseOperation( JFrame.EXIT_ON_CLOSE );
        mainFrame.pack();
        mainFrame.setLocationRelativeTo(null);
        mainFrame.setVisible( true );
    }
    public static void main(String[] args)
    {
        new JButtonDemo();
    }
}
```

图 8-17　示例 8-14 程序运行结果

程序运行结果如图 8-17 所示。

8.4.5　列表框和组合框组件

1. JCheckBox

复选框是一个可以被选定和取消选定的项，它将其状态显示给用户。下面的示例演示了 JCheckBox 组件的基本用法。

【示例 8-15】　JCheckBoxDemo.java。

```
package chap6_GUI 程序设计;
import javax.swing.*;
import java.awt.event.*;
class JCheckBoxDemo implements ItemListener
{
    JFrame mainFrame;
    JPanel mainPanel;
    JCheckBox simpleCheckBox1;
    JCheckBox simpleCheckBox2;
    public JCheckBoxDemo() {
        mainFrame = new JFrame ( "JCheckBoxDemo" );
        mainPanel = new JPanel ();
        simpleCheckBox1 = new JCheckBox("checkbox1");
        simpleCheckBox1.setMnemonic('1');          //设置键盘上的助计符为'1'
        simpleCheckBox1.addItemListener(this);      //添加动作监听器
        simpleCheckBox2 = new JCheckBox("checkbox2");
        simpleCheckBox2.setMnemonic('2');          //设置键盘上的助计符为'2'
        simpleCheckBox2.addItemListener(this);      //添加动作监听器
        mainPanel.add(simpleCheckBox1);
        mainPanel.add(simpleCheckBox2);
        mainFrame.getContentPane().add( mainPanel );
```

```
        mainFrame.setDefaultCloseOperation( JFrame.EXIT_ON_CLOSE );
        mainFrame.pack();
        mainFrame.setLocationRelativeTo(null);
        mainFrame.setVisible( true );
    }
    public void itemStateChanged( ItemEvent e ){
        JCheckBox cb = (JCheckBox)e.getSource();//获取消息源
        if( cb== simpleCheckBox1 )
            System.out.println( "simpleCheckBox1" );
        else
            System.out.println( "simpleCheckBox2" );
    }
    public static void main(String[] args)
    {
        new JCheckBoxDemo();
    }
}
```

图 8-18   示例 8-15 程序运行结果

程序运行结果如图 8-18 所示。

2. JRadioButton

JRadioButton 组件实现一个单选按钮，此按钮项可被选择或取消选择，并可为用户显示其状态。下面的示例演示了 JRadioButton 的基本用法。

【示例 8-16】 JRadioButtonDemo.java。

```
    import javax.swing.*;
    import java.awt.event.*;

    class JRadioButtonDemo implements ItemListener
    {
        JFrame mainFrame;
        JPanel mainPanel;
        ButtonGroup buttonGroup;
        JRadioButton simpleRadioButton1;
        JRadioButton simpleRadioButton2;
        public JRadioButtonDemo() {
            mainFrame = new JFrame ( "JRadioButtonDemo" );
            mainPanel = new JPanel ();
            simpleRadioButton1 = new JRadioButton("RadioButton1");
            simpleRadioButton1.setMnemonic('1');
            //设置键盘上的助计符为'1'
```

```
        simpleRadioButton1.addItemListener(this);
        simpleRadioButton2 = new JRadioButton("RadioButton2");
        simpleRadioButton2.setMnemonic('2');
        //设置键盘上的助计符为'2'
        simpleRadioButton2.addItemListener(this);
        buttonGroup = new ButtonGroup();
        //创建 RadioButton 按钮组
        buttonGroup.add(simpleRadioButton1);
        //将 simpleRadioButton1 加入按钮组
        buttonGroup.add(simpleRadioButton2);
        //将 simpleRadioButton2 加入按钮组
        mainPanel.add(simpleRadioButton1);
        mainPanel.add(simpleRadioButton2);
        mainFrame.getContentPane().add( mainPanel );
        mainFrame.setDefaultCloseOperation( JFrame.EXIT_ON_CLOSE );
        mainFrame.pack();
        mainFrame.setLocationRelativeTo(null);
        mainFrame.setVisible( true );
    }
    public void itemStateChanged( ItemEvent e ){
        JRadioButton cb = (JRadioButton)e.getSource();
        if( cb== simpleRadioButton1 )
            System.out.println( "simpleRadioButton1" );
        else
            System.out.println( "simpleRadioButton2" );
    }
    public static void main(String[] args)
    {
        new JRadioButtonDemo();
    }
}
```

图 8-19 示例 8-16 程序运行结果

程序运行结果如图 8-19 所示。

8.4.6 菜单组件

1. JMenu 和 JMenuBar

在介绍 JMenu 组件前，先介绍 JMenuBar 组件。JMenuBar 组件的功能是用来插入 JMenu 组件。当我们建立完许多的 JMenu 组件后，需要通过 JMenuBar 组件来将 JMenu 组件加入到窗口中。虽然 JMenuBar 组件只有一种构造方式，但是它对于构造一个菜单来说是个不可缺少的组件。

JMenu 组件是用来存放和整合 JMenuItem 的组件，这个组件也是构成一个菜单中不可或缺的组件之一。JMenu 可以是单一层次的结构，也可以是一个层次式的结构，要使用何种形式的结构取决于界面设计上的需要。

JMenu 构造函数有以下几种。

(1) JMenu()：建立一个新的 Jmenu。

(2) JMenu(Action a)：建立一个支持 Action 的新的 Jmenu。

(3) JMenu(String s)：以指定的字符串名称建立一个新的 Jmenu。

(4) JMenu(String,Boolean b)：以指定的字符串名称建立一个新的 JMenu 并决定这个菜单是否可以下拉式的属性。

【示例 8-17】 JMenu1.java。

```java
import javax.swing.*;
import java.awt.event.*;
import java.awt.*;
import java.util.*;
public class JMenu1 extends JFrame{
    JTextArea theArea = null;
    public JMenu1(){
        super("JMenu1");
        theArea = new JTextArea();
        theArea.setEditable(false);
        getContentPane().add(new JScrollPane(theArea));
        JMenuBar MBar = new JMenuBar();
        //调用自行编写的 buildFileMenu()方法来构造 JMenu.
        JMenu mfile = buildFileMenu();

        MBar.add(mfile); //将 JMenu 加入 JMenuBar 中.
        setJMenuBar(MBar);//将 JMenuBar 设置到窗口中.
    }//end of JMenu1()

    public JMenu buildFileMenu() {
        JMenu thefile = new JMenu("File");
        thefile.setIcon(new ImageIcon("icons/file.gif"));
        return thefile;
    }//end of buildFileMenu()

    public static void main(String[] args){
        //SwingUtil.setLookAndFeel();
        JFrame F = new JMenu1();
```

```
        F.setSize(400,200);
        F.addWindowListener(new WindowAdapter() {
            public void windowClosing(WindowEvent e) {
                System.exit(0);
            }
        });                 //end of addWindowListener
        F.setVisible(true);
    } // end of main
}//end of class JMenu1
```

程序运行结果如图 8-20 所示。

图 8-20　示例 8-17 程序运行结果

2. 使用 JMenuItem 组件

JMenuItem 继承于 AbstractButton 类，因此 JMenuItem 具有许多 AbstractButton 的特性，也可以说 JMenuItem 是一种特殊的 Button，所以 JMenuItem 支持许多在 Button 中好用的功能，例如加入图标文件或是当我们在菜单中选择某一项 JMenuItem 时，就如同按下按钮的操作一样触发 ActionEvent，通过 ActionEvent 的机制，就能针对不同的 JMenuItem 编写其对应的程序。

JMenuItem 构造函数有以下几种。

(1) JMenuItem()：建立一个新的 JmenuItem。

(2) JMenuItem(Action a)：建立一个支持 Action 的新的 JmenuItem。

(3) JMenuItem(Icon icon)：建立一个有图标的 JMenuItem。

(4) JMenuItem(String text)：建立一个有文字的 JMenuItem。

(5) MenuItem(String text, Icon icon)：建立一个有图标和文字的 JMenuItem。

(6) JMenuItem(String text, int mnemonic)：建立一个有文字和键盘设置快捷键的 JmenuItem。

【示例 8-18】JMenuItem1.java。

```
import javax.swing.*;
import java.awt.event.*;
import java.awt.*;
```

```java
import java.util.*;
public class JMenuItem1 extends JFrame{
    JTextArea theArea = null;
    public JMenuItem1(){
        super("JMenu1");
        theArea = new JTextArea();
        theArea.setEditable(true);
        getContentPane().add(new JScrollPane(theArea));
        JMenuBar MBar = new JMenuBar();
        JMenu mfile = buildFileMenu();
        MBar.add(mfile);
        setJMenuBar(MBar);
    }//end of JMenu1()
    public JMenu buildFileMenu() {
        JMenu thefile = new JMenu("文件");
        JMenuItem newf=new JMenuItem("新建");
        JMenuItem open=new JMenuItem("打开");
        JMenuItem close=new JMenuItem("关闭");
        JMenuItem exit=new JMenuItem("退出");
        thefile.add(newf);
        thefile.add(open);
        thefile.add(close);
        thefile.addSeparator();//分隔线
        thefile.add(exit);
        return thefile;
    }//end of buildFileMenu()
    public static void main(String[] args){
        JFrame F = new JMenuItem1();
        F.setSize(400,200);
        F.addWindowListener(new WindowAdapter() {
            public void windowClosing(WindowEvent e) {
                System.exit(0);
            }
        });//end of addWindowListener
        F.setVisible(true);
    } // end of main
}//end of class JMenu1
```

程序运行结果如图 8-21 所示。

图 8-21　示例 8-18 程序运行结果

8.5　图　形　处　理

Java 对图形处理的支持包括两方面：基本图形绘制功能和对文本显示及字体的控制。

8.5.1　绘图类

AWT 绘制系统用于控制程序何时绘图以及如何绘制。它响应组件的 repaint()方法，然后调用组件的 update()方法请求组件绘制自身，update()方法再调用组件的 paint()方法从而完成组件的绘制。有时，系统也会直接调用 paint()方法，而不是从 update()方法中调用 paint()方法，这种情况一般发生在 AWT 响应一个外部事件时。例如，组件第一次显示或组件从被另一个窗口的覆盖中恢复。

1. Graphics 对象

Paint ()方法和 update()方法的唯一参数是 Graphics 对象，它支持两种基本的绘制：图形原语(例如线、矩形和文本)的绘制和图像的显示。

除了提供在屏幕上绘制图形原语和图像的方法以外，Graphics 对象还通过维护当前绘制区和当前绘制颜色等状态提供一个绘制现场。用户可以通过剪切操作减小当前绘制区，但不能增加绘制区。这样，Graphics 对象就保证了组件只能在它们自己的绘制区中绘制。

2. 坐标系

每个组件都有自己的整数坐标系，范围从(0, 0)到(width−1, height−1)，单位为像素。组件绘制区的左上角坐标为(0, 0)，X 轴方向向右，Y 轴方向向下。

3. repaint() 方法的四种形式

如下为 repaint()方法的四种形式。

(1) public void repaint()：请求 AWT 尽可能地调用 update()方法，这是 repaint()方法最常用的形式。

(2) public void repaint(long time)：请求 AWT 在 time(毫秒)之后调用 update()方法。

(3) public void repaint(int x, int y, int width, int height)：请求 AWT 尽可能地调用 update()方法，但只重新绘制指定的组件区域。

(4) public void repaint(long time, int x, int y, int width, int height)：请求 AWT 在 time(毫秒)之后调用 update()方法，但只重新绘制指定的组件区域。

8.5.2　绘图方法

Graphics 类定义了绘制如下图形的方法：

(1) 直线 drawline()。用 Graphics 对象的当前颜色绘制一条直线，初始化为组件的前景色。

(2) 矩形 drawRect()、fillRect()和 clearRect()。fillRect()用 Graphics 对象的当前颜色填充矩形，clearRect()用组件的背景色填充矩形。

(3) 突出或陷入式的矩形 draw3DRect()和 fill3DRect()。

(4) 圆角矩形 drawRoundRect()和 fillRoundRect()。

(5) 椭圆 drawOval()和 fillOval()。

(6) 圆弧 drawArc()和 fillArc()。

(7) 多边形 drawPolygon()和 fillPolygon()。

除了多边形和直线以外，所有的图形都使用它们的边界矩形作为其标识。理解了如何绘制矩形，就容易理解其他的图形功能的使用。

【示例 8-19】 CoordinatesDemo.java。

```
import javax.swing.JApplet;
import javax.swing.JPanel;
import java .awt .* ;
public class CoordinatesDemo extends JApplet {
    FramedArea framedArea;
    Label label;
    public void init() {
        GridBagLayout gridBag = new GridBagLayout();
        GridBagConstraints c = new GridBagConstraints();
        setLayout(gridBag);
        framedArea = new FramedArea(this);
        c .fill = GridBagConstraints .BOTH;
        c .weighty = 1.0;
        c .gridwidth = GridBagConstraints .REMAINDER;
        gridBag .setConstraints(framedArea, c);
        add(framedArea);
        label = new Label("Click within the framed area .");
        c .fill = GridBagConstraints.HORIZONTAL;
        c .weightx = 1.0;
        c .weighty = 0.0;
        gridBag .setConstraints(label, c);
```

```
            add(label);
            validate();
        }
        public void coordsChanged(Point point) {
            label.setText("Click occurred at coordinate("+ point .x + ", "+ point .y + ") .");
            repaint();
        }
    }
class FramedArea extends JPanel {
    public FramedArea(CoordinatesDemo controller) {
        super();
        setLayout(new GridLayout(1,0));
        add(new CoordinateArea(controller));
        validate();
    }
    public Insets insets() {
        return new Insets(4,4,5,5);
    }
    public void paint(Graphics g) {
        Dimension d = size();
        Color bg = getBackground();
        g .setColor(bg);
        g .draw3DRect(0, 0, d .width - 1, d .height - 1, true);
        //绘制指定矩形的 3-D 高亮显示边框, 凸出平面显示
        g .draw3DRect(3, 3, d .width - 7, d .height - 7, false);
        //绘制指定矩形的 3-D 高亮显示边框, 凹入平面显示
    }
}
class CoordinateArea extends Canvas {
    Point point = null;
    CoordinatesDemo controller;
    public CoordinateArea(CoordinatesDemo controller) {
        super();
        this .controller = controller;
    }
    public boolean mouseDown(Event event, int x, int y) {
        if (point == null) {
            point = new Point(x, y);
        }
```

```
    else {
        point .x = x;
        point .y = y;
    }
    controller .coordsChanged(point);
    repaint();
    return false;
}
public void paint(Graphics g) {
    if (point!= null) {
        //填充大小 2x2 的矩形
        g .fillRect(point .x - 1, point .y - 1, 2, 2);
    }
}
}
```

程序运行结果如图 8-22 所示。

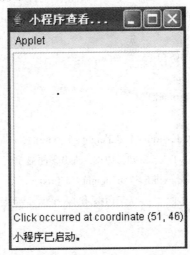

图 8-22   示例 8-19 程序运行结果

Applet 中生成两个对象：FramedArea 对象和 CoordinateArea 对象。程序中调用了两次 draw3DRect()方法。第一次调用绘制一个同 FramedArea 的显示区一样大小的矩形，其中参数 true 指示矩形显示成突出的；第二次调用绘制一个稍小的矩形，其中参数 false 指示矩形显示成陷入的。这两次调用共同产生出包含坐标区域突出的边框效果。CoordinateArea 对象使用 fillRect()方法在用户单击鼠标的地方绘制了一个 2 × 2 的矩形，表示一个点。

本 章 小 结

本章介绍了 AWT 的事件处理机制、布局管理器的使用及常见的 Swing 组件的使用。

Component 组件类可以分为 Container 容器类和其他非容器类。容器类分为两种，Window 和 Panel。Window 有两个子类：Frame 和 Dialog。而 Panel 只能存在于其他容器中。

如果不希望通过布局管理器来管理布局，可以调用容器的 setLayout(null)方法，这样布局管理器就消失了。

Window、Frame 和 Dialog 的默认布局管理器是 BorderLayout。Panel 的默认布局管理器是 FlowLayout。可以通过 setLayout(Layout)来改变容器的布局管理器。FlowLayout 布局管理器始终保证每个组件的最佳尺寸。

AWT 处理事件采用委托模式，组件本身不处理事件，而是委托给监听器来处理。

Component 类中提供了三个和绘图有关的方法。它们的调用关系是：repaint()方法调用 update()，update()调用 paint()。

大多数 Swing 组件都有默认的构造方法，此外还有带参数的构造方法，用来设置组件的显示方式或工作方式。各种组件都有其能触发的事件及相应的事件监听器。

习　题

1. 判断题

(1) BorderLayout 是面板的缺省布局管理器。(　　)

(2) 当鼠标指针位于一个 GUI 构件的边上时，将发生一个 MouseOver 事件。(　　)

(3) 一个面板(JPanel)不能被加入到另一个面板(JPanel)中。(　　)

(4) 在 BorderLayout 中，添加到 North 区的两个按钮将并排显示。(　　)

(5) 在使用 BorderLayout 时，最多可以使用 5 个构件。(　　)

(6) Swing 构件经常被称为轻量构件。(　　)

(7) 在 GUI 上输出文本或提示信息的方法是使用标签。(　　)

(8) 为了处理图形用户界面的事件，程序员必须注册一事件监听器。(　　)

(9) 用户在 JtextField 和 JpasswordField 输入数据后键入回车键，可以激活一个事件。(　　)

(10) JCheckBox 类和 JRadioButton 类都是 JtoggleButton 的子类。(　　)

(11) 程序员在创建一个 Frame 时，至少必须创建一个菜单，并将它加入 Frame 中。(　　)

(12) fill 变量属于 GrideLayout 类。(　　)

(13) 在一个程序中不能同时使用 Jframe 和 Applet。(　　)

(14) Jframe 和 Applet 的左上角坐标为(0，0)。(　　)

(15) JTextArea 的文本总是只读的。(　　)

2. 简述题

(1) 什么是图形用户界面？它与字符界面有何不同？你是否使用过这两种界面？试列出图形用户界面中你使用过的组件。

(2) 简述图形界面的构成成分以及它们各自的作用。设计和实现图形用户界面的工作主要有哪两项？

(3) 简述 Java 的事件处理机制和委托事件模型。什么是事件源？什么是监听者？Java 的图形用户界面中，谁可以充当事件源？谁可以充当监听者？

(4) 动作事件的事件源可以有哪些？如何响应动作事件？

3. 编程题

(1) 编辑一个小程序，显示一个半径为 150 的圆内接五角星，要求圆为黄色填充，五角星为红色，背景为蓝色，在图片的正下方显示文字"圆内接五角星"，字体为楷体 12 号，白色，在下方画一个边框为 5、长为 300、高为 180 的红色矩形。

(2) 编辑一个小程序，界面上加入一个标签，显示内容为你的姓名和班级，并注明是 xx 月 xx 日作业，在标签下面增加列表、两个单选框(控制列表是否为多选状态)、一个文本框、三个按钮，分别控制将文本框的内容加入列表或删除全部列表内容。当选择列表时，按照当前状态(是否多选)，在文本框中显示用户选择的列表内容。再加入一个文本区，用来显示用户操作的过程，比如：您输入了文字 xxx，您删除了 xxx 等。

(3) 创建一个 300×200 的窗口，标题为"显示窗口程序"。

(4) 仿照记事本的 GUI 编写一个 Jave 简易记事本程序。只要求实现菜单及界面，具体功能除[退出]外均不用实现。

第 9 章　输入/输出流和文件操作

在任何一种程序设计语言中，输入/输出(I/O)操作都是一个重要的部分。Java 语言的输入/输出功能十分强大而灵活，其主要的输入/输出操作是相对于文件对象而言的，以流的方式出现。在 Java 类库中，I/O 部分的内容比较复杂，包括标准输入/输出，文件的操作，网络上的数据流、字符串流、对象流等，本章主要介绍输入/输出流、文件的概念及使用方法。

9.1　流和文件的概念

流是一个很形象的概念，当程序需要读取数据的时候，就会开启一个通向数据源的流，这个数据源可以是文件、内存或网络连接。类似地，当程序需要写入数据的时候，就会开启一个通向目的地的流。这时候可以想象数据在其中"流"动，如图 9-1 所示。

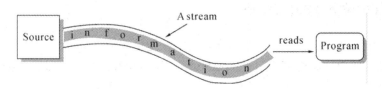

图 9-1　Java 流示意图

文件操作也是所有编程语言都必不可少的一部分。而在 Java 中，文件和流的应用是息息相关的。实际上，对文件的操作就是对流的操作。

9.1.1　操作系统中的文件和目录概念

文件是由一些具有永久存储及特定顺序的字节组成的一个有序的、具有名称的集合。操作系统使用与系统相关的路径名字符串来命名文件和目录。字符串路径名可以是绝对路径名或相对路径名。绝对路径名是完整的路径名，不需要任何其他信息就可以定位自身表示的文件。相反，相对路径名必须使用来自其他路径名的信息进行解释。和其他编程语言一样，在默认情况下，Java 会根据当前用户目录来分析相对路径名。

在不同的操作系统中，路径名的表示方法也会有所不同。

在 UNIX/Linux 操作系统下，路径分隔符为"/"。如果是绝对路径，则路径名字符串应该拥有一个前缀，前缀符仍用"/"表示，如"/Program/Java/jdk/bin"，可表示一个绝对路径。相对路径的表示方法也差不多，只是不带前缀符而已，如当前为 Java 目录时，则可直接用相对路径"jdk/bin"来访问 bin 目录。

在 Microsoft Windows 操作系统下,路径分隔符为"\"。如果是绝对路径,则路径名字符串应包含盘符的路径名的前缀,由驱动器名和一个":"组成,如"E:\Java\jdk\bin"。同样,在表示相对路径名时无须加前缀,如"jdk\bin"。需要注意的是,在 Java 中,"\"为转义字符,所以要用"\"转义来表示它本身,即用"\\"来表示"\"。于是在 Java 程序中路径分隔符均须写成"\\",如"E:\\Java\\jdk\\bin"和"jdk\\bin"。

Java 语言中,用来表示文件的是 File 类。可用 File(String path)或 File(String path,String name)来构造一个文件对象。具体用法请参照 9.4.1 节。

9.1.2 流的概念

计算机中的流其实是一种信息的转换。它是一种有序流,因此相对于某一对象,通常把对象接收外界的信息输入(Input)称为输入流,相应地从对象向外输出(Output)的信息称为输出流,合称为输入/输出流(I/O Streams)。对象间进行信息或者数据的交换时,总是先将对象或数据转换为某种形式的流,再通过流的传输到达目的对象后将流转换为对象数据。所以,可以把流看作是一种数据的载体,通过它可以实现数据交换和传输。

在 Java 中,流仍是一个类的对象,很多文件的输入/输出操作都以此类的成员方法的方式来提供。

9.1.3 Java 的输入/输出流概述

Java 中的流分为两种,一种是字节流,另一种是字符流,每种流又分为输入和输出两种,所以分别由四个抽象类来表示:InputStream、OutputStream、Reader、Writer。Java 中其他多种多样变化的流均是由它们派生出来的。Java 流类关系图如图 9-2 所示。

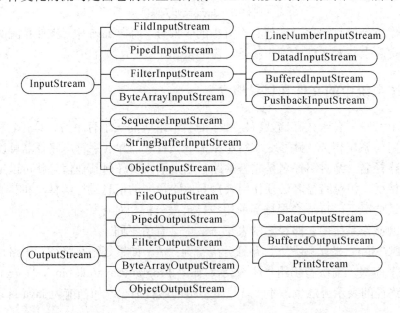

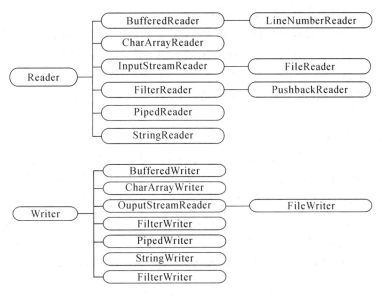

图 9-2　Java 流类关系图

InputStream 和 OutputStream 在早期的 Java 版本中就已经存在了，它们是基于字节流的，而基于字符流的 Reader 和 Writer 是后来加入作为补充的。图 9-2 是 Java 类库中的一个基本的层次体系。

(1) 字节流：从 InputStream 和 Outpu tStream 派生出来的一系列类。这类流以字节(byte)为基本处理单位。

(2) 字符流：从 Reader 和 Writer 派生出的一系列类，这类流以 16 位的 Unicode 码表示的字符为基本处理单位。

在这四个抽象类中，InputStream 和 Reader 定义了完全相同的接口：

int read()

int read(**char** cbuf[])

int read(**char** cbuf[], **int** offset, **int** length)

void close()

而 OutputStream 和 Writer 也是如此：

int write(**int** c)

int write(**char** cbuf[])

int write(**char** cbuf[], **int** offset, **int** length)

void flush()

void close()

这些方法都是一些最基本的方法。对于这几种方法的具体用法，后面示例中会针对不同的类进行说明。

(1) read()方法：当输入流被打开后，就可以从里面读取信息了。读取信息通常使用流对象的 read()方法来实现。read()方法可以从输入流中分离出一个或多个字节，如果字节没有准备好，则 read 命令将处于等待状态，直到字节流变为有效，即称为同步访问。在 InputStream 中 read()方法是个抽象方法，Java 允许在 InputStream 流和 Reader 流的子类中重构 read()方法。

(2) write()方法：当输入流被打开后，可以使用 write()方法向流中写入数据。如同输入流的 read()方法一样，Java 也允许在 OutputStream 流和 Writer 流的子类中重构 write()方法。

(3) flush()方法：该方法的功能是强制把进程缓存中的数据提交给操作系统，即清空输出流，并输出所有被缓存的字节。由于某些流支持缓存功能，因此该方法将把缓存中所有内容强制输出到流中。

(4) close()方法：对流操作完毕后，必须要将流对象关闭，此时流对象需要执行 close()方法。close()方法不仅关闭输出流，并且释放与此流有关的所有系统资源。关闭后的写操作会产生 IOException 异常。当停止 I/O 操作时，Java 不会自动地清空(flush)和关闭数据流。如果忘记关闭输出流，将会导致某些遗留的数据没有清空，因而传输到底层设备中。程序员应该养成一种好的编程习惯。在完成 I/O 操作后，立即关闭每一个数据流。

(5) I/O 中的异常：进行 I/O 操作时可能会产生 I/O 异常，属于非运行时异常，应该在程序中处理，如 FileNotFoundException、EOFException、IOException。

9.2 字节输入/输出流类

字节流为处理字节式输入/输出提供了丰富的环境，一个字节流可以和其他任何类型的对象并用。字节流是以字节为单位来操作的，一般用于处理二进制数据或文件数据(非字符型数据)。

9.2.1 字节输入/输出流类 InputStream/OutputStream

字节流 InputStream 和 OutputStream 这两个类是字节输入/输出流的所有类的父类，即字节流以这两个类为顶层，但这两者都是抽象类，不能直接创建对象。由这两者派生的子类可以选择性地重写两个父类的成员方法来实现更多功能，但须实现父类的 read()/write()方法。

9.2.2 Java 的标准输入/输出

标准输入流就是指 System.in，而标准输出流就是在前面的学习中经常用到的 System.out。两者最基本的用法便是实现类似 C/C++等编程语言中的键盘输入和屏幕输出的操作。两者的定义如下：

public static final InputStream in;

public static final PrintStream out;

根据第 3 章的知识可知，两者都被定义成了常量类型(static final)。所以，这两个流都是可以直接使用的。事实上，在 Java API 中，两者均被说明为已打开并准备提供输入数据。System.in 通常对应于键盘输入或者由主机环境或用户指定的另一个输入源；System.out 通常对应于显示器输出或者由主机环境或用户指定的另一个输出目标。在此，不作更深层次的讨论，有兴趣的读者可以自己阅读 Java API 或者研究 src 目录下的源码。

下面是一个简单的使用标准输入输出流的示例：

【示例 9-1】 IOExample.java。

```
import java.io.IOException;
class IOExample {
    public static void main(String args[]) throws IOException{
        char a;
        System.out.print("Please input a char: ");
        a=(char)System.in.read();
        System.out.println("The char is: "+a);
    }
}
```

程序运行结果：

Please input a char:

(键入任意一个字符(C)，回车)

输出：

The number is: C

9.2.3 文件输入/输出流类 FileInputStream/ FileOutputStream

1. FileInputStream 类

FileInputStream 类创建一个能从文件读取字节的 InputStream，其常用的两个构造方法如下。

(1) FileInputStream(File fileobj)：通过打开一个到实际文件的连接来创建一个 FileInputStream，该文件为文件系统中的 File 对象 fileobj。

(2) FileInputStream(String path)：通过打开一个到实际文件的连接来创建一个 FileInputStream，该文件的完整路径名为 path。

通过使用 FileInputStream 访问文件的一个字节、几个字节或整个文件，为一个文件打开输入流 FileInputStream，须将文件名或文件对象传送给构造方法，如：

```
FileInputStream myFileStream;
myFileStream = new FileInputStream("FileSource\\file.txt");
```

或：

```
File myFile;
FileInputStream myFileStream;
myFile = new File("FileSource\\file.txt");
myFileStream = new FileInputStream(myFile);
```

一旦 FileInputStream 输入流打开，就可以从里面读取信息了。read()成员方法有以下几种选项：

```
int read()    //读取一个字节
int read(byte b[])    //最多 b.length 个字节的数据读入一个字节数组 b 中
```

　　　　int read(byte b[],int offset, int len) //从 offset 位置开始最多可将 len 个字节的数据读入一个字节数
　　　　　　　　　　　　　　　//组 b 中

完成操作后，要用成员方法 close()来关闭它。

2. FileOutputStream 类

FileOutputStream 类创建一个可以向文件写入字节的类 OutputStream。其常用构造方法
如下。

(1) FileOutputStream(File file)：创建一个向指定 File 对象表示的文件中写入数据的文
件输出流。

(2) FileOutputStream(String name)：创建一个向具有指定名称的文件中写入数据的输出
文件流。

(3) FileOutputStream(String name, boolean append)：创建一个向具有指定 name 的文件
中写入数据的输出文件流。如果 append 为 true，文件以设置搜索路径模式打开。

通过 FileOutputStream 对象可以向一个文件写字节数据。用法和 FileInputStream 大致
相同，打开文件输出流后可以使用 write()函数向文件里写一些数据。就像输入流的 read()
函数一样，输出流 write()有三种方法：

　　　　void write(**int** b);

　　　　void write(**byte** b[]);

　　　　void write (**byte** b[],**int** offset,**int** length);

同样可用 close()方法来关闭此流。

下面是 FileInputStream 和 FileOutputStream 使用示例，在下面程序中有关 File 文件类
具体用法请参见 9.4 节。

【示例 9-2】　FileOutputDemo.java。

```java
import java.io.File;

import java.io.FileInputStream;

import java.io.FileNotFoundException;

import java.io.FileOutputStream;

import java.io.IOException;


public class FileOutputDemo {

    public static void main(String[] args) throws IOException {
        File fileSource = new File("output.txt");
        File fileTarget = new File("intput.txt");

        FileOutputStream target = new FileOutputStream(fileTarget);
        FileInputStream source = new FileInputStream(fileSource);

        int c;
```

```
      while ((c=source.read())!= -1){
          target.write(c);
      }
      target.close();
      source.close();
    }
  }
```

在示例 9-2 中，output.txt 是已经在工程根路径下存在的两个文件，程序利用 FileInputStream 类的对象 source 从 output.txt 文件中读取全部内容后写入 FileOutputStream 类的对象 target，由于 target 对 input.txt 的文件类 fileTarget 进行了封装，因此最终将 output.txt 中的内容写入了 input.txt 文件中。

【示例 9-3】FileIOStreamDemo.java。

```
import java.io.File;
import java.io.FileInputStream;
import java.io.FileOutputStream;
import java.io.IOException;
public class FileIOStreamDemo {
    public static void main(String[] args) {
        String source = "Hello Java's I/O Stream";
        byte []arrSource = source.getBytes();
        byte []arrTarget = new byte[arrSource.length];
        File f = new File("c:/tmp.txt");
        try {
            f.createNewFile();
            FileInputStream fin = new FileInputStream(f);
            FileOutputStream fout = new FileOutputStream(f);
            for (int i = 0;i<arrSource.length;i++){
                fout.write(arrSource[i]); //将字节数组中的内容写入 fout 中
            }
            fout.close();
            fin.read(arrTarget);//将 fin 文件输入流中的字节内容存入 arrTarget 字节数组
            fin.close();
            for (int j=0;j<arrTarget.length;j++){
                System.out.print((char)arrTarget[j]);
            }
        } catch (IOException e) {
            e.printStackTrace();
        }
    }
```

```
    }
```

程序运行结果：

Hello Java's I/O Stream

示例 9-3 在 C 盘根目录下创建了文件 tmp.txt，通过 FileOutStream 类的 fout 对象将字符串 source 的内容写入文件中；然后通过 FileInputStream 类的 fin 对象从文件中读取内容并且输出。fout 和 fin 对象用完后要调用 close()方法进行关闭。

【示例 9-4】IOStreamDemo.java。

```java
import java.io.File;
import java.io.FileInputStream;
import java.io.FileOutputStream;
import java.io.IOException;
public class IOStreamDemo {
    public static void main(String[] args){
        File f = new File("input.txt");
        FileInputStream fis = null;
        FileOutputStream fos = null;
        int b = 0;
        int i = 0;
        String s = "";
        try{
            fis = new FileInputStream(f);
            fos = new FileOutputStream("output.txt");
            byte bufferIn[] = new byte[1];
            while((b = fis.read(bufferIn,0,1)) != -1){
                //判断输入字符是否为换行符
                if(!"\n".equals(String.valueOf((char)bufferIn[0]))){
                    s+= String.valueOf((char)bufferIn[0]);
                }
                else{
                    i++;        //记录行
                    //在一行末尾加入数字标识
                    s = i+s+String.valueOf((char)bufferIn[0]);
                    //将处理后的字符串以字节形式写入 output.txt
                    fos.write(s.getBytes());
                    System.out.print(s);
                    s = "";
                }
            }
        }
    }
```

```
        catch (IOException e){
            e.printStackTrace();
        }
        finally{
            try{
                fis.close();
                fos.close();
            }
            catch (IOException e){
                e.printStackTrace();
            }
        }
    }
}
```

程序运行结果:

1　String Demo:

2　for FileInputStream

3　and FileOutputStream

9.2.4　数据字节输入/输出流类 DataInputStream/DataOutputStream

除了标准的键盘输入和屏幕输出外,对于完成 I/O 过程还有其他形式的流,如基本字节输入流 DataInputStream 和基本字节输出流 DataOutputStream。

DataInputStream 和 DataOutputStream 可提供一些对 Java 基本数据类型写入的方法,像读写 int、double 和 boolean 等的方法。由于 Java 的数据类型大小是规定好的,因此在写入或读出这些基本数据类型时,就不用担心不同平台间数据大小不同的问题。

一般来说,对二进制文件使用 DataInputStream 流和 DataOutputStream 流。打开和关闭 DataInputStreams 对象时,其方法与 FileInputStreams 相同:

```
DataInputStream myDataStream;
FileInputStream myFileStream;
myFileStream = new FileInputStream("FileSource\\file.txt");
myDataStream = new DataInputStream(myFileStream);
```

若要从 DataInputStreams 流里访问文件,同样可以使用成员方法 read()。也可以使用其他访问方法来读取不同种类的数据,如: byte readByte()、int readUnsignedByte()、short readShort()、int readUnsighedShort()、char readChar()、int readInt、long readLong()、float readFloat()、double readDouble()、String readLine()。

以上每一个成员方法都读取相应的数据对象。String readLine()成员方法还可以用来一次读取一行字符串。

【示例 9-5】 DataStreamDemo.java。

```java
import Java.io.*;
public class DataStreamDemo{
    public static void main(String[] args){
        Student[] students = {
                    new Student("Justin", 90),
                    new Student("momor", 95),
                    new Student("Bush", 88)};
        try{
            DataOutputStream dataOutputStream =
                new DataOutputStream(new FileOutputStream("data.dat"));
            for(Student student : students){
                dataOutputStream.writeUTF(student.getName());
                dataOutputStream.writeInt(student.getScore());
            }
            dataOutputStream.flush();
            dataOutputStream.close();
            DataInputStream dataInputStream =
                new DataInputStream(new FileInputStream("data.dat"));
            for(int i = 0; i < students.length; i++){
                String name = dataInputStream.readUTF();
                int score = dataInputStream.readInt();
                students[i] = new Student(name, score);
                students[i].showData();
            }
            dataInputStream.close();
        }
        catch(IOException e){
            e.printStackTrace();
        }
    }
}

class Student{
    private String name;
    private int score;
    public Student(){
        name = "N/A";
    }
    public Student(String name, int score){
```

```
        this.name = name;
        this.score = score;
    }
    public void setName(String name){
        this.name = name;
    }
    public void setScore(int score){
        this.score = score;
    }
    public String getName(){
        return name;
    }
    public int getScore(){
        return score;
    }
    public void showData(){
        System.out.println("name: " + name);
        System.out.println("score: " + score);
    }
}
```

程序运行结果：

```
name: Justin
score: 90
name: momor
score: 95
name: Bush
score: 88
```

9.2.5　对象输入/输出流类

ObjectInputStream 对象输入流配合 ObjectOutputStream 对象输出流就可以实现对象的串行化(Serialization)。

对象的寿命通常随着生成该对象的程序的终止而终止。有时候，可能需要将对象的状态保存下来，在需要时再将对象恢复。对象的这种能记录自己的状态以便将来再生的能力，叫做对象的持续性(persistence)。对象通过写出描述自己状态的数值来记录自己，这个过程叫对象的串行化(Serialization)。串行化的目的是为 Java 的运行环境提供一组特性，其主要任务是写出对象实例变量的数值。

串行化方法：在 java.io 包中，接口 Serializable 用来作为实现对象串行化的工具，只有实现了 Serializable 类的对象才可以被串行化。　下面为一个对象的串行化过程。

1. 定义一个可串行化对象

定义一个可串行化对象的程序如下：

```java
import java.io.Serializable;
class Student implements Serializable{
    int id; //学号
    String name; //姓名
    int age; //年龄
    String department; //系别
    public Student(int id, String name, int age, String department){
        this.id = id;
        this.name = name;
        this.age = age;
        this.department = department;
    }
    public int getId(){
        return id;
    }

    public String getName(){
        return name;
    }

    public int getAge(){
        return age;
    }

    public String getDepartment(){
        return department;
    }
}
```

2. 构造对象的输入/输出流

要串行化一个对象，必须与一定的对象输入/输出流联系起来，通过对象输出流将对象状态保存下来，再通过对象输入流将对象状态恢复。在 java.io 包中，提供了 ObjectInputStream 和 ObjectOutputStream 将数据流功能扩展至可读写对象。在 ObjectInputStream 中用 readObject()方法可以直接读取一个对象，ObjectOutputStream 中用 writeObject()方法可以直接将对象保存到输出流中。

【示例 9-6】 ObjectStreamDemo.java。

```java
import java.io.*;
```

```
public class ObjectStreamDemo
{
    public static void main(String[] args)
    {
        FileInputStream fi;
        FileOutputStream fo;
        ObjectInputStream si;
        ObjectOutputStream so;
        Student OldStudent, NewStudent;
        OldStudent=new Student(981036,"Liu Ming",18, "CSD");
        NewStudent=new Student(981037,"Zhang Qing",19, "CSE");
        try {
            fo = new FileOutputStream("data.ser");
            //保存对象的状态
            so = new ObjectOutputStream(fo);
            so.writeObject(OldStudent);
            so.close();
            fi=new FileInputStream("data.ser");
            si=new ObjectInputStream(fi);
            //恢复对象的状态
            NewStudent=(Student)si.readObject();
            si.close();
            System.out.println("NewStudent has change!");
            System.out.println("NewStudent.id:" + NewStudent.getId());
            System.out.println("NewStudent.name:" + NewStudent.getName());
            System.out.println("NewStudent.age:" + NewStudent.getAge());
            System.out.println("NewStudent.department:" + NewStudent.getDepartment());
        }
        catch(ClassNotFoundException e ){
            System.out.println(e);
        }
        catch(IOException e1){
            System.out.println(e1);
        }
    }
}
```

编译好上一小节的 Student 类后，再编译此类后，程序运行结果：

```
NewStudent has change!
NewStudent.id:981036
```

NewStudent.name:Liu Ming

NewStudent.age:18

NewStudent.department:CSD

在示例 9-6 中，假设在工程路径的根路径下有文件 data.ser，首先定义一个类 Student，实现了 Serializable 接口，然后通过对象输出流的 writeObject()方法将 Student 对象保存到文件 data.ser 中。之后，通过对象输入流的 readObject()方法从文件 data.ser 中读出保存下来的 Student 对象。

9.2.6　缓冲字节流 BufferedInputStream/BufferedOutputStream

缓冲流是一种字节流，通过把内存缓冲区连到输入/输出流而扩展一个过滤流。该缓冲区允许 Java 对多个字节同时进行输入/输出操作，因此可以减少访问硬盘次数，提高程序的性能和效率。Java 中的缓冲字节流是 BufferedInputStream 和 BufferedOutputStream。另外 PushbackInputStream 也可以实现缓冲流。

1. BufferedInputSteam 缓冲输入流

缓冲机制是一种比较普遍的性能优化方式，对于流来说也是一样。Java 的 BufferedInputStream 类允许把任何 InputStream 类封装成缓冲流。BufferedInputStream 有如下两个构造方法：

(1) BufferedInputStream(InputStream in)：生成一种默认缓冲长度的缓冲流，一般缓冲大小为 8192 个字节。

(2) BufferedInputStream(InputStream in, int size)：创建具有指定缓冲区大小为 size 的 BufferedInputStream。

2. BufferedOutputStream 缓冲输出流

BufferedOutputStream 和其他的 OutputStream 一样，此处用 flush()方法确保缓冲区内字节数据被写入实际的输出设备之外，还使所有缓冲的输出字节被写出到基础输出流中。BufferedOutputStream 有如下两个构造方法：

(1) BufferedOutputStream(OutputStream out)：创建一个新的缓冲输出流，以将数据写入指定的基础输出流。

(2) BufferedOutputStream(OutputStream out, int size)：创建一个新的缓冲输出流，以将具有指定缓冲区大小的数据写入指定的基础输出流。

【示例 9-7】　ObjectStreamDemo.java。

```
package BufferedIOStreamDemo;
import java.io.BufferedInputStream;
import java.io.FileInputStream;
import java.io.IOException;

public class BufferedIOStreamDemo {
    public static void main(String[] args) throws IOException {
        // TODO Auto-generated method stub
```

```
            FileInputStream in=new FileInputStream("c:/tmp.txt");
            BufferedInputStream bin= new BufferedInputStream(in,256);
            int len;
            byte Array[]=new byte[256];
            len=bin.read(Array);
            for (int i=0 ; i<len ; i++){
                System.out.print((char) Array[i]);
            }
        }
    }
```

程序运行结果：

　　　　Hello Java's I/O Stream

　　示例 9-7 利用 BufferedInputStream 类对象 bin 读取 tmp.txt 中字节内容，并利用 Array
数组转化为字符输出。

9.3　字符输入/输出流类

　　字符流是以字符为单位来操作的，一般用于处理文本数据。

9.3.1　字符输入/输出流抽象类 Reader 和 Writer

　　字节流提供了大量的访问相关类型输入/输出操作的功能，但是不能直接来处理
Unicode 字符。字符流类由两个抽象字符流父类 Reader 和 Writer 类派生了多个具体子类，
子类必须实现的方法只有 read(char[], int, int)/ write(char[], int, int) 和 close()。但是，多数
子类将重写此处定义的一些方法，以提供更高的效率或扩展其他功能。

1. Reader 类

　　Reader 类是处理所有字符流输入类的抽象父类，该类所有方法在异常情况下都会产生
IOException 异常。Read 类的主要方法有如下几种。

　　(1) 读取字符：

　　　　public int read() throws IOException;

　　　　public int read(char cbuf[]) throws IOException;

　　　　public abstract int read(char cbuf[],int off,int len) throws IOException;

　　(2) 标记流：

　　　　public boolean markSupported();

　　　　public void mark(int readAheadLimit) throws IOException;

　　　　public void reset() throws IOException;

　　(3) 关闭流：

　　　　public abstract void close() throws IOException;

(4) 标记流中的当前位置：

    void mark(int readAheadLimit);

(5) 跳过字符：

    skip(long n)

2. Writer 类

Writer 类是处理所有字符流输出类的父类，该类所有方法在异常情况下都会产生 IOException 异常。Writer 类的主要方法有如下几种。

(1) 向输出流写入字符：

    public void write(int c) throws IOException;

    public void write(char cbuf[ ]) throws IOException;

    public abstract void write(char cbuf[ ], int off,int len) throws IOException;

    public void write(String str) throws IOException;

    public void write(String str, int off, int len) throws IOException;

(2) flush()：清空输出流，并输出所有被缓存的字节。

(3) 关闭流：

    public abstract void close() throws IOException;

9.3.2　文件字符输入/输出流类 FileReader/FileWriter

1. FileReader 类

FileReader 类创建了一个可以读取文件内容的 Reader 类，其常用的构造方法形式如下。

(1) FileReader(File file)：在给定从中读取数据的 File 的情况下创建一个新 FileReader。

(2) FileReader(FileDescriptor fd)：在给定从中读取数据的 FileDescriptor 的情况下创建一个新 FileReader。

(3) FileReader(String fileName)：在给定从中读取数据的文件名的情况下创建一个新 FileReader。

这里的 FileDescriptor 是文件的完整路径，fileName 是描述该文件的 File 对象。

2. FileWriter 类

FileWriter 类创建了一个可以写文件的 Writer 类，其常用的构造方法如下。

(1) FileWriter(File file)：在给出 File 对象的情况下构造一个 FileWriter 对象。

(2) FileWriter(String fileName)：在给出文件名的情况下构造一个 FileWriter 对象。

(3) FileWriter(String fileName, Boolean append)：在给出文件名的情况下构造 FileWriter 对象，若 append 为 true，则输出附加至文件尾。

【示例 9-8】 FileReaderDemo.java。

```
import java.io.File;
import java.io.FileNotFoundException;
import java.io.FileReader;
import java.io.IOException;
```

```
public class FileReaderDemo {
    public static void main(String[] args) throws IOException {
        File inputFile = new File("example.txt");
        FileReader in = new FileReader(inputFile);

        int c;
        while ((c = in.read()) != -1)
        System.out.write(c);
        System.out.flush();
        in.close();
    }
}
```

程序运行结果：

```
Hello Java!
```

在示例 9-8 中，已存在 example.txt 文件，并且文件中为 Hello Java!字符串。利用 FileReader 类的对象 in 将该文件的内容读出并显示。

【示例 9-9】　FileWriterDemo.java。

```
import java.io.File;
import java.io.FileWriter;
import java.io.IOException;

public class FileWriterDemo {
    public static void main(String[] args) throws IOException {
        File f = new File("example.txt");
        FileWriter fw = new FileWriter(f);
        fw.write("Hello Java!");
        fw.close();
    }
}
```

本示例中通过 FileWriter 类的对象 fw 将字符串"Hello Java!"写入文件 example.txt 中。

9.3.3　字符输入/输出流类 InputStreamReader 和 OutputStreamWriter

若想对输入流 InputStream 和输出流 OutputStream 进行字符处理，可以使用 InputStreamReader 和 OutputStreamWriter 为其加上字符处理的功能，这两者分别是 Reader 和 Writer 的子类。

1. InputStreamReader

InputStreamReader 是字节流通向字符流的桥梁。使用指定的 charset 类的对象读取字节并将其解码为字符。其使用的字符集可以由名称指定或显式给定，否则可能接受平台默认的字符集。每次调用 InputStreamReader 中的一个 read() 方法都会导致从基础输入流读取一个或多个字节。要启用从字节到字符的有效转换，可以提前从基础流读取更多的字节，使其超过满足当前读取操作所需的字节。为了达到最高效率，要考虑在 BufferedReader 内包装 InputStreamReader。例如：

BufferedReader in = **new** BufferedReader(**new** InputStreamReader(System.in));

InputStreamReader 常用的构造方法形式如下。

(1) InputStreamReader(InputStream in)：创建一个使用默认字符集的 InputStreamReader。

(2) InputStreamReader(InputStream in, Charset cs)：创建使用给定字符集的 InputStreamReader。有关 Charset 类请参看 java.nio.charset.Charset 包中的具体使用说明。

(3) InputStreamReader(InputStream in，String charsetName)：创建使用指定字符集的 InputStreamReader。

2．OutputStream

OutputStreamWriter 是字符流通向字节流的桥梁。使用指定的 charset 将要向其写入的字符编码为字节。其使用的字符集可以由名称指定或显式给定，否则可能接受平台默认的字符集。每次调用 write() 方法都会针对给定的字符(或字符集)调用编码转换器。在写入基础输出流之前，得到的这些字节会在缓冲区累积。可以指定此缓冲区的大小，不过，默认的缓冲区对多数用途来说已足够大。注意，传递到此 write() 方法的字符是未缓冲的。为了达到最高效率，可考虑将 OutputStreamWriter 包装到 BufferedWriter 中以避免频繁调用转换器。例如：

Writer out　　= **new** BufferedWriter(**new** OutputStreamWriter(System.out));

OutputStreamWriter 常用的构造方法形式如下。

(1) OutputStreamWriter(OutputStream out)：创建使用默认字符编码的 OutputStreamWriter；

(2) OutputStreamWriter(OutputStream out, Charset cs)：创建使用给定字符集的 OutputStreamWriter；

(3) OutputStreamWriter(OutputStream out, String charsetName)：创建使用指定字符集的 OutputStreamWriter。

【示例 9-10】　InputStreamReader.java。

```java
package InputStreamReaderDemo;

import java.io.File;
import java.io.FileInputStream;
import java.io.FileNotFoundException;
import java.io.IOException;
import java.io.InputStreamReader;
import java.io.OutputStreamWriter;
public class InputStreamReaderDemo {
    public static void main(String[] args) {
```

```java
byte []Array = new byte[256];
File f = new File("c:/tmp.txt");
try {
    FileInputStream fs = new FileInputStream(f);
    fs.read(Array);
    fs.close();
    InputStreamReader inreader = new InputStreamReader(System.in);
    OutputStreamWriter outwriter = new OutputStreamWriter(System.out);
    char []NewArray = new char[Array.length];
    System.out.println("请输入一个字符串：");
    inreader.read(NewArray);
    String str1,str2;
    str1="";str2="";
    for (int i=0;i<Array.length;i++){
        str1=str1+(char)Array[i];
    }
    //str1 = new String(Array);
    str2 = new String(NewArray);
    System.out.println("tmp.txt 文件中的内容为");
    System.out.println(str1);
    System.out.println("您通过 InputStreamReader 的输入为");
    System.out.println(str2);

    outwriter.write(str2);
    System.out.println("您通过 OutputStreamReader 的输出为");
    outwriter.flush();

    inreader.close();
    outwriter.close();
} catch (FileNotFoundException e) {
    e.printStackTrace();
} catch (IOException e) {
    e.printStackTrace();
}
}
}
```

程序运行结果：

请输入一个字符串：

Hello World(输入 Hello World)

tmp.txt 文件中的内容为

Hello Java's I/O Stream

您通过 InputStreamReader 的输入为

Hello World

【示例 9-11】　StreamReaderWriterDemo.java。

```java
package StreamReaderWriterDemo;

import java.io.FileInputStream;
import java.io.FileOutputStream;
import java.io.IOException;
import java.io.InputStreamReader;
import java.io.OutputStreamWriter;

public class StreamReaderWriterDemo {
    public static void main(String[] args) {
        // TODO Auto-generated method stub
        try {
            FileInputStream fis = new FileInputStream(args[0]);
            // 为 FileInputStream 加上字符处理功能
            InputStreamReader isr = new InputStreamReader(fis);
            FileOutputStream fos = new FileOutputStream("new" + args[0]);
            // 为 FileOutputStream 加上字符处理功能
            OutputStreamWriter osw = new OutputStreamWriter(fos);

            int ch = 0;
            // 以字符方式显示文件内容
            while((ch = isr.read()) != -1) {
                System.out.print((char) ch);
                osw.write(ch);
            }
            System.out.println();
            isr.close();
            osw.close();
        }
        catch(ArrayIndexOutOfBoundsException e) {
            System.out.println("没有指定文件");
        }catch(IOException e) {
            e.printStackTrace();
        }
```

```
        }
    }
```

假设在工程路径中已经存在了 tmp.txt 和 newtmp.txt，tmp.txt 中的内容为"StreamReadWriter Demo!"，程序运行结果：

```
StreamReadWriter Demo!
```

在这里使用 FileInputStream、FileOutputStream，但 InputStreamReader、OutputStreamWriter 可以分别以任何 InputStream、OutputStream 子类的实例作为构建对象时的变量。之前提过，InputStreamReader、OutputStreamWriter 在存取时是以系统的默认字符编码来进行字符转换的，也可以自行指定字符编码。例如指定读取文件时的字符编码为 BIG5：

```
InputStreamReader inputStreamReader;
inputStreamReader = new InputStreamReader(fileInputStream, "BIG5");
```

9.3.4　字符缓冲流类 BufferedReader 和 BufferedWriter

BufferedReader 和 BufferedWriter 可用来缓冲 Reader 和 Writer 流中的字符等数据，从而提供字符、数组和行的高效读取和写入。一般都将 Reader 和 Writer 流打包成 BufferedReader 和 BufferdWriter，例如：

BufferedReader in = **new** BufferedReader(**new** FileReader("input.txt"));

BufferedWriter out = **new** BufferedWriter(**new** OutputWriter("output.txt"));

以下程序是用 BufferedReader 的示例。

【示例 9-12】　BufferedReaderDemo.java。

```
import java.io.*;
public class BufferedReaderDemo{
    public static void main(String args[]) throws IOException{
        String bffStr;
        int bffInt;
        //设置输入端为键盘
        BufferedReader buf=  new BufferedReader(new InputStreamReader(System.in));
        System.out.println("input an integer");
        //从键盘上输入数据
        bffStr=buf.readLine();
        //转换成数字
        bffInt=Integer.parseInt(bffStr);
        buf.close();
        System.out.println("the integer is="+bffInt);
    }
}
```

程序运行结果：

（用户输入整数：123456)

input an integer

123456

the integer is=123456

8.3.5

9.4　文件操作类

介绍完所有流类后，接下来就应该来了解文件类了。Java 中的文件类和流类一样丰富，可以利用它们来完成各种文件操作。

9.4.1　文件类 File

File 类的实例是不可变的，也就是说，一旦创建，File 对象表示的抽象路径名将永不改变。

1. 创建一个新的文件对象

可用下面三个方法来创建一个新文件对象。

(1) 程序如下：

```
File myFile;
myFile = new File("Folder\\File\\data.txt ");
```

(2) 程序如下：

```
myFile = new File("Folder\\File "," data.txt ");
```

(3) 程序如下：

```
File myDir = new file("Folder\\File ");
myFile = new File(myDir," data.txt ");
```

这三种方法取决于访问文件的方式。

例如，如果在应用程序里只用一个文件，第一种创建文件的结构是最容易的，但如果在同一目录里打开数个文件，则第二种或第三种结构更好一些。

2. 文件测试和使用

一旦创建了一个文件对象，便可以使用以下成员函数来获得文件相关信息。

(1) 文件名：String getName()、String getPath()、String getAbslutePath()、String getParent()、boolean renameTo(File newName)。

(2) 文件测试：boolean exists()、boolean canWrite()、boolean canRead()、boolean isFile()、boolean isDirectory()、boolean isAbsolute()。

(3) 一般文件信息：long lastModified()、long length()。

(4) 目录用法：boolean mkdir()、String[] list()。

3. 文件信息获取示例程序

下面是一个独立的显示文件的基本信息的程序示例，文件通过命令行参数传输。

【示例 9-13】　FileInfo.java。

```java
import java.io.*;
class FileInfo {
public static void main(String args[]) throws IOException {
    File fileToCheck;
        if (args.length>0)
        {
                for (int i=0;i<args.length;i++)
                {
                        //从参数中获取路径字符串
                        fileToCheck = new File(args[i]);
                        info(fileToCheck);
                }
        }
        else{
            System.out.println("No file given.");
        }
    }
    public static void info (File f)throws IOException{
        System.out.println("Name: "+f.getName());    //输出文件名
        System.out.println("Path: "+f.getPath());    //输出文件路径
        if (f.exists())
        {
            System.out.println("File exists.");        //是否存在
            //文件是否可读
            System.out.print((f.canRead() ?" and is Readable":""));
            //文件是否可写
            System.out.print((f.canWrite()?" and is Writeable":""));
            System.out.println(".");
            //文件长度
            System.out.println("File is " + f.length() + " bytes.");
        }
        else{
            System.out.println("File does not exist.");
        }
    }
}
```

如果在 E:\OKJava\test 目录下有个 data.ser 文件，在 D:\Java 目录下有个 input.txt 文件，那么程序运行结果如图 9-3 所示。

```
D:\JAVA>javac FileInfo.java

D:\JAVA>java FileInfo e:\OKjava\test\data.ser d:\java\input.txt
Name: data.ser
Path: e:\OKjava\test\data.ser
File exists.
 and is Readable and is Writeable.
File is 110 bytes.
Name: input.txt
Path: d:\java\input.txt
File exists.
 and is Readable and is Writeable.
File is 66 bytes.
```

图 9-3　示例 9-13 程序运行结果

9.4.2　文件过滤器接口 FileFilter

FileFilter 可以用来检测文件是否存在接口。实现此接口的类实例可用于过滤器文件名。

以下程序示例用实现 FileFilter 的类实例实现了搜索特定的文件扩展名的功能，搜索 d:\JavaFiles 目录下扩展名为 .java 的所有文件：

【示例 9-14】 FileFilterTest.java。

```
import java.io.File;
import java.io.FileFilter;
class ExtensionFileFilter implements FileFilter{
    private String extension;
    public ExtensionFileFilter(String extension){
        this.extension = extension;
    }
    //重写必须实现的 accept 方法
    public boolean accept(File file){            //如果是文件夹，就返回 false
        if(file.isDirectory()){
            return false;
        }
        String name = file.getName();
        // 查找是否带”.” 如果不带就返回 false
        int index = name.lastIndexOf(".");
        if(index == -1){
            return false;
        }
        else
        if(index == name.length()-1){  //无扩展名，返回 false
            return false;
        }
        else
```

```
        {              //查看是否与构造函数传进去的扩展名参数相等
            return this.extension.equals(name.substring(index+1));
        }
    }
}


public class FileFilterTest{
    public static void main(String args[]){          //文件夹目录
        String dir = "d:\\JavaFiles";
        File file = new File(dir);
        //搜索 X:/book  文件夹下的  所有后缀名为 *.cfg 文件
        File[] files = file.listFiles(new ExtensionFileFilter("Java"));
        for(int i=0; i<files.length; i++)
        System.out.println("Name: "+files[i].getPath()); //输出文件名
    }
}
```
程序运行结果：

Name: d:\JavaFiles\test1.Java

Name: d:\JavaFiles\test2.Java

Name: d:\JavaFiles\test3.Java

Name: d:\JavaFiles\test4.Java

Name: d:\JavaFiles\test5.Java

Name: d:\JavaFiles\test6.Java

Name: d:\JavaFiles\test7.Java

Name: d:\JavaFiles\test8.Java

Name: d:\JavaFiles\test9.Java

9.4.3　随机存取文件类 RandomAccessFile

当读文件时常常不是从头至尾顺序读的。如果想将一文本文件当作一个数据库，读完一个记录后，跳到另一个记录，并且这两个纪录在文件的不同地方，Java 提供了 RandomAccessFile 类来支持操作这种类型的输入输出。

1. 创建随机访问文件

打开随机访问文件有两种方法。

(1) 用文件名：myRAFile = new RandomAccessFile(String name,String mode);

(2) 用文件对象：myRAFile = new RandomAccessFile(File file,String mode);

mode 参数决定了访问文件的权限，如只读"r"或读写"wr"等。

2. 访问信息

RandomAccessFile 对象的读写操作和 DataInput/DataOutput 对象的操作方式一样。可

以使用在 DataInputStream 和 DataOutputStream 里出现的所有 read()和 write()函数。还有几个函数可以使文件里的指针移动：

(1) long getFilePointer()： 返回当前指针。

(2) void seek(long pos)： 将文件指针定位到一个绝对地址。地址是相对于文件头的偏移量。地址 0 表示文件的开头。

(3) long length()：返回文件的长度。地址"length()"表示文件的结尾。

3. 增加信息

可以使用随机访问文件来设置成增加信息模式：

```
myRAFile = new RandomAccessFile("RFile\\RData.txt","rw");
myRAFile.seek(myRAFile.length());
```

增加信息示例程序如下所述。

【示例 9-15】 FileDialogDemo.java。

```java
import java.io.IOException;
import java.io.RandomAccessFile;
class raTest {
    public static void main(String args[])    throws IOException{
        RandomAccessFile myFAFile;
        String s = "Information to Append\nHi mom!\n";
        myRAFile = new RandomAccessFile("RFile\\RData.txt","rw");
        myRAFile.seek(myRAFile.length()); //将文件指针跳到结尾处
        myRAFile.writeBytes(s);    //追加信息
        myRAFile.close();
    }
}
```

运行程序后，会在 RData.rec 文件(如果没有，会自动生成)后追加：

```
Information to Append
Hi mom!
```

程序运行结果如图 9-4 所示。

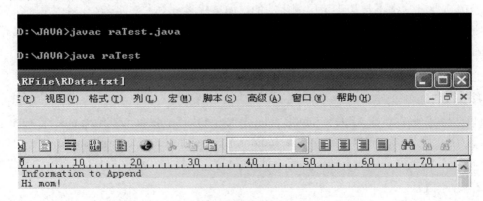

图 9-4　示例 9-15 程序运行结果

本 章 小 结

　　本章主要介绍了 Java 语言的流输入/输出机制和文件操作机制。

　　Java 提供了丰富的输入/输出流操作类。Java 数据流包括多种类型的数据操作，按操作对象的数据特征可分为字节流和字符流，按数据在流中的流向，又可分为输入流和输出流。通过打开一个数据源的输入流，程序可以从数据源读取数据，同样，打开一个到目标的输出流则可以向外部目标(文件)写数据。通过本章的学习，读者理解以下几点：

　　(1) 理解流的概念，熟悉 Java 各流的结构，并学会操作常用的输入/输出流。

　　(2) 熟练文件的各种操作。

　　(3) 了解串行化机制。

习　　　题

　　1. 简述 java.io 包中输入/输出流的类层次结构关系。

　　2. 若想访问 Windows 系统当前目录下 drct 目录里的 file.dat 文件，在 Java 程序中应该怎么写路径字符串？在 Unix 系统下如何写？

　　3. System.in 和 System.out 两个流能不能用 new 来创建？为什么？

　　4. 若是接收输入的数据中既有整型和实型，又有字符型，应该用哪一种输入流最合理？

　　5. 查阅资料，看看不可串行实例化的系统定义类主要有哪些？

　　6. 如果想从文件将字符信息以整行读出，应该使用哪一种流以及该流的哪一种成员方法。

　　7. 试着编写一个类似系统提供的文件名搜索程序。

第10章　多　线　程

多线程是 Java 语言的一大特性。多线程就是同时存在 N 个执行体，按几条不同的执行线索共同工作的情况。利用对象，可将一个程序分割成相互独立的区域。通常也需要将一个程序转换成多个独立运行的子任务。像这样的每个子任务都叫作一个"线程"(Thread)。

10.1　Java 线程模型

在操作系统中，进程被定义为应用程序的运行实例，是应用程序的一次动态执行。线程是进程内部程序执行的路径，是进程的一个执行单元。从根本上说，线程是可由系统调度的一个最简单的代码单元，负责执行包含在进程的地址空间中的程序代码。

10.1.1　线程

计算机系统给人的印象是它可以同时执行多项工作。例如，在一个窗口用 QQ 聊天，在另一个窗口下载电影，在第三个窗口安装程序，等等。每一个程序应用就是一个进程执行，对于单处理器的机器，操作系统分时间片轮流运行每一个进程，而线程只是进一步发展了这一概念：单个程序看起来可以同时处理多个任务。通常将每个任务称为一个线程。线程是控制线程的简称。可以一次运行多个线程的程序被称为是多线程的程序。

多线程和多进程的本质区别在于每个进程有它自己的变量的完备集，线程则共享相同的数据。对程序来说，共享的变量使进程之间的通信比线程间的通信更加有效而简单。而且，对于某些操作系统而言，线程比进程更"轻量级"，创建和销毁单个线程比发起进程的开销要小得多。

当操作系统按时间片从一个运行的进程切换到另一个进程时，由于需要保存程序的当前状态(内存映象、文件描述器和中断设置等)，因而存在一定的开销。当 JVM 从一个运行的线程切换到另一个线程时，只需要在同一个内存地址空间内进行切换，因而只有较少的上下文切换开销(保存少量的寄存器、修改栈指针和程序计数器等)。所以线程实际上可以使程序运行得更快，即使在单处理器的系统上也是如此。这种情况仅当计算步骤不必等待 I/O 完成而同时执行其他动作时出现。

线程是让程序一次执行多个动作的手段。在不具备线程功能的程序(如 Pascal、C 和 C++)中，一次只能执行一个动作。而线程允许一个程序一次执行多个动作。在实际使用中，多线程非常有用。例如，一个浏览器必须能够同时下载多幅图片；一个 Web 服务器需要能够处理并发的多个客户端的请求；由于 Java 自身就使用了一个线程在后台进行垃圾回收，使得编程者不必为内存管理而操心，这也是 Java 优于 C++的一个表现。之所以要用多线程技术，原因主要有以下三方面：

(1) 可以编写一个交互程序，使之不至于总是因为等待用户的响应而无所事事。例如，可以让一个线程控制和响应 GUI 事件，另一个线程处理用户请求的任务和计算，第三个线程执行文件 I/O 操作。所有线程均位于同一个程序中。这意味着当部分程序因等待某些资源而锁住时，其他线程仍然可以运行。

(2) 如果把程序分成若干个线程，这些程序可能更容易编写。典型的例子是客户/服务器(C/S)模式的服务器程序。对于来自客户端的每个请求，如果服务器程序能够调度一个新的线程处理每一个请求，处理方式将会非常方便。而传统的做法是编写一个较大的服务器端程序，通过各种控制算法去跟踪每一个请求的运行状态，并对每个请求做出响应处理。

(3) 某些程序特别适合于并行计算处理，按线程方式编写这样的程序将会更顺理成章，比如某些排序和合并算法、某些矩阵运算和许多递归算法等。

10.1.2　线程与进程的关系

"进程"(process)是指一种"自包容"的运行程序，有自己的地址空间。"多任务"(multitasking)操作系统能同时运行多个进程(程序)，但实际上由于 CPU 分时机制的作用，使每个进程都能循环获得自己的 CPU 时间片。但由于轮换速度非常快，使得所有程序好像是在"同时"运行一样。"线程"是进程内部单一的一个顺序控制流。因此，一个进程可能容纳了多个同时执行的线程。图 10-1 说明了线程与进程的关系。

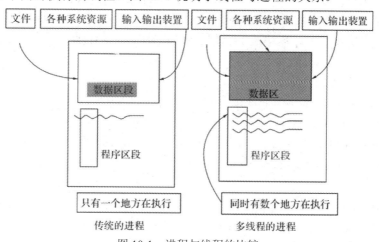

图 10-1　进程与线程的比较

10.1.3　多线程并发编程

多线程的应用范围很广。但在一般情况下，程序的一些部分同特定的事件或资源联系在一起，同时又不想因此而暂停程序其他部分的执行。这样一来，就可考虑创建一个线程，令其与那个事件或资源关联到一起，并让它独立于主程序运行。一个很好的例子便是"Quit"或"退出"按钮——操作者并不希望在程序的每一部分代码中都轮询这个按钮，同时又希望该按钮能及时地作出响应(使程序看起来经常都在轮询它)。多线程有多种用途，通常的用法是让程序中的某个部分与特定的事件或资源联系在一起，而又不想让这种联系阻碍程序其余部分的运行。这时，可以创建一个与这个事件或资源相关联的线程，并且让此线程独立于主程序运行。

由于多线程的出现而使得读者可以实现并发编程，学习并发编程就像进入了一个全新的领域，有点类似于学习一门新的编程语言，或者至少要学习一整套新的语言概念。随着对线程的支持在大多数微机操作系统中的出现，在编程语言和程序库中也出现了对线程的扩展。

要理解并发编程，其难度与理解多态机制差不多。仅仅能明白其基本机制，对于编写合理又复杂的程序还不够，要想真正掌握它的实质，就需要深入的学习和理解。请读者参阅专门讨论这个主题的相关书籍。

10.2　基本线程的编写

Java 的线程是通过 Java.lang.Thread 类来实现的。当生成一个 Thread 类的对象之后，一个新的线程就产生了。所以编写一个线程最简单的做法是从 Java.lang.Thread 继承，这个类已经具有了创建和运行线程所必要的架构。

Thread 最重要的方法是 run()方法，需要将该 run()重载并将线程执行体部分加入该方法内，这样，run()里的代码就能够与程序里的其他线程"同时"执行。

下面这个示例可创建任意数量的线程，并通过为每个线程分配一个独一无二的编号(由一个静态变量产生)，从而对不同的线程进行跟踪。Thread 的 run()方法在这里得到了重载，每通过一次循环，计数就减 1，计数为 0 时则完成循环(此时一旦返回 run()，线程就中止运行)。

【示例 10-1】 SimpleThread.java。

```java
public class SimpleThread extends Thread{
    private int countDown = 5;
    private int threadNumber;
    private static int threadCount = 0;

    public SimpleThread(){
        threadNumber = ++ threadCount;
        System.out.println("Making " + threadNumber);
    }

    public void run(){
        while (true){
            System.out.println("Thread " + threadNumber + "(" + countDown + ")");
            if (--countDown == 0) return;
        }
```

```
        }

    public static void main(String[] args){
        for (int i = 0; i < 5; i++)
            new SimpleThread().start();
            System.out.println("All Threads Started");
        }
    }
```

程序运行结果 (注意每次运行都会不同):

Making 1

Making 2

Thread 1(5)

Thread 1(4)

Thread 1(3)

Thread 1(2)

Thread 1(1)

Making 3

Thread 2(5)

Thread 2(4)

Making 4

Thread 2(3)

Thread 2(2)

Thread 2(1)

Making 5

All Threads Started

Thread 4(5)

Thread 4(4)

Thread 4(3)

Thread 5(5)

Thread 4(2)

Thread 5(4)

Thread 4(1)

Thread 5(3)

Thread 5(2)

Thread 5(1)

Thread 3(5)

Thread 3(4)

Thread 3(3)

Thread 3(2)

Thread 3(1)

run()方法含有某种形式的循环，它们会一直持续到线程不再需要为止。因此，必须规定特定的条件，以便中断并退出这个循环(或者在上述的例子中，简单地从 run()返回即可)。run()通常采用一种无限循环的形式。也就是说，通过阻止外部发出对线程的 stop()或者destroy()调用，它会永远运行下去(直到程序完成)。

在 main()中，可看到创建并运行了大量线程。Thread 包含了一个特殊的方法，叫作start()，它的作用是对线程进行特殊的初始化，然后调用 run()。所以整个步骤包括：

(1) 调用构造函数来初始化对象；

(2) 然后用 start()配置线程；

(3) 再调用 run()。

可看出线程并不是按它们创建时的顺序运行的。事实上，CPU 处理一个现有线程集的顺序是不确定的，除非手动设置，并用 Thread 的 setPriority()方法调整它们的优先级。

main()创建 Thread 对象时，它并未捕获任何一个对象的句柄。普通对象对于垃圾收集来说是一种"公平竞赛"，但线程却并非如此。每个线程都会"注册"自己，所以某处实际存在着对它的一个引用。

10.2.1　主线程

当 Java 程序启动时，一个线程立刻运行，该线程通常称为程序的主线程(main thread)，因为它是程序开始就执行的。主线程的作用有以下两个方面：

(1) 主线程是产生其他子线程的线程。

(2) 通常情况下，主线程必须最后完成执行，因为它需要执行各种线程的关闭操作。

尽管主线程在程序启动时自动创建，但其可以由一个 Thread 对象控制。为此，使用者必须调用方法 currentThread()获得它的一个引用，currentThread()是 Thread 类的公有静态成员。其通常形式如下：

static Thread currentThread()

该方法返回一个调用它的线程引用。一旦获得了主线程的引用，就可以像控制其他线程那样控制主线程。

【示例 10-2】　CurrentThreadDemo.java。

```
class CurrentThreadDemo{
    public static void main(String args[ ]){
        Thread t = Thread.currentThread();
        System.out.print("Current thread: " + t);

        t.setName("My thread");      // 改变线程名
        System.out.println("After name change : " + t);
        try   {
            for (int n = 5; n > 0; n--){
                System.out.println(n);
```

```
                Thread.sleep(1000);
            }
        }
        catch (InterruptedException e){
            System.out.println("Main thread interrupted ");
        }
    }
}
```

在本示例程序中，当前线程(自然是主线程)的引用是通过调用 currentThread()获得的，该引用保持在局部变量中。然后，程序显示了线程的信息。接着程序调用 setName()改变线程内部名称。线程信息又被显示。然后一个循环从 5 开始递减，每数一次暂停一秒。暂停是由 sleep()方法来完成的。Sleep()预计明确规定延迟时间是 1 ms。注意循环外的 try/catch块。thread 类的 sleep()方法可能引发一个 Interrupted 异常。这种情况会在其他线程想要中断线程执行 sleep()方法时发生。本例只是打印了它是否被打断的消息。在实际程序中要灵活处理此类问题。

程序运行结果：

    Current thread: Thread [main,5,main]

    After name change: Thread [My Thread , 5,main]

    5

    4

    3

    2

    1

注意 t 作为语句 println()中的参数运行时输出的产生情况。该显示顺序是：线程名称、优先级以及组的名称。默认情况下，主线程的名称是 main。它的优先级是 5，这也是默认值，main 也是所属线程组的名称。一个线程组(thread group)是一种将线程作为一个整体集合的状态控制的数据结构。这个过程由专有的运行时环境来处理，在此就不赘述了。线程名改变后，t 又被输出。这次，显示了新的线程名。

下面进一步研究程序中的 Thread 类定义的方法。sleep()方法按照毫秒级的时间指示使线程从被调用到挂起。其通常形式如下：

static void sleep (**long** milliseconds) **throws** InterruptedException

sleep()方法还有第二种形式，该方法运行用户指定时间是以毫秒还是以纳秒为周期，显示如下：

static void sleep (**long** milliseconds，**int** nanoseconds) **throws** InterruptedException

第二种形式仅当运行以毫秒为时间周期时可用。

如上述程序所示，可用 satName()设置线程名称，用 getName()来获得线程名称(该过程在程序中没有体现)。这些方法都是 Thread 类的成员，声明如下：

final void setName (String threadName);

final String getName();

这里，threadName 特指线程名称。

10.2.2　获得新线程的两种方式

在 Java 中，可以采用两种方式创建线程：

1. 继承 Thread 类

【示例 10-3】　继承 Java.lang.Thread 类，并覆盖其中的 run()方法：

```
class ThreadExtend extends Thread {
    public void run(){
        /* 代码体 */
    }
ThreadExtend    p = new ThreadExtend ();
p.start();
```

2. 重新编写类

编写一个类，使之实现 Java.lang.Runnable 接口，然后在 Thread 类的构造函数中启动它。Thread 类方式只能在该类没有继承其他任何类的情况下使用，因为 Java 不允许多重继承。

在下面例子中，实现 Runnable 接口(Thread 类本身已经实现了 Runnable 接口)，并在 Thread 的构造函数中启动了这个类：

```
Class Mango implements Runnable{
    Public void run(){
        /* 代码体 */
    }
}
Mango    m = new Mango();
Thread    t1 = new Thread (m);
t1.start();
```

图 10-2 展示了怎样通过扩展继承 Thread 类而创建 Thread 的子类。

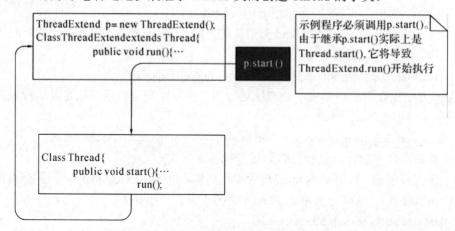

图 10-2　通过扩展 Thread 创建 Thread 的子类

　　上述创建线程的过程可能不容易理解，因为其中必须通过调用子类中并没有编写的 start()方法才能启动线程并使之运行，参见图 10-2。实际上在扩展了 Thread 类之后，子类将会继承 Thread 类中的所有方法，因而也就拥有了必要的 Thread.start()方法。

　　图 10-2 中声明的 ThreadExtend 类的对象能够获取对线程的控制，通过调用 run()方法可开始执行新的线程。声明了两个或者更多的 ThreadExtend 类将会得到两个或者更多个独立执行的线程实体。

　　新的线程在创建时并不会立即开始执行。对于某些应用程序而言，需要事先创建进程对象，然后当需要时再显式地调用启动线程。例如，可以采用下列语句创建一个线程。

　　　　Mango　m = new Mango();

　　通过调用 start()方法，可以启动线程运行。示例如下：

　　　　m.start();

　　也可以把创建和启动线程的过程合并在一起。示例如下：

　　　　new Mango().start();

　　之后，线程将在 run()方法中开始执行。在 run()方法中，程序员可以按照常规方式，调用其他方法和其他的类。请记住，run()方法是线程真正开始执行的地方，而 start()方法则是启动线程，使之能够运行的部分。或者可以这样来理解，可以把 run()方法看作是线程的 main()方法。程序员无需直接调用 run()方法，因为 run()方法是通过 start()方法间接调用的。使用下列任何一种代码行调用 run()方法都是错误的：

　　　　run();

　　　　something.run();

10.2.3　选择合适的方法

　　读者一定会好奇为什么 Java 有两种创建子线程的方法，哪一种更好呢？所有的问题都归于一点：Thread 类定义了多种方法可以被派生类重载。对于所有的方法，唯一的必须被重载的是 run()方法。这当然是实现 Runnable 接口所需的同样的方法。很多 Java 程序员认为类仅在他们被加强或修改时应该被扩展。因此，如果不重载 Thread 的其他方法，最好只实现 Runnable 接口。

10.2.4　Thread 类的相关方法

　　Thread 类是 Java.lang 包中专门创建和操作线程的类。其中常用的控制线程的方法有以下几种。

　　(1) run()：线程的入口点，与 C 语言中的 main 类似。

　　(2) start()：通过调用运行方法来启动线程。

　　(3) destroy()：终止一个线程，不清除其他相关内容。

　　(4) resume()：重新开始执行该线程。

　　(5) sleep(long millis)：在指定的毫秒数内让当前正在执行的线程休眠(暂停执行)。该线程不丢失任何监视器的所属权。

　　(6) join()：等待一个线程终止。

表 10-1 列举了 Java.lang.Thread 类的构造方法。该类的常用方法如表 10-2 所示。

表 10-1　Java.lang.Thread 类的构造方法

部分构造方法摘要	
Thread()	分配新的 Thread 对象
Thread(Runnable target)	分配新的 Thread 对象
Thread(Runnable target, String name)	分配新的 Thread 对象
Thread(String name)	分配新的 Thread 对象
Thread(ThreadGroup group, Runnable target)	分配新的 Thread 对象

表 10-2　Java.lang.Thread 类的常用方法

部分方法摘要	
static int	activeCount() 返回当前线程的线程组中活动线程的数目
static Thread	currentThread() 返回对当前正在执行的线程对象的引用
long	getId() 返回该线程的标识符
String	getName() 返回该线程的名称
int	getPriority() 返回线程的优先级
ThreadGroup	getThreadGroup() 返回该线程所属的线程组
void	interrupt() 中断线程
static boolean	interrupted() 测试当前线程是否已经中断
boolean	isAlive() 测试线程是否处于活动状态
boolean	isDaemon() 测试该线程是否为守护线程
boolean	isInterrupted() 测试线程是否已经中断
void	join() 等待该线程终止
void	run() 如果该线程是使用独立的 Runnable 运行对象构造的，则调用该 Runnable 对象的 run 方法；否则该方法不执行任何操作并返回
void	setDaemon(boolean on) 将该线程标记为守护线程或用户线程
void	setName(String name) 改变线程名称，使之与参数 name 相同
void	setPriority(int newPriority) 更改线程的优先级
static void	sleep(long millis) 在指定的毫秒数内让当前正在执行的线程休眠(暂停执行)
void	start() 使该线程开始执行；Java 虚拟机调用该线程的 run 方法
String	toString() 返回该线程的字符串表示形式，包括线程名称、优先级和线程组
static void	yield() 暂停当前正在执行的线程对象，并执行其他线程

10.2.5　Runnable 接口简述

Runnable 接口的定义如下：

```
public interface Runnable {
    public void run(){
        /* 代码部分 */
    }
}
```

该接口所做的一切只是使得实现这一接口的子类能自动拥有一个 run()方法。为了使 Runnable 对象能够在 Thread 类中运行，可以把 Runnable 对象作为参数传递给 Thread 的构造函数。代码如下：

```
class Mango implements runnable {
    public void run()    {…}
}
/* 代码部分 */
Thread t1 = new Thread (new Mango());
```

现在已经有了线程 t1，可以调用所有的 Thread 方法。代码如下：

t1.start();

t1.stop();

至此，必须调用 start()方法，使 t1 开始执行。

常见的做法是利用一条语句同时完成实例化与线程启动过程。代码如下：

new Thread (new Mango()).start();

但是，不能让实现了 Runnable 接口的 run()方法中的语句调用 Thread 类的方法，如 sleep()、getName()或 setPriority()方法。

因为在 Runnable 实例中不存在 Thread 对象，因此 Runnable 实例不知道也不能直接调用 Thread 中的方法。这也是实现 Runnable 接口的子类与 Thread 子类相比较的不便之处。

【示例 10-4】　ExampleRunnable.java。

```
public class ExampleRunnable{
    public static void main(String [ ] a){


        //可采用的方法 1
        ExtnOfThread t1 = new ExtnOfThread();
        t1.start();


        //可采用的方法 2
        Thread t2 = new Thread (new ImplOfRunnable());
        t2.start();
    }
}


class ExtnOfThread extends Thread {
    public void run(){
```

```
        System.out.println("Extension Of Thread running");
        try{
            sleep(1000); // 休眠 1 秒
        }
        catch(InterruptedException ie) {return;}
    }
}


class ImplOfRunnable implements Runnable{
    public void run(){
        System.out.println("Implementation of Runnable running");
    }
}
```

程序运行结果：

Extension Of Thread running

Implementation of Runnable running

只有创建了 Thread 对象才能调用这些 Thread 的方法。实现了 Runnable 接口的类不会自动得到 Thread 对象，因而也不能调用这些方法。

为了获得 Thread 对象，必须调用静态的 Thread.currentThread()方法，它的返回值只是当前正在运行的线程。一旦拥有了这个对象，就能够容易地调用它的任何线程方法。示例如下：

```
    class ImplOfRunnable implements Runnable{
        public void run(){
            System.out.println(Implementation of Runnable running);
            Thread t = Thread.currentThread();
            try {
                t.sleep(1000);
            }
            catch  (InterruptedException  ie)  {return;}
        }
    }
```

调用 currentThread()方法的语句可以出现在任何 Java 代码中，包括主程序。一旦有了线程对象，就可以调用它的线程方法。

按照 Java 开发组的正式说法，如果 run()方法是唯一准备覆盖的方法的话，则应当使用 Runnable 接口。其基本思路是，为了维护继承模型的纯净性，类不应当再进行扩展以形成新的子类，除非程序员打算修改或增加类的基本功能。

例外的情况是，当创建一个线程子类时，需要提供一个字符串参数。当准备这样做时，必须提供一个构造函数，以读取这个字符串参数，然后把它传递给基类的构造函数。这个字符串就为 Thread 子类对象的名字，可以用于在将来标识 Thread 子类对象。例如：

```
class Grape extends Thread{
    Grape (String s){ //构造函数
        super (s);
    }
    public void run() {
        /* 线程执行体 */
    }
}
/* 其余代码部分 */
static public void main (String [ ] s) {
    new Grape ("merlot").start();
    new Grape ("pinot").start();
    new Grape ("cabernet").start();
}
```

通常，不能把任何参数传递给 run()方法，因为其方法名可能会不同于被覆盖的 Thread 中的同一方法。但是，通过调用 getName()方法，线程可以获取启动线程时提供的字符串参数。根据需要，这个参数可以是一种直接给出的字符串，也可以是一个静态的参数数组的引用。

10.2.6 线程的生命周期

线程后可以从 Thread 类中继承 start()方法并通过它的 run()方法启动线程，使之开始执行。当 run()方法运行结束或离开 run()方法(由于异常或返回语句)时，线程将结束执行。

如果 run()方法中出现异常，运行时系统将会输出错误信息，并说明线程已经终止。但异常不会传播到创建和启动线程的代码中。这意味着一旦启动了一个单独执行的线程，就不能再用代码干预已经调度执行的线程了。

每个线程都有一个生命周期，它是由若干个不同的状态组成的(见图 10-3)。这些状态包括：

(1) 就绪。线程做好了运行准备并在等待 CPU，即线程已被创建但尚未执行(start() 尚未被调用)。

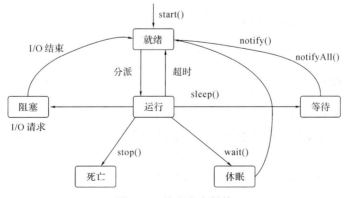

图 10-3　线程状态转换

(2) 运行。线程在 CPU 上执行。

(3) 等待。线程在等待发生某个事件。

(4) 休眠。线程已被告知要休眠一段时间。

(5) 阻塞。线程在等待 I/O 结束，线程不会被分配 CPU 时间，无法执行。

(6) 死亡。线程被终止，正常情况下 run() 返回使得线程死亡。调用 stop()或 destroy()亦有同样效果，但是不被推荐，前者会产生异常，后者是强制终止，不会释放锁。

此处应注意以下几点：

(1) run()方法包含控制线程运行的代码。

(2) 程序通过调用线程的 start()方法运行线程，而 start()又相应地调用 run()方法。

(3) interrupt()方法用于中断一个线程。如果当前线程已经被中断，interrupt()方法便返回 true；否则，返回 false。方法 isInterrupted()确定线程释放已经被中断。

(4) 在调用某个线程的 start()方法，但此线程还没有进入死亡态时(即还没有调用 stop() 方法，run()方法还没有运行结束)，调用 isAlive()方法会返回 true；

(5) join()方法在当前线程运行之前，要等待接收消息的线程死亡。

(6) 等待可能是很危险的，它可以导致两种严重后果，即死锁(deadlock)和无限延迟(indefinite postponement)。

(7) 创建一个处于出生期的新线程。在调用它的 start()方法之前，该线程一直处于出生期；调用 start()方法后，线程进入就绪状态。

(8) 当系统有空闲地处理器资源时，高优先级且已就绪的线程进入运行状态。

(9) 如果线程的 run()方法结束或用其他的原因终止此线程，则此线程进入死亡状态(dead)；系统最后会释放处于死亡态的线程。

(10) 如果处于运行状态的线程发出 I/O 请求，便进入阻塞(blocked)状态。而当其等待的 I/O 操作结束时，阻塞的线程回到就绪状态。对于一个阻塞的线程来说，即使处理器空闲，它也不能使用。

(11) 当调用一个正在运行的线程 sleep()方法时，该线程进入休眠(sleep)状态。休眠的线程当预先设计好的休眠时间到达后，便进入就绪状态。对于休眠的线程来说，即使处理器空闲，它也不能使用。

(12) 调用处于运行状态的线程的 wait()方法，线程进入等待状态，它将按次序排在等待队列。等待队列的线程均是对某个对象调用了 wait()方法才进入等待状态的。与对象相关的另一个线程调用 notify()方法时，等待队列中的第一个线程进入就绪状态。当与某该对象相关的一个线程调用了 notifyAll()方法后，相应等待队列中的所有线程都回到就绪状态。

10.2.7 多线程及其优先级

1. 多线程编程的优点

利用多线程可以编写出界面友好、效率高的应用程序，也就是提高系统的并发性。必须注意的是，通常使用的计算机都是单 CPU。因此，所谓并发执行，实际上从系统内部来看仍然是串行执行的，只不过由于操作系统可自动进行任务切换，因而给人一种同时执行的假象。

2. 线程的优先级

由于 CPU 一次只能被一个线程独占，但通过调度程序，多个线程可以按照某种方式快速地切换。这种调度方式只和线程的优先级有关。若有多个线程都处于可运行状态，具有较高优先级的线程将先执行。只有当高优先级的线程由于 stop()、yield()和等待 I/O 而处于不可运行状态时，低优先级的线程才可运行。

Java 线程的优先级范围是从 MIN_PRIORITY 到 MAX_PRIORITY。其中的 MIN_PRIORITY 和 MAX_PRIORITY 都是线程类的整型常量。优先级的值越大，线程的级别越高，被执行的机会也就越大。一般来说，MIN_PRIORITY 的值为 1，MAX_PRIORITY 的值为 10，缺省时，线程的优先级设置为 Thread.NORM_PRIORITY(常数值 5)。

3. 多线程的示例

下面是两个线程同时运行的示例。

【示例 10-5】 Animal.java。

```
class Animal extends Thread {              // 定义 Animal 类为线程的子类
    int    speed;
    public Animal(String str,int speed) {   // 定义构造方法
        super(str);                         // 调用父类 Thread 的构造方法
        this.speed = speed;                 // 定义本身的类属性变量
    }
    public void run(){                      // 重载线程的 run()方法
        int distance = 0;
        int sleepTime;
        while (distance <= 1000) {
            System.out.println(getName() + "IS    At"+ distance);
            try{
                distance += speed;          // 距离递增
                sleepTime = (int) (Math.random() * speed);   //对睡眠时间赋值
                sleep(sleepTime);
            }
            catch (InterruptedException   e) {}             // 捕获异常
        }
    }
}
```

在独立应用程序(APPLICATION)中使用线程的例子。

```
//源程序名：Race.java
//源程序内容:
//要求本程序与 Animal 类放在同一目录中
public class Race {                 // 定义 Race 类，它内含主函数 MAIN()
    public static void main (String args [ ]){
```

```
            Animal rabit ;        // 定义线程 Animal 的对象
            Animal turtle ;
            rabit = new Animal ("Roger-rabit", 100 ); // 创建 Animal 的对象
            turtle = new Animal ("turtle", 20);
            rabit.setPriority(Thread.MIN_PRIORITY); /* 设置 rabit 线程对象的优先级为最低*/
            rabit.start();        // 启动线程对象 rabit
            turtle.setPriority(Thread. MAX_PRIORITY);// 设置 turtle 的优先级为最高
            turtle.start();
        }
    }
```

程序运行结果：

```
    turtleIS    At0
    Roger-rabitIS    At0
    turtleIS    At20
    turtleIS    At40
    turtleIS    At60
    turtleIS    At80
    turtleIS    At100
    Roger-rabitIS    At100
    turtleIS    At120
    turtleIS    At140
    turtleIS    At160
    turtleIS    At180
    Roger-rabitIS    At200
    turtleIS    At200
    turtleIS    At220
    turtleIS    At240
    turtleIS    At260
    turtleIS    At280
    turtleIS    At300
    turtleIS    At320
    Roger-rabitIS    At300
    turtleIS    At340
    turtleIS    At360
    turtleIS    At380
    turtleIS    At400
    turtleIS    At420
    Roger-rabitIS    At400
    turtleIS    At440
```

turtleIS   At460

turtleIS   At480

turtleIS   At500

turtleIS   At520

turtleIS   At540

Roger-rabitIS   At500

turtleIS   At560

turtleIS   At580

turtleIS   At600

turtleIS   At620

turtleIS   At640

Roger-rabitIS   At600

turtleIS   At660

turtleIS   At680

turtleIS   At700

turtleIS   At720

Roger-rabitIS   At700

Roger-rabitIS   At800

turtleIS   At740

turtleIS   At760

turtleIS   At780

turtleIS   At800

turtleIS   At820

turtleIS   At840

turtleIS   At860

turtleIS   At880

Roger-rabitIS   At900

turtleIS   At900

turtleIS   At920

turtleIS   At940

turtleIS   At960

Roger-rabitIS   At1000

turtleIS   At980

turtleIS   At1000

10.3 线 程 同 步

线程同步指多个线程同时访问某资源时，采用一系列的机制以保证同时最多只能有一个线程访问该资源。

为什么需要线程同步呢？在这里举一个最简单的例子来说明。比如有一本书(有且只有一本)，交给多个售货员同时去卖，如果其中任何一个售货员把这本书卖了，其他售货员就不能再卖这本书了。如果要保证该书不会被多个售货员同时卖掉，必须要有一种机制来保证，比如，售货员应该拿到该书之后才能开始卖书，暂时拿不到的话就只能等该书被退回柜台。

这里，每一个售货员售书可以看作一个线程。欲售的书便是各线程需要共享的资源。

开始售书之前，需要取得该书(资源)，取不到的情况下等待，即资源取得；开始售书之后，则需要取得对该书的独享控制(不让他人拿到该书)，即资源加锁；售完书时，需要通知柜台该书已售出；或者未售出时，把书退回柜台(通知他人可以拿到该书)，即资源解锁。

对于并发工作，需要通过某种方式来防止两个任务访问相同的资源，至少在关键阶段不能出现这种情况。防止这种冲突的方法就是当资源被一个任务使用时，在其上加锁。第一个访问某项资源的任务必须锁定这项资源，使其他任务在其被解锁之前无法访问它，而在其被解锁之时，另一个任务就可以锁定并使用它，以此类推。

基本上所有的并发模式在解决线程冲突问题的时候，都采用了序列化访问共享资源的方案，这意味着在给定时刻只允许一个任务访问共享资源。通常这是通过在代码前面加上一条锁语句(锁也可被称为监控器)来实现的，这就使得在一段时间内只有一个任务可以运行这段代码。因为锁语句产生了一种相互排斥的效果，所以这种机制常常被称为互斥量(mutex)。

Java 用锁(监控器 monitor)来实现同步，线程同步是多线程中必须考虑和解决的问题，因为很可能发生多个线程同时访问(主要是写操作)同一资源，如果不进行线程同步，很可能会引起数据混乱，造成线程死锁等问题。

10.3.1　使用 synchronized 同步线程

Java 里可以使用 synchronized 关键字来同步线程。在 J2SE5.0 之前，只能使用 synchronized 来同步代码块或者同步方法。

所有使用了 synchronized 方法的对象都是一个监控器。监控器每次只允许一个线程运行对象的一个 synchronized 方法。通过调用 synchronized 方法将对象锁住(lock)便可达到这一目的，这种方法又称为上锁(obtaining the lock)。如果有多个 synchronized 方法，那么一次只能有一个对象的一个 synchronized 方法活动，而其他试图调用 synchronized 方法的线程则必须等待。当 synchronized 方法运行结束后，监控器才会打开该对象的锁并让高优先级的处于就绪状态的线程调用 synchronized 方法。

正在运行 synchronized 方法的线程能够确定它已不能继续执行，所以它便主动调用 wait 方法，退出对处理器的竞争，同时也退出对监控器对象的竞争。这时线程位于等待队列中，而其他线程则试图进入对象。当线程结束运行 synchronized 方法时，对象便使用 notify 方法使处于等待状态的线程重新进入就绪状态，以便这些线程获取监控器对象并执行。 notify 方法相当于给等待线程一个信号，说明线程等待的条件已满足，因此线程可以重新进入监控器。如果一个线程调用 notifyall，那么所有等待该对象的线程都可以重新进入监控器(即都处于接续状态)。注意，每次只能有一个线程可以对对象上锁。wait、notify 和 notifyAll 方法可被 Object 类的所有子类继承，因此，任何对象都有可能是监控器。此处应注意以下三个问题：

(1) 等待状态的监控器对象的线程必须由 notify(或 interrupt)方法唤醒，否则它就永远地等待下去，这便导致一个死锁。

(2) 调用 wait 方法和调用 notify 方法应该成对出现，这样最终所有等待状态的线程才能结束等待。调用 notifyAll 方法是一个更为保险的方法。

(3) 使用 synchronized 方法产生的锁可能会因为没有开锁信号而成为死锁，当这类例外发生时，Java 的例外机制便与 Java 同步机制合作，释放相应的同步锁，避免死锁的发生。

以下举例说明同步代码块和同步方法的过程。

同步代码块示例：

```
synchronized(欲同步的对象 obj) {
    //需要同步的代码块
}
```

synchronized (obj) 表示若多个线程同时访问时，只让其中一个线程最先取得 obj 对象并对其加锁，其他线程则阻塞直到取得 obj 对象的线程执行完代码块，此时被加锁的 obj 对象得到释放(解锁)，其他线程得到通知取得该 obj 对象继续执行。如下例：

```
private void sellBook(Book book){
    synchronized (book){
        //代码部分
    }
}
```

该例 synchronized (book) 表示若多个线程同时访问时，只让其中一个线程最先取得 book 对象，其他线程则阻塞直到代码块执行完毕 book 对象被释放后，其他线程才能取得该 book 对象继续执行。

很多情况下，可以使用 synchronized (this){...}来同步代码块。但需要注意的是，使用 this 作为同步对象的话，如果同一个类中存在多个 synchronized (this){...}代码块，其中任何一个 synchronized(this)代码块处于被执行状态，则其他线程对其他 synchronized(this)代码块的访问也会受到阻塞。

【示例 10-6】　HelloSynchronized.java。

```
public class HelloSynchronized{
    public static void main(String[] args){
        HelloSynchronized helloSynchronized = new HelloSynchronized();
        //创建线程 t1, t2，分别调用 HelloSynchronized helloSynchronized 的两个方法
        // method1 与 method2
        Thread t1 = new Thread(new HelloSynchronizedRunnalbe(helloSynchronized, "method1"), "t1");
        Thread t2 = new Thread(new HelloSynchronizedRunnalbe(helloSynchronized, "method2"), "t2");
```

```java
        t1.start();
        t2.start();
    }

    public void method1(){
        synchronized (this){        //同步块
            System.out.println(Thread.currentThread().getName()
                            + " enter method1");
            try{
                Thread.sleep(3000);
            }
            catch (InterruptedException e){
                // do nothing
            }
            System.out.println(Thread.currentThread().getName()
                            + " exit method1");
        }
    }

    public void method2(){
        synchronized (this){        //同步块
            System.out.println(Thread.currentThread().getName()
                            + " enter method2");
            try{
                Thread.sleep(3000);
            }
            catch (InterruptedException e){
                // do nothing
            }
            System.out.println(Thread.currentThread().getName()
                            + " exit method2");
        }
    }
}
class HelloSynchronizedRunnalbe implements Runnable{
    private HelloSynchronized helloSynchronized;
    private String methodName;
    public HelloSynchronizedRunnalbe(HelloSynchronized helloSynchronized, String methodName){
        this.helloSynchronized = helloSynchronized;
```

```
        this.methodName = methodName;
    }
    public void run(){
        if (methodName.equals("method1")){
            helloSynchronized.method1();
        }
        else if (methodName.equals("method2")){
            helloSynchronized.method2();
        }
    }
}
```

运行结果如下：

```
t1 enter method1
t1 exit method1
t2 enter method2
t2 exit method2
```

由此可见，线程对象 t1 和 t2 的执行过程是等到线程 t1 结束后，t2 才开始运行(t2 受到阻塞)。再把 synchronized (this){}去掉，运行结果如下：

```
t1 enter method1
t2 enter method2
t1 exit method1
t2 exit method2
```

由此可见，因为没有了同步控制机制，所以线程 t1、t2 同时运行。

同步方法示例：

```
synchronized private void sellBook(Book book){
    ...
}
//这种方法其实相当于：
private void sellBook(Book book){
    synchronized(this) {
        ...
    }
}
```

由于默认采用 this 作为同步对象，因此当一个类中有多个 synchronized 方法时，同样会存在以上问题，即如果有一个线程访问其中某个 synchronized 方法，直到该方法执行完毕，其他线程对其他 synchronized 方法的访问也将受到阻塞。

可以把上面的例子稍加改造，去掉代码中的 synchronized (this)，改为 synchronized public void method1()，synchronized public void method2()同步形式，运行后会得到同样的结果。

多同步代码块 synchronized(this){...}的多线程阻塞问题(包括 synchronized 同步方法)，

在并发处理的系统中(比如 Web 服务器)会严重影响性能，建议慎重使用。可以使用 synchronized(obj){...}缩小同步资源对象的范围来解决这个问题。

10.3.2　使用 ReentrantLock 和 ReentrantReadWriteLock 类同步线程

ReentrantLock 和 ReentrantReadWriteLock 类位于 Java.util.concurrent.locks 包中。

J2SE5.0 加入了 ReentrantLock 和 ReentrantReadWriteLock 可以对线程进行同步，下面这个最简单的例子可以说明：

```
class X{
    private final ReentrantLock lock = new ReentrantLock();
    // ...
    public void m(){
        lock.lock();    // block until condition holds
        try{
            // ... method body
        }
        finally {
            lock.unlock()
        }
    }
}
```

有关更详细信息请读者查阅相关 Java 资料，本书不再赘述。

10.4　线　程　组

线程组就是一组线程。一个线程组还可以包含其他线程组。线程组的作用是把若干相关的线程合并到一起执行，作为一个整体统一进行控制。例如，可以采用单个方法调用依次启动多个线程。

Java 中存在若干方法，可以创建线程组。如下例所示，可以获取一个对线程组的引用，以备将来使用：

```
private ThreadGroup mygroup;

mygroup = Thread.currentThread().getThreadGroup();
```

还可以通过如下方法：

```
ThreadGroup group = new ThreadGroup(groupName);

Thread t1 = new Thread(ThreadGroup g, Runnable r1);

Thread t1 = new Thread(ThreadGroup g, Runnable r2);
```

以上方法把多个线程加到一个线程组里，这样可以通过 ThreadGroup 对这些线程进行某些统一操作，例如：group.interrupt()可中断该组所有线程。

线程组的存在是由于它是 Java 运行时库中的一个有用概念，因而没有理由不推荐给应用程序员使用。但新的 Java.util.concurrent 包的设计者不建议使用线程组。

本 章 小 结

本章的目标是给读者提供使用 Java 线程进行并发程序设计的相关知识,以使读者掌握以下内容:

(1) 计算机可以进行一些并发操作,例如并发的编译程序、打印文件以及从网络接收电子邮件。

(2) Java 使编程人员能够方便地编写并发程序,运行多个独立的任务。

(3) 实现线程有两种方法:① 实现 Ruannable 接口;② 继承 Thread 类。

(4) 在应用中通常在 start 中创建线程。

(5) 当新线程被启动时,Java 调用该线程的 run 方法,它是 Thread 的核心。

(6) 程序中包含要执行的多个线程,每个线程均设计成具有部分程序功能且能与其他线程并行执行。这种功能称为多线程(multithreading)。

(7) Java 的垃圾收集是一个低优先级的线程,它自动收集已不再需要的动态分配内存。垃圾回收器只有在处理器空闲且没有高优先级线程运行时才会被激活。然而,当系统中已没有空闲内存时,垃圾回收器会立即激活并运行。

(8) 如果用户希望除 Thread 以外的其他类所派生的类支持多线程,那么应在类中实现 Runnable 接口。

(9) 实现 Runnable 接口后,可以把新的类当作一个 Runnable 对象(正如继承某一个类后,便可把子类作为父类的一个对象)。与从 Thread 类派生一样,run 方法中包含对该线程的控制操作。

(10) 每一个使用 synchronized 方法的对象都是一个监视器。监视器每次只允许对象的一个线程运行 synchronized 方法。

(11) 正在运行 synchronized 方法的线程能够确定它已不能继续执行,所以线程主动调用 wait 方法,退出对处理器的竞争,同时也退出对监视器对象的竞争。

(12) ThreadGroup 类包含了用于创建及操纵线程组的方法。

线程是 Java 中的重要内容,利用多线程编程具有一定的复杂性,而且线程间的切换开销会带来多线程程序的低效性,所以是否需要多线程,何时需要多线程,这在很大程度上取决于具体的应用程序。决定是否在应用程序中使用多线程的一种方法是,估计可以并行运行的代码量,并注意以下几点:

(1) 使用多线程不会增加 CPU 的压力。

(2) 如果应用程序是计算密集型的,并受 CPU 功能的制约,则只有多 CPU 机器能够从更多的线程中受益。

(3) 当应用程序必须等待缓慢的资源(如数据库连接)时,或者当应用程序是非交互式的时,多线程通常是有利的。

(4) 基于 Internet 的软件有必要采用多线程;否则,用户将感觉应用程序反应迟钝。例如,当开发要支持大量客户机的服务器时,多线程可以使编程较为容易。在这种情况下,每个线程可以为不同的客户或客户组服务，从而缩短了响应时间。

多线程的核心在于多个代码块并发执行，本质特点在于各代码块之间的代码是乱序执行的。编写程序是否需要多线程，就是要看这是否也是它的内在特点。

假如程序根本不要求多个代码块并发执行，那自然不需要使用多线程；假如程序虽然要求多个代码块并发执行，但是却不要求乱序，则完全可以用一个循环来简单高效地实现，也不需要使用多线程；只有当它完全符合多线程的特点时，多线程机制对线程间通信和线程管理的强大支持才能有用武之地，这时使用多线程才是值得的。

习　题

1. 简述线程的概念及它与进程的区别和联系。
2. 简述线程的生命周期并说明状态的切换过程。
3. 简述 Java 创建线程对象有几种方法，说明各方法之间的区别。
4. 什么是线程同步？引入线程的意义是什么？
5. 填空题：

(1) Java 语言中提供了一个_____线程，自动回收动态分配的内存。

(2) Java 语言避免了大多数的_____错误，在 C 和 C++中如果程序动态分配的内存没有回收的话，经常会发生这类错误。

(3) 有三种原因可以导致线程不能运行，它们是_____、_____、_____。

(4) 当_____时，能使线程进入死亡状态。

(5) 用_____方法可以改变线程的优先级，线程的缺省优先级为_____。

6. 判断正误，如果错误说明原因。

(1) 如果线程死亡，它便不能运行。

(2) Windows 和 WindowsNT 的 Java 系统使用分时的方法。因此可以使某一线程抢占具有相同优先级的线程。

(3) 把方法声明为 synchronized，就可以保证不发生死锁。

7. 编写一个 Java 语句检测线程是否活动。

8. 创建两个线程的实例，分别将一个数组从小到大和从大到小排列并输出结果。

第 11 章 网 络 通 信

　　网络通信是指物理上位于两台计算机上的两个进程之间通过网络交换信息的过程。作为目前 Internet 上最为流行的编程语言，Java 语言对网络通信提供了全面的支持，为各种基于 B/S、C/S 结构的网络应用开发提供了一系列功能强大的 API，通过它们可以很方便地编写与网络相关的程序，访问 Internet 和 Web 上的信息资源。与其他语言相比，Java 语言使得网络编程变得相对较简单、便捷。

　　本章将讲述三个层次的 Java 网络编程，它们分别基于 URL 通信、Socket 通信和 UDP通信。通过本章的学习，读者将对面向对象的网络编程有一个较为清晰完整的理解。

11.1　概　　述

　　网络通信的核心是协议。协议是指进程之间交换信息为完成任务所使用的一系列规则和规范。在 Internet 网络通信中，主要使用的协议有适用于网络层的 IP 协议，适用于传输层的 TCP、UDP 协议，适用于应用层的 HTTP、FTP、SMTP、NNTP(主要用于解释数据内容)协议等。

　　网络通信的一个重要的概念就是 IP 地址，为了指出想要连接的计算机，必须有一种方法能唯一地标识它，而 IP 地址所代表的就是 Internet 上某台计算机，根据该 IP 地址就可以同这台计算机进行通信。一个 IP 地址由 4 个 0～255 之间的数字组成，数字之间用点号(.)分隔，例如 125.122.10.236。IP 地址不是随意指定的，有专门的国际机构负责其定义和分类。由数字所表示的 IP 地址难以记忆，这就需要有更为形象化和简洁的表示方法，因此，实际应用中，常常将它对应一个有意义的名称，即主机名(Internet 中也称域名)，例如"雅虎"的域名 www.yahoo.com 就对应了 66.94.230.39 这样的 IP 地址。网络中的 DNS服务器负责自动将主机名转换为 IP 地址。

　　虽然通过 IP 地址或域名可以让用户找到 Internet 上某台特定的计算机，但仅有这点还不足以完成实际的通信。若这台计算机在应用层有多个程序在运行，那么发送到该计算机的数据包递交给哪个程序来处理呢？要解决该问题，需要借助于端口号。端口号(port number)存在于传输层，是 16 个比特所表示的一个数字，其范围在 0～65 535，1024 以下的端口号由系统使用。这样在数据包接收端的计算机，就可根据传输层所收到的数据包的端口号进行判断，并将该数据包递交给合适的应用层程序来处理，如图 11-1所示。

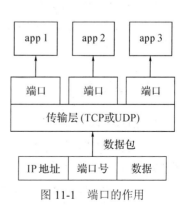

图 11-1　端口的作用

当采用 Java 语言进行网络编程时，程序主要处理的是应用层的任务，但需要根据传输层所选择的协议而选用不同网络 API 以完成实际的网络通信任务。这些基本网络类主要包含在 java.net 包中。例如，Java 中的套接字(Socket)编程就是网络通信协议的一种应用。Java 将 TCP/IP 协议封装到 java.net 包的 Socket 和 ServerSocket 类中，它们可以通过 TCP/IP 协议建立网络上的两台计算机(程序)之间的可靠连接，并进行双向通信。

Java 网络通信可以在三个层次上进行：

(1) URL 层次，即最高级层次，基于应用层通信协议，利用 URL 直接进行 Internet 上的资源访问和数据传输。

(2) Socket 层次，即传统网络编程经常采用的流式套接字方式，通过在 Client/Server(客户机/服务器)结构的应用程序之间建立 Socket 套接字连接，然后在连接之上进行数据通信。

(3) Datagram 数据包层次，即最低级层次，采用一种无连接的数据包套接字传输方法，是用户数据报(UDP)协议的通信方式。

11.2　使用 URL 访问网络资源

URL(Uniform Resource Locator，统一资源定位器)表示网络上某一资源的地址。该资源可以是一个简单的文件或者一个目录，也可以是一个复杂的对象(如对数据库的查询或一个搜索引擎)。因此，只要按 URL 规则定义某个资源，那么网络上的其他程序就可以通过 URL 来访问它。使用 URL 进行网络编程，不需要对协议本身有太多的了解，功能也比较弱，相对而言是比较简单的。

URL 由协议名称和资源名称两部分组成，资源名称则应该是资源的完整地址，包括主机名、端口号、文件名或文件内部的一个引用。格式如下所示：

　　　　<协议名>: //<主机名>: <端口号>/<文件名>#<引用>

其中协议名(protocol)指明获取资源所使用的传输协议，如 HTTP、FTP、FILE 等。主机名指定信息资源所在计算机的 IP 地址或域名，如 www.sun.com。端口号用来区分不同的网络服务，如果没有端口号，则表示端口号为该协议的默认值。文件名指明文件在计算机上的具体位置，包括该文件的完整路径，在 HTTP 协议中默认的文件名是 index.html，因此，http://java.sun.com 就等同于 http://java.sun.com/index.html。引用为资源内的某个引用，用来定位显示文件内容的位置，如 http://java.sun.com/index.html#chapter1。但并非所有的 URL 都包含这些元素。对于多数的协议，主机名和文件名是必需的，但端口号和文件内部的引用则是可选的。

11.2.1　URL 类

1. 创建 URL

为了使用 URL 进行通信，Java.net 中实现了 URL 类。我们可以通过下面的构造方法来初始化一个 URL 对象：

(1) public URL(String spec)。这种方法最简单也最常用，其中 spec 表示一个完整的可在浏览器看到的 URL 地址。例如：

URL u = new URL(http://www.tsinghua.edu.cn/);

(2) public URL(String protocol, String host, String file)。

(3) public URL(String protocol, String host, int port, String file)。

上述后两种方法将一个 URL 地址分解，按不同部分分别指定协议、主机、端口、文件。例如：

URL u = new URL("http", "www.263.net", "/index.html");

URL u1 = new URL("http", "java.sun.com", 80, "docs/books/tutorial.intro.html");

(4) public URL(URL context，String spec)。这种方法基于一个已有的 URL 对象创建一个新的 URL 对象，多用于访问同一个主机上不同路径的文件，例如：

URL u = new URL("http://java.sun.com:80/docs/books/ ");

URL u1 = new URL(u, "tutorial.intro.html");

URL u2 = new URL(u, "tutorial.super.html");

使用 URL 构造方法创建对象时，如果参数有错误，就会产生一个非运行时异常 MalfromedURLException，因此，在构造 URL 对象时必须捕获异常并进行相应处理，通常的格式如下：

```
try{
    URL u = new URL(…)
}catch(MalfromedURLException e){
    ……//exception handler code here
}
```

2. 获取 URL 对象的属性

一旦拥有了 URL 对象，该对象就具有自己的一些属性，可以通过 URL 类提供的方法来获取属性信息，其中常用的方法有以下几种。

(1) getProtocol()：返回 URL 的协议标志部分。

(2) getHost()：返回 URL 的主机名部分。

(3) getPort()：将端口号作为整数返回，如没有设置则返回-1。

(4) getPath()：返回该 URL 的路径。

(5) getFile()：返回 URL 的文件名部分。

(6) getRef()：返回 URL 的引用部分。

在这些 URL 属性获取方法中，如果某些属性不存在，这些方法就返回 null 或-1。

【示例 11-1】 UrlTest.java 获取 URL 对象属性实例。

```
import java.net.URL;    //引入 URL 类
import java.net.MalformedURLException;
public class UrlTest {
    public static void main(String args[]){
        URL sampleURL = null;
        try{
```

```
        sampleURL = new URL("http://www.163.com:80/index.htm#down");    //创建 URL 对象
    }catch(MalformedURLException e) {         //异常处理
        e.printStackTrace();
    }
    //显示 sampleURL 对象的各属性值
    System.out.println("协议： " + sampleURL.getProtocol());
    System.out.println("主机名： " + sampleURL.getHost());
    System.out.println("端口号： " + sampleURL.getPort());
    System.out.println("文件名： " + sampleURL.getFile());
    System.out.println("锚点：" + sampleURL.getRef());
    }
}
```

程序运行结果：

协议：http

主机名：www.163.com

端口号：80

文件名：/index.htm

锚点：down

3. 通过 URL 对象访问网络资源

URL 对象创建后，就可以通过它来访问指定的 www 资源。这时需要调用 URL 类的 openStream()方法，其定义如下：

```
        public final InputStream openStream();
```

该方法与指定的 URL 建立连接并返回一个 InputStream 类的对象，这样访问网络资源的操作就变成了熟悉的 I/O 操作，通过这个 InputStream 对象，用字节流的方式读取资源数据。

【示例 11-2】 UrlfileInfo.java 通过 URL 读取西安电子科技大学主页的内容实例。

```
//类 UrlfileInfo 用于输出西安电子科技大学主页信息
import java.net.*;
import java.io.*;
public class UrlfileInfo{
    public static void main(String args[]){
        try{
            //声明字符串 strLine，用于读取一行信息
            String strLine;
            //声明 url 对象，该对象将连接到西安电子科技大学主页上
            URL urlObj = new URL("http://www.xidian.edu.cn/");
            //将通过 URL 对象的 openStream 方法获得的 InputStream 对象赋给 streamObj
            InputStream streamObj = urlObj.openStream();
```

```
                    //通过上面的 streamObj 生成 InputStreamReader 类对象 readerObj
                    InputStreamReader readerObj = new InputStreamReader(streamObj);
                    //生成 BufferedReader 类对象 buffObj
                    BufferedReader buffObj = new BufferedReader(readerObj);
                    //while 循环用于读取 URL 对象指定的 HTML 文件内容，按行读取
                    while((strLine = buffObj.readLine()) != null)
                    //连接关闭
                    buffObj.close();
                }catch(MalformedURLException e){
                    System.err.println("url error");
                }catch(IOException e)
                {
                    System.out.println("IO error");
                }
            }
        }
```

程序运行结果：URL 指定的 mails.tsinghua.edu.cn 对应页面 html 代码，因输出内容很多，此处略。

11.2.2 URLConnection 类

通过 URL 类的方法 openStream(),只能从网络上读取资源中的数据。而实际应用中，只能读取数据是不够的，很多情况下，都需要将一些信息发送到服务器中，这就要求能够实现同网络资源的双向通信，URLConnection 类就是用来解决这一问题的。URLConnection 类也是定义在 Java.net 里，它表示 Java 程序和 URL 在网络上的通信连接。当与一个 URL 建立连接时，首先要在一个 URL 对象上通过 URL 类提供的方法 openConnection()获得对应的 URLConnection 对象，其定义如下：

    public URLConnection openConnection();

在创建了 URLConnection 对象之后，就自动生成了本地机到互联网的一条通信链路。这时，调用 URLConnection 类的 getInputStream()和 getOutputStream()方法就可以获得输入/输出流。通过 URLConnection 类，可以在应用程序和 URL 资源之间进行交互，既可以从 URL 中读取数据，也可以向 URL 中发送数据。URLConnection 类表示了应用程序和 URL 资源之间的通信连接。以下是一个创建 URLConnection 的例子：

    URL myurl = new URL("http：//www.sina.com.cn/");

    URLConnection urlcon = myurl.openConnection();

上例中，myurl.openConnection() 用于返回对应于 http://www.sina.com.cn/ 的 URLConnection 对象。

URLConnection 是以 HTTP 协议为中心的类，其中很多方法只有在处理 HTTP 的 URL 时才起作用。表 11-1 列出了 URLConnection 类的常用方法。

表 11-1　　URLConnection 类的常用方法

方　　　法	功　　　能
public InputStream getInputStream() throws IOException	打开一个连接到该 URL 的 InputStream 对象，通过该对象，可从 URL 中读取 Web 页面内容
public OutputStream getOoutputStream() throws IOExcetion	生成一个向该连接写入数据的 OutputStream 对象
public void setDoInput(Boolean doinput)	若参数 doinput 是 true，则表示通过该 URLConnection 进行读操作，即从服务器读取页面内容，默认情况是 true，用时读取内容
public void setDoOutput(Boolean dooutput)	若参数 dooutput 是 true，则表示通过该 URLConnection 进行写操作。即向服务器上的 CGI 程序(如 ASP 程序、JSP 程序)上传内容，默认是 false
public abstract void connect() throws IOExcetion	向 URL 对象所表示的资源发起连接。若已存在这样的连接，则该方法不做任何动作

　　　通过写 URLConnection 对象，Java 程序可以与服务器端的 cgi-bin 下的程序进行交互，其步骤是：创建 URL 对象，打开到 URL 对象的连接，设置写 URLConnection 对象，获得 URLConnection 对象的流，写输出流和关闭流。

　　　【示例 11-3】　ReverseTest.java 从标准输入端读入字符串并返回该字符串的反向字符串。

```java
import java.io.*;
import java.net.*;
public class ReverseTest{
    public static void main(String[] args){
        try
        {
            if(args.length != 1)//确认运行该程序时从键盘获得一个参数
            {
                System.err.println("Usage:java ReverseTest"+"string_to_reverse");
                System.exit(1);
            }
            //对参数进行编码
            String stringToReverse = URLEncoder.encode(args[0]);
            URL url = new URL("http://java.sun.com/cgi-bin/backwards"); //建 URL 对象
            URLConnection connection = url.openConnection(); //打开到 URL 对象的连接
            connection.setDoOutput(true);                    //设置 URLConnection
            //从 connection 对象获得输出流
            PrintWriter out = new PrintWriter(connection.getOutputStream());
            out.println("string = "+stringToReverse);        //输出
            out.close();                                     //关闭
```

```
        BufferedReader in = new BufferedReader(new InputStreamReader(connection.
getInputStream())));                                    //获得输入流，创建缓冲区
        String inputLine;
        while((inputLine = in.readLine()) != null)         //读入
        System.out.println(inputLine);
        in.close();//关闭
    }
    catch(MalformedURLException me)
    {
        System.err.println("MalformedURLException:"+me);
    }
    catch(IOException ioe)
    {
        System.err.println("IOException:"+ioe);
    }
    }
}
```

程序运行结果：

```
java ReverseTest "Reverse Me"
Reverse Me
reversed is:
eM esreveR
```

11.3　Socket 通信

通过使用 URL 和 URLConnection 可在一个相对比较高的层次上进行网络通信，以实现访问 Internet 上的资源。有时候程序需要低层网络通信，例如，在写一个 client-server 应用程序时，服务器提供一些服务，如进行数据库查询或发送当前股价。客户端使用服务器提供的服务来实现一些最终目的，如把查询结果显示给用户或向投资者提供股票购买咨询。在客户端与服务器端进行的通信必须是可靠的，不能有任何数据丢失。而且数据到达客户端时必须与从服务器端发出时的顺序是一样的。TCP 提供了一个可靠的通信通道，client-server 应用程序在 Internet 上就通过这个双向的通信连接实现数据的交换，这个双向链路的一端称为一个套接字(Socket)。套接字通常用来实现客户端和服务器端的连接。一个套接字由一个 IP 地址和一个端口号唯一确定，在 Java 环境下，Socket 编程主要指基于 TCP/IP 协议的网络编程。

需要注意的是，Socket 编程是低层次网络编程，但并不等于它功能不强大，恰恰相反，正因为低层次，Socket 编程比基于 URL 的网络编程提供了更强大的功能和灵活的控制，但是却要更复杂一些。

11.3.1　Socket 通信原理

Socket 连接是一个点对点的连接，在建立连接前，必须由一方在监听，另一方在请求。一旦建立 Socket 连接，就可以实现数据之间的双向传输。Java 在包 Java.net 中提供了两个类 Socket 和 SeverSocket，分别用来表示双向连接的客户端和服务器端。

1. Socket 类

Socket 类表示连接的客户端，常用的构造方法有：

(1) public Socket(String host，int port) throws UnknownHostException，IOException；

(2) public Socket(InetAddress address，int port) throws IOException。

其中，port 用于指定服务器端程序监听的端口号，address 根据 InetAddress 对象指定服务器端 IP 地址。以上方法在客户端用指定的服务器端地址和端口号，创建一个 Socket 对象，并向服务器端发出连接请求，若成功，则创建 Socket 对象；否则，抛出异常。

Socket 对象实例化成功，即表示与服务器方建立好连接，但数据的发送和接收还需从 Socket 对象中得到输入流和输出流才能进行，流的获取要通过如下方法：

(1) public InputStream getInputStream() throws IOException：获取与 Socket 相关联的字节输入流，用于从 Socket 中读数据。

(2) public OutputStream getOutputStream() throws IOException：获取与 Socket 相关联的字节输出流，用于向 Socket 中写数据。

(3) public int getLocalPort()：获得本地 Socket 中的端口号。

此后，就可以用与处理 I/O 流相同的方式开始通信。Socket 对象会占用重要的非内存资源，垃圾收集器无法自动清除它。因此，通信结束时必须调用如下方法确保妥善关闭 Socket，关闭 Socket 对象后，相应的连接也就断开了。

public void close() throws IOExeption，用于关闭 Socket 连接。

由此可知，用 Socket 建立客户端主要有四个步骤：

(1) 在要相互通信的程序之间创建一个 Socket；

(2) 利用 Socket 类提供的方法来获得输入/输出流；

(3) 利用输入/输出流处理数据；

(4) 关闭 Socket。

由于在创建 socket 时如果发生错误，就会产生 IOException，因此在程序中应使用 try-catch 语句作出处理，例如：

```
try{
    Socket socket = new Socket("127.0.0.1", 2000);
    }catch(IOException e)(
    System.out.println("Error: " + e);
}
```

注意，在选择端口时，必须小心。每一个端口提供一种特定的服务，只有给出正确的端口，才能获得相应的服务。0～1023 的端口号为系统所保留，例如 HTTP 服务的端口号为 80，TELNET 服务的端口号为 21，FTP 服务的端口号为 23，所以在选择端口号时，最好选择一个大于 1023 的数以防止发生冲突。

2. ServerSocket 类

客户端程序仅表示通信的一方，若要真正完成通信，还需要相应的、能根据客户的请求作出响应的服务器端程序。ServerSocket 类是 Java 网络 API 中提供服务器功能的类，常用的构造方法有：

(1) public ServerSocket(int port) throws IOException；

(2) public ServerSocket(int port,，int backlog) throws IOException。

其中，port 用于指定端口号，backlog 指定连接队列的最大长度，即可同时连接的客户端数量。两种方法创建 ServerSocket 对象并绑定到所指定的端口上，当连接队列已满，又有客户端发起连接请求时，服务器端将拒绝该连接请求。有了该对象，就可以完成其监听端口和等待连接的功能，所采用的方法是：

public Socket accept() throws IOException，用于接收客户端的连接请求。

该方法是阻塞方法，所谓阻塞方法就是说该方法被调用后，将一直处于等待状态中，直到意外中止或客户端发来连接请求为止。当客户端发来请求时，该方法返回一个对应于客户的新建 Socket 对象，代表服务端的 Socket。这时，服务器端程序则用该 Socket 对象与客户端 Socket 进行通信，接下来就是由各个 Socket 分别打开各自的输入/输出流。同样，服务器 Socket 对象也可以调用其方法 close()关闭。由此，可知使用 ServerSocket 类建立服务器的主要步骤如下：

(1) 创建一个 ServerSocket；

(2) 服务器对客户端进行监听；

(3) 服务器调用 Socket 类的方法获得输入/输出流；

(4) 利用输入/输出流处理数据；

(5) 关闭连接。

图 11-2 对采用 ServerSocket 类和 Socket 类所建立的客户/服务器模型进行了简单的描述。

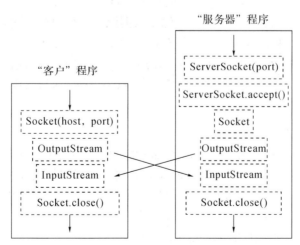

图 11-2　ServerSocket 类和 Socket 类对客户/服务器模型的描述

对于图 11-2，需要注意的是：服务器程序所接收到 Socket 对象的输入流对应了客户程序所创建 Socket 对象的输出流，服务器程序所接收到 Socket 对象的输出流则对应了客户程序所创建 Socket 对象的输入流，这样客户端和服务器端之间的双向通信就建立起来了。

对于服务器方，通过生成一个 ServerSocket 对象打开 Socket，然后调用 accept()方法准备接收客户发来的连接请求，同样，也需要进行异常处理，和上面客户端对应的服务器端 ServerSocket 的建立如下：

```
ServerSocket server = null;
try{
    server = new ServerSocket(2000);
}catch(IOExcetpion e){
    System.out.println("can not listen to: " + e);
}
Socket socket = null;
try{
    socket = sever.accept();
}catch(IOException e){
    System.out.println("Error: " + e);
}
```

11.3.2　Java 的 Socket 通信实现

无论一个 Socket 通信程序的功能多么齐全、程序多么复杂，其基本结构都是一样的，通信步骤如下：

(1) 在服务器端创建一个 ServerSocket 对象，指定端口号。

(2) 运行 ServerSocket 的 accet()方法，等候客户端请求。

(3) 客户端建立一个 Socket 对象，指定计算机地址和端口号，向服务器端发出连接请求。

(4) 服务器端接收到客户端请求后，创建 Socket 对象与客户端建立连接。

(5) 服务器端和客户端分别建立输入/输出数据流，进行数据传输。

(6) 通信结束后，服务器端和客户端分别关闭相应的 Socket 连接。

(7) 服务器端程序运行结束后，调用 ServerSocket 对象的 close 方法停止等候客户端请求。

通常，程序员的主要工作是针对所要完成的功能在第(5)步进行编程，其他步骤对所有的通信程序来说几乎都是一样的。

1. 一对一的 Socket C/S 通信

利用 Java 的 Socket 编程方式，实现一对一的 C/S 通信是十分简单的。

【示例 11-4】　TCP 服务器在 6666 端口上倾听。客户机向服务器发送任意的字符串，服务器收到后，向客户机发回该字符串的个数。当客户机发送"bye"字符串时，通信结束。

(1) TCP 服务器端程序 TCPServer.java 如下。

```
import java.io.*;
import java.net.*;
```

```
public class TCPServer{
    public static void main(String args[]){
        String data = null;                   //存放接收到的字符串
        try
        {
            ServerSocket srvr = new ServerSocket(6666);
            //创建一个倾听 Socket
            Socket skt = srvr.accept();
            //等待客户机发起连接
            System.out.println("Server has connected!\n");
            BufferedReader in = new BufferedReader(
            new InputStreamReader(skt.getInputStream()));
            //创建一个从 Socket 中读文本行的流
            PrintWriter out = new PrintWriter(skt.getOutputStream(), true);
            //创建一个向 Socket 中写文本行的流，自动刷新
            do{
                data = in.readLine();
                //读取客户机发送的一行文本
                System.out.println("收到的字符串是 => " + data);
                //在屏幕上打印出来
                System.out.println("发回的字符串是 => "+"字符串："+data+"的长度是："+data.length());
                //先在屏幕上打印服务器的响应
                out.println("字符串: " + data + "的长度是： " + data.length());
                //再向客户机发回服务器的响应
            }while(!data.equals("bye"));       //直到客户机发出 "bye" 时结束
            out.close();                       //关闭输出流
            in.close();                        //关闭输入流
            skt.close();                       //关闭 Socket
            srvr.close();                      //关闭倾听 Socket
        }catch(Exception e){
            System.out.print("Whoops!it didn't work!\n" + e);
        }
    }
}
```

(2) TCP 客户端程序 TCPClient.java 如下。

```
import java.io.*;
import java.net.*;
class TCPClient{
    public static void main(String args[]){
```

```java
        String data = null;              //存放从 Socket 读取的字符串
        String kdata = null;             //存放从键盘读取的字符串
        try{
            Socket skt = new Socket("192.168.1.117", 6666);
            //向服务器发起连接
            PrintWriter out = new PrintWriter(skt.getOutputStream(), true);
            //创建一个向 Socket 中写文本行的流，自动刷新
            BufferedReader in = new BufferedReader(new
                            InputStreamReader(skt.getInputStream()));
            //创建一个从 Socket 中读文本行的流
            BufferedReader kin = new BufferedReader(new InputStreamReader(System.in));
            //创建一个从键盘读文本行的流
            do{
                kdata = kin.readLine();          //从键盘读取一行字符
                out.println(kdata);              //向服务器发送过去
                data = in.readLine();            //读取服务器的响应
                System.out.println("收到的字符串是 => "+data);
                //在屏幕上打印出来
                System.out.println(data);        //先在屏幕上打印服务器的响应
            }while(!kdata.equals("bye"));        //直到用户输入 "bye" 才结束
            out.close();                         //关闭输出流
            in.close();                          //关闭输入流
            skt.close();                         //关闭 Socket
        }catch(Exception e){
            System.out.print("Whoops!it didn't work!\n"+e);
        }
    }
}
```

程序运行结果：

客户机:

D: \chengxu\java TCPClient

Hello TCPServer!

字符串: Hello TCPServer! 的长度是: 16

I'm TCPClinet!

字符串: I'm TCPClient! 的长度是: 14

bye

字符串: bye 的长度是: 3

服务器:

D: \chengxu\java TCPServer

Server has connected!

收到的字符串是=>Hello TCPServer!

发回的字符串是=>字符串：Hello TCPServer! 的长度是: 16

收到的字符串是=>I'm TCPClinet!

发回的字符串是=>字符串: I'm TCPClient! 的长度是: 14

收到的字符串是=>bye

发回的字符串是=.字符串: bye 的长度是: 3

2. 一对多的 Socket C/S 通信

例 11-4 中，服务器只能对一个客户端进行服务，而在实际应用中，往往是在服务器上运行一个永久的程序，它可以接收来自其他多个客户端的请求，提供相应的服务。为了实现在服务器端给多个客户提供服务的功能，需要利用多线程实现多客户机制。服务器总是在指定的端口上监听是否有客户请求，一旦监听到客户请求，服务器就会启动一个专门的服务线程来响应该客户的请求，而服务器本身在启动完线程之后马上又进入监听状态，等待下一个客户的到来。借助于 Java 语言的多线程机制，可实现并发服务，以适应一个服务器端与多个客户端通信的目的。

并发服务器的原理是：服务器在接收到客户方的请求后，立即调用一个线程以处理服务器与客户方之间的交互，主程序则返回继续监听端口，等待下一个客户的连接请求。前一个线程在完成相应的交互过程后自动推出，连接也将自动关闭。

在 Java 中，具体实现并发服务器的基本方法是：在服务器的程序中首先创建单个 ServerSocket，并调用 accept()来等候一个新连接，一旦 accept()返回，就取得获得结果的 Socket，并用它新建一个线程，令其只为那个特定的客户提供服务；然后再调用 accept()，等候下一个新的连接请求。

【示例 11-5】 一对多聊天通信程序。

(1) 服务器端主程序 Sliao.java 如下：

```java
import java.io.*;
import java.net.*;
import java.applet.applet;
class Sliao{
    public static void main(String args[]){
        ServerSocket serverSocket = null;
        boolean listening = true;
        int clientnum = 0;
        try{
            serverSocket = new ServerSocket(4700);
            //创建一个 ServerSocket 在端口 4700 监听客户请求
            while(listening){      //永远循环监听
                Socket client = serverSocket.accept();
                //监听到客户请求，根据得到的 Socket 对象和客户计数创建服务线程，并启动之
```

```
            new ServerThread(client, clientnum).start();
            clientnum++;    //增加客户计数
        }
        serverSocket.close();
    }catch(IOException e) { }
  }
}
// ServerThread.java  通信处理程序
import java.io.*;
import java.net.*;
public class ServerThread extends Thread{
    Socket socket = null;              //保存与本线程相关的 Socket 对象
    int clientnum;                     //保存本进程的客户计数
        public ServerThread(Socket socket, int num) { //构造函数
            this.socket = socket;          //初始化 socket 变量
            clientnum = num+1;             //初始化 clientnum 变量
        }
        public void run() {                //线程主体
            try{                           //在这里实现数据的接收和发送
            String line;
            BufferedReader is = new BufferedReader(new InputStreamReader(socket.getInputStream()));
            //由 Socket 对象得到输入流，并构造相应的 BufferedReader 对象
            PrintWriter os = new PrintWriter(socket.getOutputStream());
            //由 Socket 对象得到输出流，并构造 PrintWriter 对象
            BufferedReader sin = new BufferedReader(new InputStreamReader(System.in));
            //由系统标准输入设备构造 BufferedReader 对象
            System.out.println("Client:" + is.readLine());
            //在标准输出上打印从客户端读入的字符串
            line = sin.readLine();
            //从标准输入读入一字符串
            while(!line.equals("bye")) {     //如果该字符串为"bye"，则停止循环
                os.println(line);
                //向客户端输出该字符串
                os.flush();
                //刷新输出流，使 Client 马上收到该字符串
                System.out.println("Server:" + line);
                //在系统标准输出上打印读入的字符串
                System.out.println("Client:" + is.readLine());
                //从 Client 读入一字符串，并打印到标准输出上
```

```
                line = sin.readLine();
                //从系统标准输入读入一字符串
            }   //继续循环
        }catch(Exception e){
            System.out.println("Error:"+e);
        }
    }
}
```

(2) 客户端程序 Cliao.java 如下：

```
import java.io.*;
import java.net.*;
public class Cliao{
    public static void main(String args[]){
        try{
            //向本机的 4700 端口发出客户请求
            Socket socket = new Socket("127.0.0.1",4700);
            //由系统标准输入设备构造 BufferedReader 对象
            BufferedReader sin = new BufferedReader(new InputStreamReader(System.in));
            //由 Socket 对象得到输出流，并构造 PrintWrite 对象
            PrintWriter os = new PrintWriter(socket.getOutputStream());
            //由 Socket 对象得到输入流，并构造相应的 Bufferedreader 对象
            BufferedReader is = new BufferedReader(new InputStreamReader(socket.getInputStream()));
            String readline;
            readline = sin.readLine();//从系统标准输入读入一字符串
            while(!readline.equals("bye")){
                os.println(readline);              //将从系统标准输入读入的字符串输入到 Server
                os.flush();                        //刷新输入流，使 Server 马上收到该字符串
                System.out.println("Client:"+readline);      //在系统标准输出上打印读入的字符串
                System.out.println("Server:"+is.readLine());
                readline = sin.readLine();              //从系统标准输入读入一字符串
            }
            os.close();
            is.close();
            socket.close();
        }catch(Exception e){
            System.out.println("Error"+e);
        }
    }
}
```

11.4　UDP 数据报

URL 和 Socket 通信是一种面向连接的流式套接字通信，采用的协议是 TCP 协议。在面向连接的通信中，通信的双方首先需要建立连接，再进行通信，这需要占用资源与时间。但是在建立连接之后，双方就可以准确、同步、可靠地进行通信了。流式套接字通信在建立连接之后，可以通过流来进行大量的数据交换。TCP 通信被广泛应用在文件传输、远程连接等需要可靠传输数据的领域。但仍然存在这样一些应用，它们仅需发送和接收一些独立的信息，而并不需要传输层协议提供可靠性保证。对于这些应用需求，传输层的另一个协议使用用户数据报协议(user datagram protocol，UDP)提供了相应的通信支持。UDP 通信是一种无连接的数据报通信，两个程序进行通信时不用建立连接，UDP 把应用层所传递来的信息封装为一个个独立的数据报文，称为数据报，然后分别将这些数据报发送，UDP 不保证每个数据报是否到达目的主机，数据报可能会丢失、延误等，而且不保证数据报的到达时间和到达顺序。因此，UDP 通信是不可靠的通信。由于 UDP 通信速度较快，因此常常被应用在某些要求实时交互、对准确性要求不高，但对传输速度要求较高的场合。

11.4.1　UDP 的通信机制

java.net 包中的类 DatagramSocket 和类 DatagramPacket 为实现 UDP 通信提供了支持，前者用于创建一个可用来发送或接收数据报的 Socket 对象，后者用于创建一个发送或接收的数据报对象。数据报的发送和接收流程如图 11-3 所示，可以看出数据报收/发流程较简单，无须进行"连接建立"和"流处理"等操作。

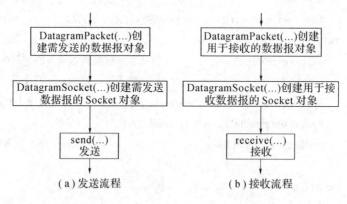

图 11-3　数据报的发送和接收流程

11.4.2　DatagramPacket 类

DatagramPacket 类用来实现数据报通信，如下常用的两种构造方法分别对应发送数据报和接收数据报：

(1) public DatagramPacket(byte[ ] buf,int length)；

(2) public DatagramPacket(byte[ ] buf,int length, InetAddress address, int port)。

构造方法(1)表示创建一个指定长度的接收数据报对象。其中，buf 代表接收数据报的字节数组；length 代表接收数据报的长度，即读取的字节数。构造方法(2)则是创建一个向指定主机和指定端口发送数据报的对象，buf 代表发送数据报的字节数组；length 代表发送数据报的长度；address 代表发送数据报的目的地址，即接收者的 IP 地址；port 代表发送数据报的端口号。这两个构造方法的用途不同。

DatagramPacket 类的实例方法主要有：

(1) public InetAddress getAddress()：得到数据报中所包含的 IP 地址，即该数据报从该 IP 地址发送。

(2) public int getPort()：得到数据报中所包含的端口，即该数据报从该端口发送。

11.4.3 DatagramSocket 类

DatagramSocket 类的作用主要是对 DatagramPacket 对象进行接收和发送，其构造方法有：

(1) public DatagramSocket() throws SocketException；

(2) public DatagramSocket(int port) throws SocketException；

(3) public DatagramSocket(int port, InetAddress address)throws SocketException。

构造方法(1)表示创建一个 DatagramSocket 对象，该对象与所在主机的任一个可用端口绑定，该方法常用于发送数据报。构造方法(2)是创建一个绑定于所在主机指定端口的 DatagramSocket 对象，该方法常用于接收数据报。构造方法(3)则是创建一个绑定于指定地址的 port 端口上的 DatagramSocket 对象。

receive()和 send()是 DatagramSocket 类中用来实现数据报传送和接收的两个重要方法，其格式如下：

(1) public synchronized void receive(DatagramPacket p) throws IOException；

(2) public void send(DatagramPacket p) throws IOException。

receive()方法将使程序中的线程一直处于阻塞状态，直到从当前 socket 中接收到信息时，才能将收到的信息存储在 receive()方法的对象参数 packet 的存储机构中。由于数据报是不可靠的通信，所以 receive()方法不一定能读到数据。为防止线程死掉，应该设置超时参数。send()方法将其参数 DatagramPacket 对象 packet 中包含的数据报文发送到指定的 IP 地址主机的指定端口。这两个方法都可能产生输入/输出异常，所以都抛出 IOException 异常。

11.4.4 基于 UDP 的编程步骤

接收端程序编写步骤：

(1) 调用 DatagramSocket(int port)创建一个数据报套接字，并绑定到指定端口上。

(2) 调用 DatagramPacket(byte[ ] buf, int length)建立一个字节数组以接收 UDP 包。

(3) 调用 DatagramSocket 类的 receive()，接收 UDP 包。

(4) 最后关闭数据报套接字。

发送端程序编写步骤：

(1) 调用 DatagramSocket()创建一个数据报套接字。

(2) 调用 DatagramPacket(byte[ ] buf，int length, InetAddress address, int port)，建立要发送的 UDP 包。

(3) 调用 DatagramSocket 类的 send()，发送 UDP 包。

(4) 最后关闭数据报套接字。

采用 DatagramPacket 类和 DatagramSocket 类所实现的客户/服务器通信模式，其中客户程序向服务器程序发送一个字符串，服务器程序将该字符串送回给客户，然后由客户程序把该字符串打印，这是一个典型的"回显"应用。

【示例 11-6】 UDP 客户程序。

```java
import java.net.*;
import java.io.IOException;
public class UDPClient {
    public static void main(String args[ ]){
        try{
            //构造一个 DatagramSocket 对象，该对象可发送和接收数据报
            DatagramSocket socket = new DatagramSocket();
            String s = "hello";
            byte[] buf = s.getBytes();
            InetAddress address = InetAddress.getByName("127.0.0.1");
            //创建 DatagramPacket 对象，所指为当前计算机，表示和本台计算机上的 UDP 服务器
            //程序通信，端口号为"6666"
            DatagramPacket packet = new DatagramPacket(buf, buf.length, address,6666);
            //通过 DatagramSocket 对象完成了具体的发送任务
            socket.send(packet);
            buf = new byte[256];
            //重新构造一个 DatagramPacket 对象，用于接收数据报，其大小为 256 个字节
            packet = new DatagramPacket(buf, buf.length);
            //通过 DatagramSocket 对象完成实际的接收任务
            socket.receive(packet);
            //获取接收数据报中的内容，并将其转换为字符串，trim()删除空格之类的字符
            String received = new String(packet.getData()).trim();
            System.out.println("Received:"+received);
            socket.close();
        }catch(IOException e){
            System.out.println(e);
        }
    }
}
```

【示例 11-7】 UDP 服务器程序。

```java
import java.net.*;
```

```
import java.io.IOException;
public class UDPServer {
    public static void main(String args[ ]){
        try{
            //构造一个 DatagramSocket 对象，其所绑定的端口为 6666，表示程序自该端口接收数
            //据报，该端口与客户程序的发送端口是一致的
            DatagramSocket sock = new DatagramSocket(6666);
            //创建一个指定大小的 DatagramPacket 对象，为 256 个字节大小，可用于接收数据
            byte[] buf = new byte[256];
            DatagramPacket packet = new DatagramPacket(buf, buf.length);
            boolean listen = true;
            while(listen){                      //程序将一直等待接收数据报
                sock.receive(packet);          //具体接收的语句
                //对于每个接收到的数据报，得到其内容将所有字符转变为大写
                String rec = new String(packet.getData()).trim().toUpperCase();
                InetAddress address = packet.getAddress();   //得到其来自何 IP 地址
                int port = packet.getPort();                 //得到其从何端口发出
                //根据以上信息构造一个发送的 DatagramPacket 对象，发送回客户程序
                packet = new DatagramPacket(rec.getBytes(), rec.length(), address, port);
                sock.send(packet);
            }
            sock.close();
        }catch(SocketException e){
            System.out.println(e);
        }catch(IOException e){
            System.out.println(e);
        }
    }
}
```

程序执行结果：Received:HELLO

该 UDP 客户/服务器示例程序的演示需两个程序协作执行，先启动服务器程序，程序运行之后就一直处于阻塞的接收状态；之后再启动客户程序，在客户程序处可看到上述执行结果。若是在同一台机器上运行这两个程序，需要打开两个 DOS 窗口，一个 DOS 窗口中启动服务器程序，另一个 DOS 窗口中启动客户程序。

本 章 小 结

本章介绍了基于 java.net 包进行网络通信程序设计，主要介绍了 URL 网络编程中常用

的 URL 类、URLConnection 类和 UDP 数据报，以及本章的重点 Socket 通信，用于编写客户端/服务器程序，读者应熟练掌握。

习　　题

1. 什么是 URL？URL 类的基本操作步骤如何描述？

2. 比较 URL 类的四种构造方法。

3. 什么是套接字(Socket)？Socket 类和 ServerSocket 类的区别是什么？

4. 客户/服务器模式有什么特点？

5. UDP 通信的特点是什么？如何描述 UDP 数据报的收发流程？

6. 编写 Java 小程序，接收用户输入的网页地址，并与程序中事先保存的地址相比较，若两者相同则使浏览器指向该网页。

7. 编写 Java 小程序，访问并显示或播放在指定 URL 地址处的图像和声音资源。

8. 用 Java Socket 编程，从服务器读取几个字符，再写入本地进行显示。

第 12 章 数 据 库 编 程

数据库技术的发展促进了分布式网络的发展和应用，数据的共享和分布式存储已成为现代数据存在的主要方式，数据库系统的应用领域正在不断扩大。近年来，新的追求方向是将数据库系统和程序设计语言合理结合。由于数据库应用巨大的市场需求，数据库编程成为一种目前数据库发展不可缺少的重要工作。本章主要介绍 Java 和数据库结合的相关技术。

12.1 JDBC 技术简介

JDBC(Java Database Connectivity)是 Java 语言为了支持 SQL 功能而提供的与数据库相连的用户接口。JDBC 中包括了一组由 Java 语言编写的接口和类，都独立于特定的 DBMS(数据库管理系统，Database Management System)，或者说它们可以和各种数据相关联，为独立于数据库管理系统 DBMS 的应用提供了能与多个不同数据库连接的通用接口。这对于数据库程序来说，想要访问多种数据库，只需要一个统一的接口就可以实现。

在 Java 中 JDBC 提供了 Java 访问数据库平台统一的 API。JDBC 实际上就是由 Java 实现的数据库访问中间件。开发人员可以通过 JDBC 向各种关系型数据库发送 SQL 语句，只需要使用 JDBC 提供的几个类(对象)或接口即可，而不必为不同的数据库编写不同的程序。有了 JDBC 以后，对于数据库编程，程序员只需要在 Java 语言中使用 SQL 语言，使 Java 应用程序或 Java Applet 可以实现对分布在网络上的各种数据库的访问，不用考虑底层具体的 DBMS 连接和访问过程。

JDBC 由一组 Java 语言编写的接口和类组成，使用内嵌式的 SQL，主要实现三大功能：

(1) 建立与数据库的连接；

(2) 执行 SQL 声明，向数据库发送 SQL 语句；

(3) 处理数据库返回的 SQL 执行结果。

JDBC 支持基本的 SQL 功能，使用它可以方便地与不同的关系数据库建立连接，进行相关操作，无须再为不同的 DBMS 分别编写程序。JDBC 是一种底层 API，意味着它将直接调用 SQL 命令，同时也是构造高层 API 和数据库开发工具的基础。高层 API 和数据库开发工具的用户界面更加友好、更加便于使用和易于理解。不过所有这样的 API 最终将被翻译为像 JDBC 这样的底层 API。两种基于 JDBC 的高层 API，一种是 SQL 语言嵌入 Java 的预处理器，另一种是实现从关系数据库到 Java 类的直接映射，目前这两种都正处于开发阶段。

由于 JDBC 带来的便捷，越来越多的开发人员已经开始利用以 JDBC 为基础的工具进行开发，使开发工作更加容易。而程序员同时也正在开发让最终用户更加容易访问数据库的应用程序，Java 程序通过 JDBC 访问数据库的关系如图 12-1 所示。

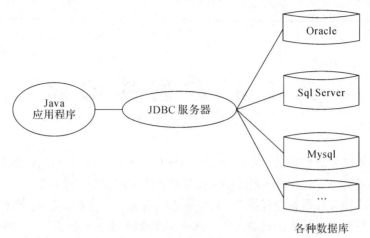

图 12-1　Java 程序通过 JDBC 访问数据库

12.2　JDBC 的结构

12.2.1　JDBC API

JDBC API 是面向程序开发人员的，Java 程序员通过调用此 API 可以实现连接数据库、执行 SQL 语句并返回结果集。JDBC API 主要由一系列的接口定义所构成，主要的接口如表 12-1 所示。

表 12-1　几种重要的 JDBC API

接　口	说　明
java.sql.Driver	每个驱动程序类必须实现的接口
java.sql.DriverManager	管理一组 JDBC 驱动程序的基本服务。DriverManager 会试着加载尽可能多的它可以找到的驱动程序，然后，对于任何给定连接请求，它会让每个驱动程序依次试着连接到目标 URL
java.sql.Connection	与特定数据库的连接(会话)。在连接上下文中执行 SQL 语句并返回结果
java.sql.Statement	用于对特定的数据库执行静态 SQL 语句并返回它所生成结果的对象
java.sql.PreparedStatement	表示执行预编译的 SQL 语句的对象。SQL 语句被预编译并存储在 PreparedStatement 对象中，然后可以使用此对象多次高效地执行该语句
java.sql.CallableStatement	用于执行 SQL 存储过程的接口。JDBC API 提供了一个存储过程 SQL 转义语法，该语法允许对所有 DBMS 使用标准方式调用存储过程
ava.sql.ResultSet	表示数据库结果集的数据表，通常通过执行查询数据库的语句生成。ResultSet 对象具有指向其当前数据行的光标，可以控制对一个特定语句行数据的存取

12.2.2　JDBC Drive API

面向底层的 JDBC Drive API 主要是针对数据库厂商开发数据库底层驱动程序使用的，一般情况下用于开发应用程序的程序员用不到这些类库。Java 的应用程序员通过 SQL 包中定义的一系列抽象类对数据库进行操作，而实现这些抽象类并完成实际操作，则是由数据库驱动器 Driver 运行的，最终保证 Java 程序员通过 JDBC 实现对不同数据库的操作。其结构如图 12-2 所示。

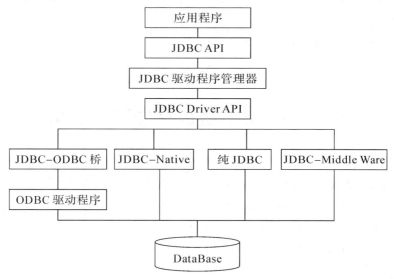

图 12-2　JDBC Drive API 结构图

12.3　JDBC 驱动程序的类型

目前比较常见的 JDBC 驱动程序可分为以下四种。

1. JDBC-ODBC 和 ODBC 驱动程序

这种驱动器通过 ODBC 驱动器提供数据库连接。JDBC 在设计上和 ODBC 很类似，JDBC 和数据库的连接的方法之一是先建立起一个 JDBC-ODBC 桥接器。由于微软产品 ODBC 驱动程序已经被广泛应用，因此建立这种桥接器后，JDBC 就有能力访问各种类型的数据库。使用这种驱动器，要求每一台客户机都要装入 ODBC 的驱动器。

2. Native-API partly-Java Driver/本地 API

这种驱动方式将数据库厂商的特殊协议转化成 Java 代码以及二进制类码，使 Java 数据库客户与数据库服务器通信。各客户机使用的数据库可能各不相同，则需要在客户机上装有相应 DBMS 的驱动程序。

3. JDBC 网络纯 Java 驱动程序

这种驱动程序将 JDBC 指令转化成独立于 DBMS 的网络协议形式，再由服务器转化为特定 DBMS 的协议形式。这种网络服务器中间件能够将它的纯 Java 客户机连接到多种不同的数据库上。有关的 DBMS 的协议由各数据库厂商决定。这种驱动器可以连接到不同的数据库上，是最为灵活的 JDBC 驱动程序。有可能所有这种解决方案的提供者都提供适合于 Intranet 用的产品。为了使这些产品也支持广域网存取，它们必须处理 Web 所提出的安全性、通过防火墙的访问等方面的要求。目前一些厂商已经开始将 JDBC 驱动程序加到他们现有的数据库中间件产品中。

4．本地协议纯 Java 驱动程序

这种类型的驱动程序将 JDBC 调用直接转换为 DBMS 所使用的网络协议。这相当于客户机直接与服务器联系，是 Intranet 访问的一个很实用的解决方法。

以上四种驱动程序中，后两种驱动器都是纯 Java driver，相对效率更高，更具有通用性；但前两种驱动器比较容易获得，使用比较普遍一些。

12.4   JDBC 在数据库访问中的应用

JDBC 与 Acess、SQL Server、Oracle 等各种数据库的连接，首先需要准备相应的运行环境，本例采用 JDK1.5.0 作为开发工具，使用 Eclipse3.2 集成开发环境，可以提供一些演示功能。操作系统最好是 Windows 2000 或者 Windows XP，并装好至少一种数据库。一个基本的 JDBC 程序开发编程步骤主要包含以下 7 步。

(1) 引入相应的类和包(import java.sql.*)。

(2) 加载合适的 JDBC 驱动程序(Load the Driver)。

(3) 连接数据库(Connect to the DataBase)。

(4) 执行 SQL 语句(Execute the SQL)：① Connection.CreateStatement()；② executeQuery()；③ executeUpdate()。

(5) 从取得的 ResultSet 对象中获取得到结果(Retrieve the result data)。

(6) 将数据库中各种类型转换为 Java 中的类型，通过 getXXX 方法(Show the result data)。

(7) 关闭(Close)：① close the resultset 对象；② close the statement 对象；③ close the connection 对象。

下面按照 JDBC 编程步骤详细介绍 JDBC 在数据库访问中的应用。

12.4.1   建立与数据库的连接

1．设置数据源

在数据库连接之前需要加载相应的数据源(采用 JDBC-ODBC 和 ODBC 驱动程序)。下面以 SQL Server 数据库为例简要说明如何设置数据源。一般是在控制面板的管理工具中打开"ODBC"项，出现"ODBC 数据源管理器"对话框，然后选择"User DSN"选项卡，单击"Add"按钮，选择想为其安装数据源的驱动程序，并单击"完成"按钮，接着出现创建到 SQL Server 的新数据源，如图 12-3 所示。按照此向导一步步往下操作，直到数据

源配置成功，具体步骤将在 12.5 节里详细介绍。

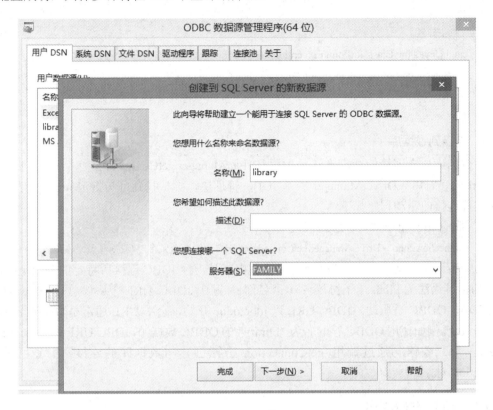

图 12-3 设置数据源

2. 引入相应的类和包

任何使用 JDBC 的源程序都需要输入 java.sql 包，即 import java.sql.*，必要的时候还需要装载相应的 JDBC-ODBC 驱动程序的包，如 import sun.jdbc.odbc.JdbcOdbcDriver。然后声明如下的对象：

        ResultSet rs = null;

        Connection conn = null;   // Connection 代表和数据库的连接，连接过程包括

                                 //所执行的 SQL 语句和该连接上返回的结果

3. 装载驱动程序

与数据库的连接之前还需要装载驱动程序。一般常用的是 Class.forName()方法显示装载驱动，如果采用 JDBC-ODBC 和 ODBC 驱动程序，用下列代码装载：

        Class.forName("sun.jdbc.odbc.JdbcOdbcDriver");

Class 是包 java.lang 中的一个类，该类通过调用它的静态方法 forName 就可以建立 JDBC-ODBC 桥接器。执行该代码将装载驱动，并且在装载时，驱动将自动向 JDBC 注册自己。使用 Class.forName()方法可能抛出异常，因此在驱动程序类有可能不存在时，需要捕获这个异常，标准是：

        try {

        //注册数据库

```
        Class.forName(("sun.jdbc.odbc.JdbcOdbcDriver");
    }
    //捕获异常
    catch(Java.lang.ClassNotFoundException e){
        System.err.println(e.getMessage());
         M
    }
```

4. 连接到数据库

与数据库建立连接的标准方法是调用 DriverManager.getConnection，该方法接收含有某个 url 的字符串。DriverManager 类是 JDBC 管理层，尝试找到可与指定 url 所代表的数据库进行连接的驱动程序如下：

```
    String url = "jdbc:odbc:数据源名字";
    Connection conn = DriverManager.getConnection(url, "数据源登录名", "数据源登录密码");
```

第一条语句定义了一个字符串变量，变量内容是一种 JDBC 连接所特定的 URL。JDBC URL 的标准语法为 jdbc：<子协议>：<子名称>，其中 JDBC URL 中协议总是 jdbc。如果采用 JDBC-ODBC 桥驱动，JDBC URL 以 jdbc:odbc 开始，余下 URL 通常是数据源名字或数据库系统。例如使用 ODBC 存取名为 "library" 的 ODBC 数据源，JDBC URL 是 jdbc:odbc: library。第二条语句通过调用 getConnection 方法创建与数据库的连接，并返回一个 Connection 对象。

12.4.2　执行查询语句

与数据库建立连接成功后，就可以向所建立连接的数据库传送 SQL 语句，其中 JDBC 对能够被发送的 SQL 语句类型不加任何限制。在和数据库建立连接后，使用三种对象：Statement、PreparedStatement 和 CallableStatement 查询数据库。在建立了 SQL 对象后，这个对象就可以调用相应的方法实现对数据库的查询和修改，并将查询结果存放在一个 ResultSet 类声明的对象中，也就是说，SQL 语句对数据库的查询操作将返回一个 ResultSet 对象。

1. Statement

Statement 对象实现对数据库的一般查询功能，在 JDBC 里面可采用 Statement 对象来实现发送 SQL 语句到数据库。Statement 对象可把简单查询语句发送到数据库，允许执行简单的查询。

(1) 创建对象。首先创建一个 Statement 对象，它封装代表要执行的 SQL 语句，并执行 SQL 语句以返回一个 ResultSet 对象，通过 Connection 类中的 createStatement()方法来实现。对象执行后得到正确的结果：

```
    Statement stmt = con.createStatement();
```

(2) 执行 SQL 查询语句，查询数据库中的数据。

Statement 接口有三个查询方法：executeQuery()、executeUpdate() 和 execute()。executeQuery()方法执行简单的选择查询,例如 SELECT 语句。executeQuery 的参数是 String

对象,返回的是一个ResultSet类的对象。executeUpdate()方法执行SQL的UPDATE、INSERT
或 DELETE 语句,返回整数值,并给出受查询影响的行数。execute()方法中 execute 用于
执行返回多个结果集、多个更新计数或二者组合的语句,一般不需要此功能,如:

　　　　ResultSet rs = stmt.executeQuery("Select * from　Student_info");

　　　　stmt.executeUpdate("update Student_info set age = 20 where name = ' 张杰' ");

2. PreparedStatement

PreparedStatement 对象实现预编译方式执行 SQL 语句,由于 Statement 对象在每次执
行 SQL 语句时都将该语句传给数据库,如果多次执行同一条 SQL 语句,就会导致执行效
率特别低,此时可以采用 PreparedStatement 对象来封装 SQL 语句。Prepared 对象可以将
SQL 语句传给数据库作预编译,以提高执行速度。另外 PreparedStatement 对象允许执行参
数化的查询,可以用不同的输入参数来多次执行编译过的语句。

(1) 创建 PreparedStatement 对象:

　　　　PrepareStatment pstmt = con.prepareStatement("Select * from　学生信息表");

(2) 执行查询语句:

　　　　ResultSet rs = pstmt.exectueQuery();　　　　　//该条语句可以被多次执行

3. CallableStatement

CallableStatement 对象主要用于执行数据库中的存储过程。存储过程是数据库已经存
在的 SQL 查询语句,执行存储过程的结果同执行相应的 SQL 语句是一样的。

(1) 创建 CallableStatement 对象。一般格式为 “{call procedurename()}”,是不带输入
参数的存储过程,其中 procedurename 是存储过程的名称。带输入参数的存储过程为 “{call
procedurename (?, ?)} ”。而带输入参数并有返回结果参数的存储过程 “ {? = call
procedurename (?, ?, ...)} ”。例如:

　　　　CallableStatement cstmt = con.prepareCall("{call Query1()}");

(2) 执行存储过程。CallableStatement 类是 PreparedStatement 类的子类,可以使用在
PreparedStatement 类及 Statement 类中的方法。因此执行存储过程可调用 executeQuery()方
法来实现。如:

　　　　ResultSet rs = cstmt.executeQuery();

4. ResultSet

执行完毕 SQL 语句后,将返回一个 ResultSet 类的对象,它包含所有的查询结果,也
就是将查询结果封装在 ResultSet 对象中。ResultSet 实际上是一张表示数据库结果集的数
据表,通常通过执行查询数据库的语句生成。

ResultSet 类的对象方式依赖于光标(Cursor)的类型,对 Resultset 对象的处理必须逐步
进行,而对每一行中的各个列可以按任何顺序进行处理。ResultSet 对象具有指向其当前数
据行的光标。最初,光标被置于第一行之前。next()方法将光标移动到下一行,因为该方
法在 ResultSet 对象没有下一行时返回 false,所以可以在 while 循环中使用它来迭代结
果集。ResultSet 对象通过 getXXX()方法来获得某一列的数据,这里 XXX 代表列的数据类
型,如 getInt()、getString()、getDate()等。其中 getXXX(int cn)中 cn 指结果集中的列号,
getXXX(String colName)中 colName 代表列名。例如:

```
Statement stmt = con.creatStatement();
ResultSet rs = stmt.executeQuery("Select * from  学生信息表");
while(rs.next())
String name = rs.getString("student_name");
```

5. 查询数据库示例

以下是通过 JDBC 连接 SQL Server2000 数据库进行数据库查询的示例。首先创建 Statement 对象，接着执行 SQL 语句，查询表 dept_info 中的信息，然后返回一个 ResultSet 类的对象，包含查询到 dept_info 表中 deptno 和 deptname 的数据。其中数据库 libarary 中 dept_info 表的数据如图 12-4 所示。

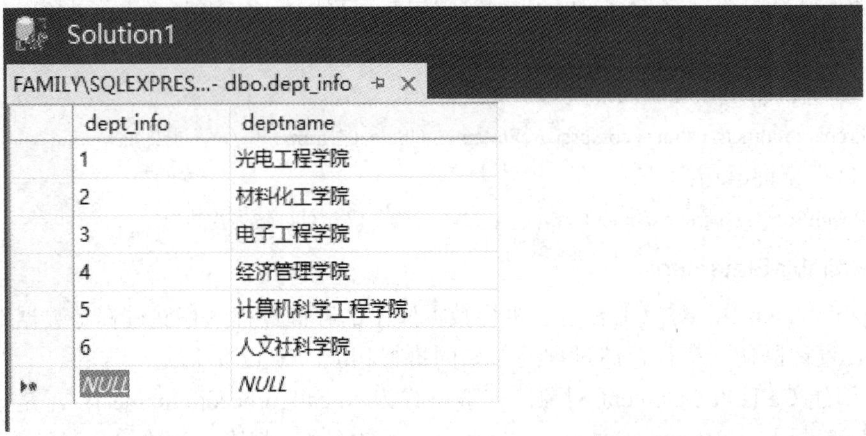
Solution1
FAMILY\SQLEXPRES...- dbo.dept_info

	dept_info	deptname
	1	光电工程学院
	2	材料化工学院
	3	电子工程学院
	4	经济管理学院
	5	计算机科学工程学院
	6	人文社科学院
▸*	NULL	NULL

图 12-4　dept_info 表

查询数据库中的数据首先要建立和数据库的连接。本例采用本地协议纯 Java 驱动程序，不需要数据源的设置。

建立和数据库连接的步骤如下：

(1) 下载 SQL Sever 2000 的驱动程序包，可以从微软的网站上下载(http://download.microsoft.com/download/3/0/f/30ff65d3-a84b-4b8a-a570-27366b2271d8/setup.exe)。默认安装路径为 c:\Program Files\Microsoft SQL Server 2000 Driver for JDBC。其中 lib 目录下的三个 jar 文件就是 JDBC 驱动的核心，即 msbase.jar、mssqlserver.jar、msutil.jar。

(2) 设置环境变量。将三个 jar 文件加入到环境变量中。本书安装驱动程序后将 lib 路径设为 D:\SQl Server 2000\lib，环境变量设置如下：

```
classpath:
D:\SQL Server 2000\lib\mssqlserver.jar; D:\SQL Server 2000\lib\msbase.jar; D:\SQL Server 2000\lib\
msutil.jar;
```

(3) 装载驱动程序并建立连接。

```
Class.forName("com.microsoft.jdbc.sqlserver.SQLServerDriver");    //声明数据库驱动
String driver = "jdbc:microsoft:sqlserver://localhost:1433";
Connection conn = DriverManager.getConnection(driver, "", "");     //建立数据库连接
```

查询数据库具体示例代码如下所述。

【示例 12-1】　TestJDBC.java。

```java
import java.sql.*;
public class TestJDBC {
    public static void main(String[] args) {
        ResultSet rs = null;
        Statement stmt = null;
        Connection conn = null;
        try {
            Class.forName("com.microsoft.jdbc.sqlserver.SQLServerDriver");
            String driver = "jdbc:microsoft:sqlserver://localhost:1433;DatabaseName = library";
            conn = DriverManager.getConnection(driver,"sa","123");
            stmt = conn.createStatement();
            rs = stmt.executeQuery("select * from dept_info");
            while (rs.next()) {
                System.out.print(rs.getInt("deptno"));
                System.out.println(rs.getString("deptname"));
            }
        } catch (ClassNotFoundException e)
        {
            e.printStackTrace();
        } catch (SQLException e)
        {
            e.printStackTrace();
        } finally
        {
            try
            {
                if (rs != null)
                {
                    rs.close();
                    rs = null;
                }
                if (stmt != null)
                {
                    stmt.close();
                    stmt = null;
                }
                if (conn != null)
                {
```

```
                        conn.close();

                        conn = null;

                    }

                } catch (SQLException e)

                {

                    e.printStackTrace();

                }

            }

        }

    }
```

程序运行结果：

    1 光电工程学院

    2 材料化工学院

    3 电子工程学院

    4 经济管理学院

    5 计算机科学工程学院

    6 人文社科学院

12.4.3　更新数据库操作

　　和数据库建立连接后，除了要实现对数据库查询操作外，在很多实际应用中，经常要实现对数据库的更新操作，主要包括对数据库表中的记录进行修改、插入和删除操作，以及数据库中表的创建和删除等操作，并通过 Statement 对象调用方法。

　　以下是通过 JDBC 连接 SQL Server 2000 数据库的更新操作。

1. 对数据库进行修改、插入和删除操作

　　通过 SQL 语句对数据库中表的记录进行修改、插入和删除操作，其中 executeUpdate() 方法的输入参数仍然为一个 String 对象(即所要执行的 SQL 语句)，但输出参数不是 ResultSet 对象，而是一个整数(它代表操作所影响的记录行数)。

　　(1) 修改操作。下列语句实现将学生信息表中张甜的年龄字段值修改为 22：

```
Statement stmt = conn.createStatement();

String sql = "update Student_info set age = 22 where name = '张甜'";

stmt.executeUpdate(sql);
```

　　(2) 插入操作。下列语句实现给学生信息表中增加一条新记录 '王红', '20', '陕西'：

```
Statement stmt = conn.createStatement();

String sql = "insert into Student_info values ('王红', '20', '陕西')";

stmt.executeUpdate(sql);
```

　　(3) 删除操作。下列语句实现删除学生信息表中李明的记录：

```
Statement stmt = conn.createStatement();

String sql = "delete from Student_info where name = '李明'";
```

　　　　stmt.executeUpdate(sql);

2．创建和删除表

通过 SQL 的 Create Table 和 Drop Table 语句可实现对表的创建和删除。

(1) 创建表的语句如下：

　　　　Statement stmt = con.createStatement();

　　　　stmt.executeUpdate("Create Table TableName(ID INTEGER, Name VARCHAR(20))");

(2) 删除表的语句如下：

　　　　Statement stmt = con.createStatement();

　　　　stmt.executeUpdate("Drop TableName ");

3．增加和删除表中的列

对一个表的列进行更新操作主要是使用 SQL 的 Alter Table 语句，需要注意的是对列所进行的更新操作会影响到表中所有的行。

(1) 增加表中的一列。在 TableName 表中增加一列 Address，数据类型为字符串：

　　　　Statement stmt = con.createStatement();

　　　　stmt.executeUpdate("Alter Table TableName Add Column Address Varchar (50)");

(2) 删除表中的一列。在 TableName 表中删除一列 Address：

　　　　Statement stmt = con.createStatement();

　　　　stmt.executeUpdate("Alter Table TableName Drop Column Address");

12.4.4　事务

　　Statement 对象除了对数据库进行 SQL 的操作之外，事务控制也是它的一种主要的应用。事务控制在建立数据库驱动的应用程序的时候是一个很重要的问题。在数据库中，事务是指一组逻辑操作单元，使数据从一种状态变换到另一种状态。在 JDBC 的数据库操作中，一项事务是由一条或多条表达式组成的一个不可分隔的工作单元。通过提交 commit()或是回退 rollback()来结束事务的操作，也就是当调用方法 commit 或 rollback 时，当前事务即结束，而另一个事务随即开始。关于事务操作的方法都位于接口 java.sql.Connection 中。

　　在 JDBC 中，事务操作默认是自动提交的。一条对数据库的更新表达式代表一项事务操作，成功后，系统将自动调用 commit()来提交；否则，将调用 rollback()来回退。其中方法 commit 使 SQL 语句对数据库所做的任何更改成为永久性的，它还将释放事务持有的全部锁。而方法 rollback 将弃去那些更改。有时用户在另一个更改生效前不想让此更改生效，这可通过调用 setAutoCommit(false)禁用自动提交并将两个更新组合在一个事务中来达到。如果两个更新都是成功的，则调用 commit 方法，从而使两个更新结果成为永久性的；如果其中之一或两个更新都失败了，就不会执行到 commit()，并将产生一些异常，整个事务就要全部视为错误，这时则可以在捕获异常时调用 rollback()进行回退，而从起始点后开始的操作应全部回到开始状态。

　　大多数 JDBC 驱动程序都支持事务。事实上，符合 JDBC 的驱动程序必须支持事务。

其中 DatabaseMetaData 给出的信息描述了 DBMS 所提供的事务支持水平。

12.5 JDBC 综合应用示例

本节以一个简单的图书借阅系统中对图书信息的操作为例，讲解 JDBC 在数据库连接中的应用，包括详细的数据源设置以及实现对图书信息的增加、删除、修改和查询的操作。本例的数据库采用 SQL Server 2000，对数据库的访问采用便于理解的 JDBC-ODBC 方式。

12.5.1 建立数据库

在 SQL Server 2000 数据库中建立数据库 library，，并在数据库 library 中创建 book_info 表，也可以在与数据库 library 建立连接后通过 SQL 语句创建 book_info 表，程序如下：

```
    Statement stmt = con.createStatement();
    String query = "create table book_info"+" (BookId VARCHAR(50), "+"BookName VARCHAR(50),
"+"Author，VARCHAR(50)，"+"Amount INT(4))";
    stmt.executeUpdate(query);
```

数据库表 book_info 的数据库结构如表 12-2 所示。

表 12-2 数据库表 book_info 的数据库结构

字段名	字段含义	字段类型	是否可空
BookId	图书编号	varchar	否
BookName	书名	varchar	否
Author	作者姓名	varchar	是
Amount	数量	int	是

初始的 book_info 数据表如图 12-5 所示，表中已有两条图书信息。

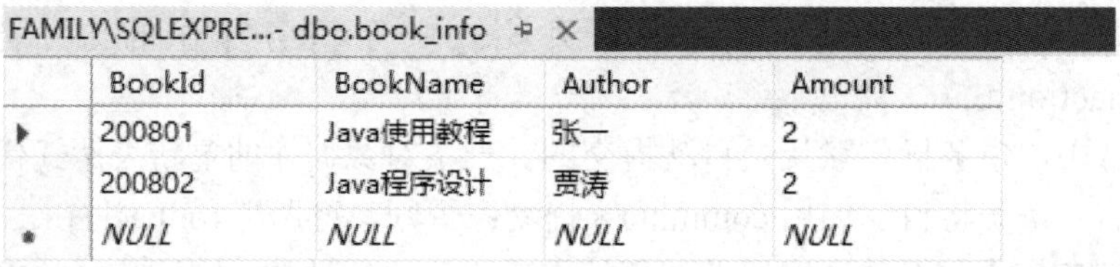
FAMILY\SQLEXPRE...- dbo.book_info

	BookId	BookName	Author	Amount
▶	200801	Java使用教程	张一	2
	200802	Java程序设计	贾涛	2
*	NULL	NULL	NULL	NULL

图 12-5 初始的 book_info 数据表

12.5.2 建立数据源

为了同上一节中建立的数据库建立连接，需要配置一个 ODBC 数据源 try，步骤如下。

步骤一：在开始→设置→控制面板(Win98、NT4.0)中选取“数据源(ODBC)”；在 WindowsXP 中“数据源(ODBC)”位于“开始→设置→控制面板→管理工具”或“开始→

程序→管理工具"下。

步骤二：启动"数据源(ODBC)"配置程序，界面如图 12-6 所示。

图 12-6 ODBC 数据源管理界面

步骤三：在图 12-6 中"用户 DSN"选项卡中单击"添加"按钮，添加一个系统的数据源(DSN)，则出现如图 12-7 所示数据源驱动程序选择界面。

图 12-7 数据源驱动程序选择界面

步骤四：在图 12-7 中选择"SQL Server"，单击"完成"按钮，则出现如图 12-8 所示的创建到 SQL Server 的新数据源的对话框，并按此向导填写内容。单击"下一步"按钮，选择使用默认选项，接着单击"下一步"按钮，并更改默认的数据库为 library。

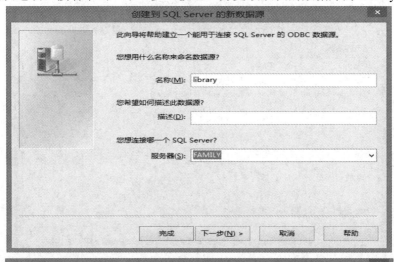

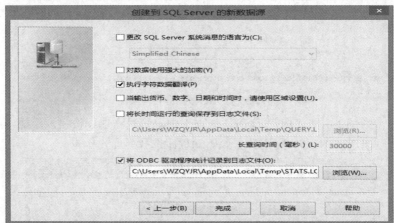

图 12-8 创建到 SQL Server 的新数据源对话框

步骤五：再单击"下一步"按钮，默认当前设置，单击"完成"按钮，出现 ODBC Microsoft

对话框，单击"测试数据源"按钮，出现测试结果界面，如图 12-9 所示。

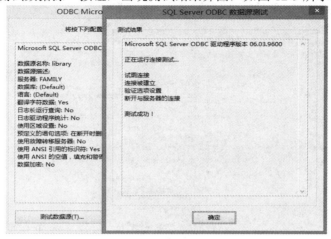

图 12-9 SQL Server ODBC 数据源测试界面

以上步骤就完成了对数据源的设置。

12.5.3 数据库操作程序

本书采用 JDK1.5.0 作为开发工具，使用 Eclipse3.2 集成开发环境。首先在 eclipse 中 File 菜单中新建一个 Project 工程，选择 Java 文件夹下的 Java Project 选项，并单击"下一步"按钮，出现如图 12-10 的对话框，新建 jdbc 工程名，最后单击"完成"按钮。这样 jdbc 这个工程就建立好了，接着按照图 12-11 所示，把 SQL Server 驱动程序添加到工程中，找到驱动程序存放的路径就可以完成这个操作。

图 12-10 创建 Java Project

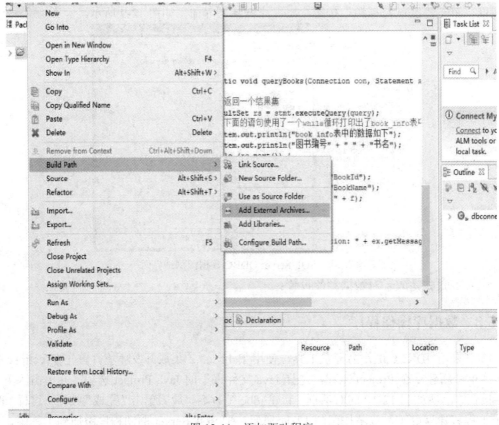

图 12-11   添加驱动程序

其次就是代码的编写，右键单击工程名 jdbc，新建一个 dbconnect 类，示例程序如下。

【示例 12-2】 dbconnect.java。

```java
import java.sql.*;
public class dbconnect {
    public static void main(String args[]) {
        String dbDriver = "sun.jdbc.odbc.JdbcOdbcDriver";          //声明数据库驱动
        String driver = "jdbc:odbc:library";                       //声明数据源
        Connection con = null;
        String query = "select * from book_info";
        ResultSet rs = null;
        Statement stmt = null;
        try {
            // 加载 SQLServer 的 jdbc 驱动
            Class.forName(dbDriver);
        } catch (java.lang.ClassNotFoundException e)
        {
            System.err.println("ClassNotFoundException: " + e.getMessage());
        }
```

```
    try {
        //建立数据库连接
        con = DriverManager.getConnection(driver, "sa", "123");
        //将数据库连接设置为自动提交模式
        con.setAutoCommit(true);
        stmt = con.createStatement();
        //执行 insert into 语句，增加两条图书信息
        stmt.executeUpdate("insert into book_info (BookId, BookName) values('200803',
'英语口语技能')");
        stmt.executeUpdate("insert into book_info (BookId, BookName) values('200804',' JSP 入门')");
        queryBooks(con, stmt, query);
        //执行一个 update 语句，更新数据库，修改 200803 图书编号的书名
        stmt.executeUpdate("update book_info set BookName = '基础英语口语技能'
where BookId = '003'");
        queryBooks(con, stmt, query);
        // 执行一个 delete 语句，删除一条图书信息
        stmt.executeUpdate("delete from book_info where BookId = '200804'");
        queryBooks(con, stmt, query);
        stmt.close();
        con.close();
        //上面的语句关闭声明和连接
    } catch (SQLException ex)
    {
        System.err.println("SQLException:" + ex.getMessage());
    }
}

private static void queryBooks(Connection con, Statement stmt, String query) {
    try {
        //返回一个结果集
        ResultSet rs = stmt.executeQuery(query);
        //下面的语句使用了一个 while 循环打印出了 book_info 表中的所有数据
        System.out.println("book_info 表中的数据如下");
        System.out.println("图书编号" + " " + "书名");
        while (rs.next()) {
            // 取得数据库中的数据
            String s = rs.getString("BookId");
            String f = rs.getString("BookName");
            System.out.println(s + " " + f);
```

```
        }
        rs.close();
    } catch (SQLException ex)
    {
        System.err.println("SQLException: " + ex.getMessage());
    }
    }
}
```

代码编写完成后，单击 Run 菜单栏，在 Console 中显示结果，如图 12-12 所示。

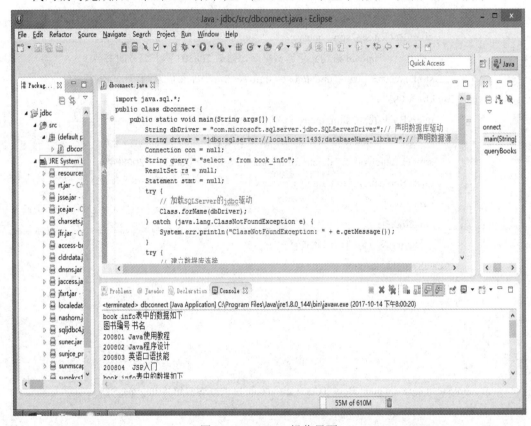

图 12-12   Eclipse 操作界面

在图书借阅系统中，dbconnect.java 程序通过 JDBC 实现了对图书信息进行增加、修改、删除的操作，同时 SQL Server 数据库 library 中的 book_info 表的数据同步改变，如图 12-13 所示。

	BookId	BookName	Author	Amount
▶	200801	Java使用教程	张一	2
	200802	Java程序设计	贾涛	2
	200803	英语口语技能	*NULL*	*NULL*
	200804	JSP入门	*NULL*	*NULL*
*	*NULL*	*NULL*	*NULL*	*NULL*

图 12-13　数据库 library 中 book_info 表

本 章 小 结

JDBC 是将 Java 与 SQL 结合且独立于特定的数据库系统的应用程序编程接口。有了
JDBC，Java 程序员可以用 Java 语言来编写完整的数据库方面的应用程序，另外也可以
操作保存多种不同的数据库管理系统中的数据，而与数据库管理系统中数据存储的格式
无关。

本章简单介绍了 Java 与数据库连接的 JDBC 技术。首先对 JDBC 的功能和结构进
行了概述，其次介绍了四种类型的 JDBC 驱动程序以及按照 JDBC 编程步骤实现 JDBC
在数据库访问中的应用，最后通过一个具体实例讲解了 JDBC 在数据库连接中的实际
应用。

习　　题

1. 简述 JDBC 驱动程序的四种类型。

2. 有哪些方法可以发送访问、操作数据库的 SQL 语句？如何处理对数据库访问操作
的结果？如何获得关于数据库的信息？

3. 编写一个数据库程序，实现对学生成绩的查询、修改、删除功能。

4. 建立一个 Book.mdb 数据库，该数据库包含 4 个表：Authors、Publishers、AuthorISBN
和 Title，各表的数据描述如表 12-3～表 12-6 所示。

表 12-3   Authors 的数据描述

AuthorsID	作者 ID，本表的主关键字字段
FirstName	作者名
LastName	作者的姓
YearBorns	作者的出生年份

表 12-4   Publishers 的数据描述

Publishers	出版商的编号，本表的主关键字字段
PublishersName	出版商名字的缩写

表 12-5   AuthorISBN 的数据描述

ISBN	ISBN 书号
AuthorsID	作者 ID，使数据库将作者与书联系起来

表 12-6   Title 的数据描述

ISBN	ISBN 书号
Title	书名
EditionNumber	书的版本号
YearPublished	书的出版年份
Description	书的简介
PublisherID	出版商 ID

(1) 编写程序建立数据库，并录入相关数据。

(2) 编写程序将 Title 表的全部数据输出。

(3) 编写程序，查询姓张的作者出版的所有书籍的详细信息。

(4) 编写程序，在表 AuthorISBN 中插入两条新记录。

(5) 编写程序，删除 1997 年出版的所有书籍。

参 考 文 献

[1] 张剑飞. Java 程序设计教程. 北京：北京大学出版社，2011.

[2] 居锦武，王兰英. Java 程序设计教程. 成都：西南交通大学出版社，2018.

[3] 李伟云，黄鹏. Java7 程序设计简明教程. 北京：清华大学出版社，2015.

[4] 刘慧琳. Java 程序设计教程. 2 版. 北京：人民邮电出版社，2013.

[5] 赵卓君. Java 程序设计：高级教程. 北京：北京交通大学出版社，2011.

[6] 张晓东. Java 数据库高级教程. 北京：清华大学出版社，2004.

[7] 希赛网. JDBC 操作数据库，2008 年 7 月 1 日.

[8] 耿祥义，等. Java2 实用教程. 5 版. 北京：清华大学出版社，2017.

[9] Eckel B. Java 编程思想. 陈昊鹏，译. 北京：机械工业出版社，2007.

[10] Peter val der Linden. Java2 教程. 刑国庆，译. 北京：电子工业出版社，2005.

[11] Cay s.Horstman Gary Cornell. Java2 核心技术. 卷二 高级特性. 9 版. 陈昊鹏，译. 北京：机械工业出版社，2014.

[12] 雍俊海. Java 程序设计教程. 北京：清华大学出版社，2014.

[13] Cay s.Horstman Gary Cornell. Java2 核心技术. 卷一 基础知识. 10 版. 陈昊鹏，译. 北京：机械工业出版社，2016

[14] 程科，潘磊. Java 程序设计教程. 北京：机械工业出版社，2015

[15] Y. Daniel Liang. Java 语言程序设计基础篇. 10 版. 北京：机械工业出版社，2015.

[16] Struart Reges, Marty Stepp. Java 程序设计教程. 北京：机械工业出版社，2015 .

[17] 耿祥义. Java 大学实用教程. 4 版. 北京：电子工业出版社，2017.

[18] 郭广军，刘安丰，阳西述. Java 程序设计教程. 2 版. 武汉：武汉大学出版社，2015.

[19] 常玉慧，王秀梅. Java 语言实用案例教程. 北京：科学出版社，2017.

[20] 吕凤翥，马皓. Java 语言程序设计. 2 版. 北京：清华大学出版社，2010.

[21] Allen B Downey，Chris Mayfield. Java 编程思维. 北京：人民邮电出版社，2016.

[22] 周鑫丽，王秋野. Java 软件工程师项目化实战教程：Java 核心技术篇. 大连：东软电子出版社，2016.

[23] 向劲松，韩最蛟. Java 程序设计基础与实训教程. 成都：西南财经大学出版社，2013.

[24] 张永常. Java 程序设计实践教程. 北京：电子工业出版社，2013.

[25] 张雪松，王永. Java 面向对象项目化教程. 北京：北京大学出版社，2011.

[26] 陈艳平，徐受蓉. Java 语言程序设计实用教程. 北京：北京理工大学出版社，2015.

[27] 郭学会. Java 程序设计项目化教程. 北京：国防工业出版社，2013.

[28] 廖丽. Java 程序设计理实一体化教程. 成都：西南交通大学出版社，2017.

[29] 李阿芳. Java 程序设计案例教程. 北京：中国电力出版社，2016.

[30] 扶松柏，陈小玉. Java 开发从入门到精通. 北京：人民邮电出版社，2016.

[31] 毛雪涛，丁毓峰. Java 程序设计从入门到精通. 北京：电子工业出版社，2018.

[32] 赵冬玲，郝小会. Java 程序设计案例教程. 北京：清华大学出版社，2014.

[33] 彭德林，迟国栋. Java 程序设计项目教程. 北京：水利水电出版社，2014.

[34] 宁淑荣，杨国兴，金忠伟. Java 程序设计实训教程. 北京：水利水电出版社，2018.

[35] 谢建国. Java 软件工程师培训教程. 北京：经济科学出版社，2015.